Natürliche Baustoffe im Detail

Planen und Bauen mit natürlichen Baustoffen

Wolfgang Ruske

Natürliche Baustoffe im Detail

mit 90 farbigen
und 344 schwarzweißen
Abbildungen

WEKA Fachverlag GmbH & Co. KG
Verlag für Baufachliteratur

Impressum

Natürliche Baustoffe im Detail
1. Auflage

Herausgeber
Dipl.-Ing. Wolfgang Ruske
Seidenweberstraße 35
4050 Mönchengladbach 4
Telefon 02166/51080

Der Herausgeber

Wolfgang Ruske, Dipl.-Ing. (Holz), freier Fachpublizist, Autor vieler
Veröffentlichungen und Bücher zum Thema Architektur, Wohnen, Holzbau,
Herausgeber der WEKA-Fachbuchreihe »Planen und Bauen mit Holz«.

Die Autoren

Thomas Frank, Dipl.-Ing. (Bauwesen), Eidgenössische Material-Prüfungs-Anstalt (EMPA),
Abteilung Bauphysik, CH Dübendorf

Benedikt Huber, Dipl.-Ing., Architekt, Professor für Architektur und Städtebau
an der Eidgenössischen Technischen Hochschule (ETH), Zürich

Felix Kühnis, Architekt und Künstler, CH Bellikon

Paul Leibundgut, Architekt und Baubiologe, CH Neuhausen

Gernot Minke, Dr.-Ing., Architekt, Professor an der Gesamthochschule Kassel
und Leiter des Forschungslabors für Experimentelles Bauen, Kassel

August Scheiwiller, Architekt und Baubiologe, Redakteur des »Bio Bulletin«,
herausgegeben vom Schweizerischen Institut für Baubiologie, CH Aeugstertal

---

CIP-Titelaufnahme der Deutschen Bibliothek

Natürliche Baustoffe im Detail
Wolfgang Ruske. – 1. Auflage – Kissing: WEKA Fachverlage,
Verlag für Baufachliteratur, 1989
(Planen und Bauen mit natürlichen Baustoffen; Bd. 4)
ISBN 3-8111-4023-X
NE: Ruske, Wolfgang [Hrsg.]; GT

© by WEKA Fachverlage GmbH & Co. KG, Verlag für Baufachliteratur,
Römerstraße 4, D-8901 Kissing
Telefon (08233) 23-0, Telex 533287 weka d, Telefax (08233) 23-132
WEKA Fachverlage GmbH & Co. KG · Kissing
Zürich · Paris · Mailand · Amsterdam · Wien · London · New York
Alle Rechte vorbehalten, Nachdruck – auch auszugsweise – nicht gestattet.
Umschlaggestaltung: H. Weixler, München
Umschlagfoto: Gernot Minke, Kassel
Layout: Peter Rößler und Wolfgang Ruske
Gesamtherstellung: Kessler Verlagsdruckerei, 8903 Bobingen 1
Printed in Germany 1989
ISBN 3-8111-4023-X

1 Inhalt

		Seite
1	Inhalt	5
	Wolfgang Ruske	
2	**Vorwort** Bauen mit der Natur	6
3	**Alstadthaus** Planung: Kai Kuhlmann	7
4	**Quartier** Planung: Hans-Jürgen Steuber	12
	Benedikt Huber	
5	**Der haushälterische Umgang mit dem Boden**	23
	Felix Kühnis	
6	**Entwurfsprinzipien ökologischen Bauens**	25
	August Scheiwiller	
7	**Baustoffe im ökologisch-baubiologischen Vergleich**	27
	Paul Leibundgut	
8	**Gesundheitliche und ökologische Überlegungen zum Aufbau der Gebäudehülle**	29
	Thomas Frank	
9	**Wärmespeichervermögen von Baukonstruktionen**	31

		Seite
10	**Mit Architekturbüro** Planung: Heinemann + Schreiber	33
11	**Sonnenwendelhaus** Planung: Peter Hübner	42
12	**Kreuz-Grundriß** Planung: Flender, Heyers, Meier	51
13	**Vreniken** Planung: Felix Kühnis	57
14	**Mit gläsernem Hut** Planung: LOG ID	65
15	**Umbau und Erweiterung** Planung: Heiko Keune	68
16	**Sokrates' Spuren** Planung: Peter Stürzebecher	70
17	**Am Hang** Planung: Merz + Merz	76
18	**Prägnanter Wintergarten** Planung: Klaus Bröckers	79
19	**Massagepraxis** Planung: LOG ID	85
20	**Kalksandstein-Basilika** Planung: Maria Feldhaus + Andrea Berndgen	88

		Seite
21	**Vom Umfeld abgesetzt** Planung: Ludwig + Lerche	92
22	**Voralpenstil** Planung: Eugen Maron	96
23	**Mit Seniorenwohnung** Planung: A. Völker, M. Feldhaus, A. Berngen	101
24	**Rot-weiß-Kontrast** Planung: D. Volkmer	104
25	**Fenster zum Biotop** Planung: Felix Kühnis	108
26	**Ende einer Reihe** Planung: Krug + Partner	118
27	**Aus der Reihe** Planung: Peter Walach	123
	Gernot Minke	
28	**Bauen mit Lehm**	136
29	**Haus Minke** Planung: Gernot Minke	145
30	Stichwortverzeichnis	152
31	Abbildungsverzeichnis	154
32	Planerverzeichnis	155

2 Vorwort

Bild 2.1: Haus im Aargau
Architekt Felix Kühnis, Bellikon

Bauen mit der Natur

Achten Sie einmal auf unsere Sprache. Sie ist der Spiegel unseres Innersten. Zum Beispiel hören wir oft: Was bringt mir das? Wir wissen aber, Ökologie ist ein Wechselspiel zwischen den Lebewesen, also sollte ich auch mal fragen: Was kann ich bringen? Für eine Pflanze, für ein Tier oder für einen unbekannten Menschen etwas tun, und zwar ohne Rückerwartung. Das ist dann Liebe – und Ökologie, sagt der Schweizer Architekt und Künstler Felix Kühnis.

Ungeachtet der äußeren Umstände seine Gedanken und Tätigkeiten umzusetzen kostet viel psychische Energie, ist gewissermaßen geistig unökologisch, und da wir wissen, daß unser materielles Umfeld eine Widerspiegelung unserer Gedanken ist, setzt Ökologie entsprechendes Denken voraus, das heißt ein gedanklich-seelisches Eingehen auf Mensch, Tier, Pflanze, Erde, Feuer, Wasser, Sonne, Wetter . . . kurz, auf das gesamte kosmische Geschehen.

Noch ein Wort zum Sparen (meistens Energie): Es wird viel vom Sparen gesprochen. Das ist gut. Doch speziell der germanische Volksschlag glaubt immer etwas tun zu müssen, aktiv sein zu müssen. Aber einmal etwas nicht zu tun ist auch ein Sparpotential. Nur drückt sich das weder statistisch noch in Prozenten aus.

So wie früher Fleiß eine Tugend war, scheint jetzt das Sparen zur Tugend zu werden. Wer demnach bis dato viel verschleudert hat, kann jetzt umso mehr sparen – ist infolgedessen tugendhaft.

Ökologisch konzipierte Bauten, energie- und bodensparendes Bauen *mit der Natur*, mit Baustoffen aus dem Kreislauf der Natur, wird in einer Zeit tiefgreifender Veränderungen von vielen als Lösung für die Zukunft betrachtet, von anderen, von Etablierten meist, mit Ablehnung bedacht. Mit Ablehnung und Distanz, wirft die neue Denkweise doch ihre gesammelten Schubladenpläne mit all den vielen schönen neuen Baustoffen – durch aufwendige Planungsmappen von der Industrie häppchenweise detailliert und mundgerecht schmackhaft serviert – über den Haufen.

Die Rückbesinnung auf traditionelle, der Natur regional entnommene Baustoffe wie Stein, Lehm, Ziegel und Holz beispielsweise ist nur ein winziger Teilbereich eines Gesamtkonzepts *Ökologisches Bauen*. Und alle bisherigen Projekte, ob Einfamilienhäuser, Hausgruppen oder die wenigen Objektbauten, haben immer nur Teilbereiche (wenn auch oft sehr viele) bauökologischer Möglichkeiten und Notwendigkeiten realisiert. Politiker, Beamte und Planer sind gleichermaßen verantwortlich gefordert – doch wie soll man mit denjenigen Bauherren umgehen, deren Verschwendungssucht, Protz und Geschmacklosigkeiten schon jetzt hundertfach die Vorstädte und Dorfränder belasten?

Wolfgang Ruske

3 Altstadthaus

Steckbrief

Objekt:	Stadthaus für 2 Familien mit Atelier und Töpferwerkstatt
Standort:	Aschaffenburg
Architekt:	KAI KUHLMANN, Aschaffenburg
Baujahr:	1984
Umbauter Raum:	2000 m³
Nutzfläche:	387 m²
Baukosten:	DM 750.000

Was war gefordert?

Ein Haus, das in seinen Formen lebt und ebenso in seinen Materialien und sich als ein Ganzes positiv auf Körper und Seele des Menschen auswirkt – gesundes Bauen.

In der Innenstadt von Aschaffenburg stand ein gotisches Kuriehaus, im Krieg zerstört und 1970 endgültig abgerissen.

Hier ist der Bauplatz, benachbart die Stiftskirche, umgeben von alter Bausubstanz, aber auch von neueren Erscheinungen.

Die Aufgabe bestand nicht im Wiederaufbau des Alten, sondern im Gestalten eines Neuen, das den

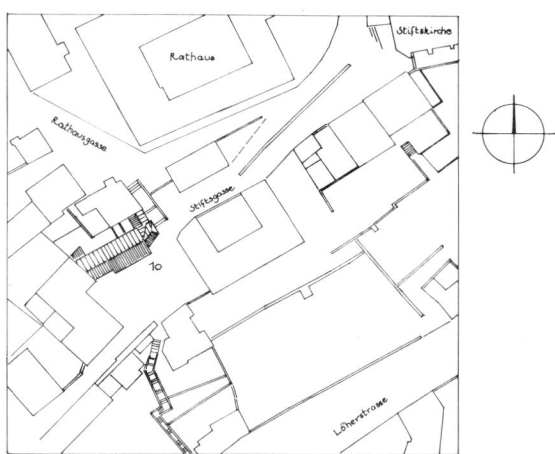

Bild 3.1: Lageplan

Bild 3.2: Nordost-Ansicht, M 1:200

Bild 3.4: Südost-Ansicht, M 1:200

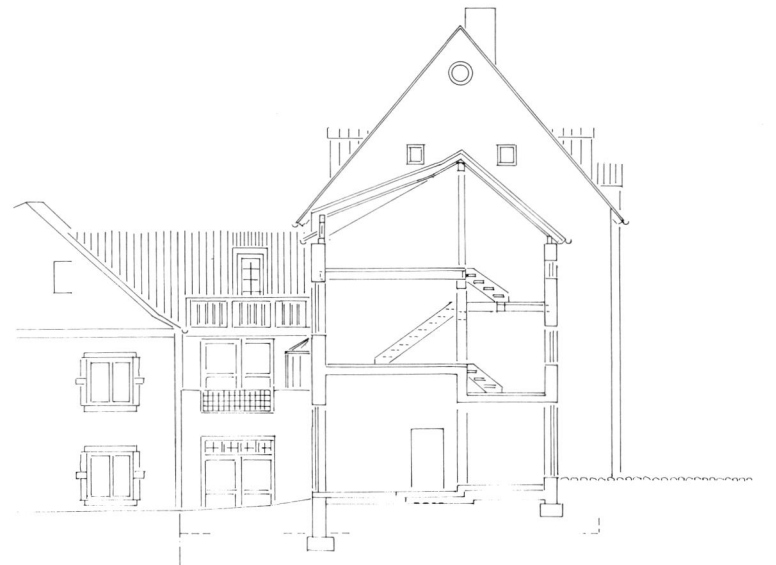

Bild 3.3: Südwest-Ansicht, Schnitt, M 1:200

Bild 3.5: Nordwest-Ansicht, Schnitt, M 1:200

Bild 3.6: Straßenseite

Bild 3.7: Ecksituation mit Töpferladen

Bild 3.8: Im Hof

Bedürfnissen von heute gerecht wird. Aber es darf gerade hier nicht gebaut werden ohne die Vertiefung in die Baukunst der großen Alten.

Die Form und Struktur eines Gebäudes deuten stets auf die Idee des Erbauers (natürlich auch auf die der Bauherren!), der Architekt baut, wie es seinem Inneren entspricht, im Rahmen der Möglichkeiten.

Es geht ihm in gewissem Sinne darum, modern zu sein, *denn modern ist, wer zu sich selbst gefunden hat.*

Die Aufgabe war der Bau eines Zweifamilienhauses mit Atelier und Töpferwerkstatt. Die Bauherren arbeiten beide im Bereich der Kunst. So war ein Zusammenklang zwischen Bauherren und Architekten bezüglich der Materialvorstellungen vorhanden. Eine sehr zu schätzende Grundlage.

Bauherren und Architekt haben nach dem Grundsatz gearbeitet, das Bauen als einen lebendigen Prozeß zu sehen, haben sich auch vor Umarbeitungen und einem ständigen Überprüfen der Vorstellungen und Lösungen nicht gescheut.

Ökologisches Konzept

1. Verwendung möglichst naturbelassener, *lebendiger* Baustoffe mit entsprechender Wirkung auf Raumklima und Empfindung, traditionell handwerkliche Verarbeitung, Wiederverwendung alter Bauteile (Türen etc.).
2. Energieeinsparung durch das Prinzip der passiven Solarnutzung. Vollziegelwände außen und innen.
   Möglichst hoher Strahlungsanteil bei der Heizung (Fußbodenheizung – Hypokaustum).
   Erdfarben ausgeführte Anstriche außen – Erhöhung der Wandtemperatur bei Sonneneinstrahlung auch im Winter.
3. Harmonische Proportionen und Raumfolgen.

Materialien

Es handelt sich um einen Ziegelmassivbau mit 36,5 cm dicken Außenwänden und Pfettendachstuhl aus Holz, in Teilbereichen F 30 dimensioniert.

Das Dach ist mit Biberschwanzziegeln naturrot eingedeckt mit Unterspannbahn aus imprägnierter Pappe (Perkalor Diplex).

Die Decken sind zum Teil Ziegeldecken F 90, zum Teil Holzbalkendecken, Feuerwiderstandsklasse F 30 dimensioniert.

Für die Dachdämmung mußte man im Hauptbau Steinwolle wählen, da von der Bauaufsicht Feuerwiderstandsklasse A 1 gefordert war.

In Teilbereichen besteht der Dachaufbau aus 28 mm dicken Holzdielen, Luftschicht, Unterspannbahn als Windbremse, 45-mm- Holzdielen, doppelt genutet, als Aufbau, Feuerwiderstandsklasse F 30.

Bild 3.9: Eßecke

Bild 3.11: Hypokausten-Ofen im Wohnraum

Bild 3.10: Töpfer-Laden

Fußbodenbelag

Im Keller (Ausstellungsraum für Tonplastiken der Bauherren) wurden Vollziegel in Sand verlegt.

Im Erdgeschoß (Werkstattbereich) schwimmender Estrich, bestehend aus Kokosfaser als Trittschall- und Wärmedämmung und Magnesitestrich, darauf 22 mm dickes Lamellenparkett aus Eiche verklebt, eingelassen mit Naturharzöl und Bienenwachs.

Im Wohnbereich auf Ziegeldecke sind Dielen verlegt, Nut und Feder aus Kiefer auf Lagerhölzer mit Jutefilzstreifen gegen die Rohdecke unterlegt. Die Dielen sind behandelt, wie oben geschildert. Zwischen den Lagerhölzern wurde geglühter Sand aufgefüllt. Im Wohnbereich auf Holzbalken: 45 mm dicke Dielen (zugleich F 30 Feuerschutz, Schallschutz nicht erforderlich).

Im Badebereich: Fliesen nur in Höhe Spritzbereich, um eine möglichst große sorptionsfähige Oberfläche auch hier zu erhalten. Die Fliesen sind zumeist eigene Herstellung der Bauherrin.

Außenputz

Hier wählte man mehrlagigen, reinen Traßkalkputz, ohne Eckschienen aufgetragen, Kanten abgerundet, darauf reine Silikatfarbe, Anstrich erdfarben, zur Erhöhung der Wärmeaufnahmefähigkeit der Wand.

Innenputz

Im Treppenhaus und Werkstattbereich Traßkalkputz, Oberfläche gebürstet, darauf mehrlagiger Grubenkalkanstrich.

Im Wohnbereich wurde Kalkputz verwendet, bestehend aus 15jährig eingelagertem Sumpfkalk eines ehemaligen Tünchers, mit Sand gemischt. Der Kalk wurde in einer eigens dafür angelegten Grube auf der Baustelle zur Verfügung eingelagert.

Für den Innenanstrich nahm man Sumpfkalk in mehrlagigem Auftrag bzw. Naturharzdispersionsfarbe, z. B. im Treppenhaus.

Die Fenster sind aus Kiefernholz, isolier- bzw. einfach verglast im Atelierbereich. Sie sind mit pigmentiertem Naturharzöl imprägniert, ebenso die Türen etc., Klappläden sind vorgesehen, außen angeschlagen.

Heizung

Der Bau ist mit einer Gaszentralheizung versehen, die vermietete Wohnung mit einer Gasaußenwandtherme. Die Wärmeabgabe erfolgt hier über eine Fußleistenheizung aus Kupfer.

Ein Kachelgrundofenanschluß ist in allen Geschossen vorgerichtet. Im Bereich Werkstatt, Ausstellung und Wohnung der Eigner ist es ein Kachelgrundofen, kombiniert mit Hypokaustenheizung.

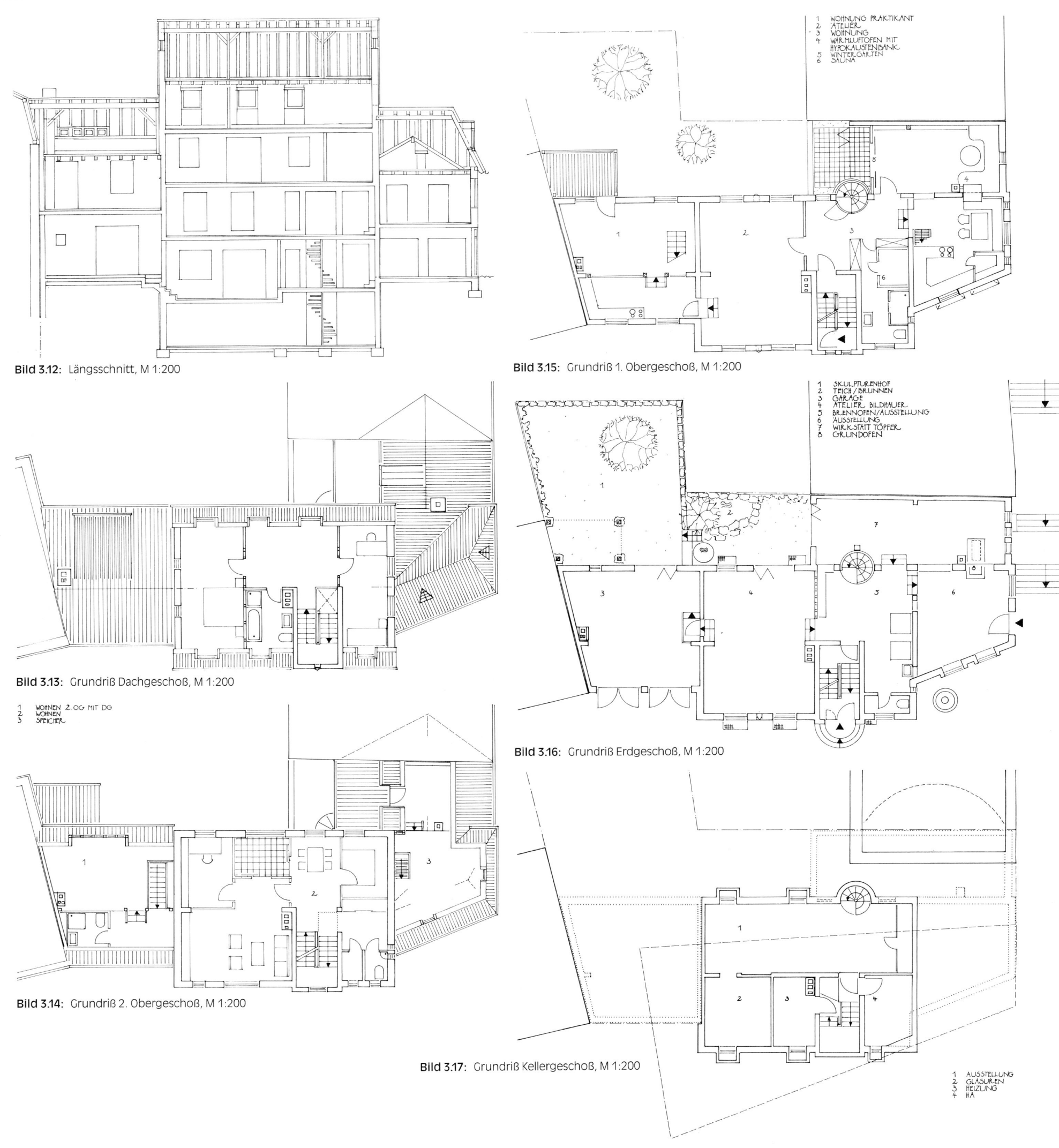

Bild 3.12: Längsschnitt, M 1:200

Bild 3.13: Grundriß Dachgeschoß, M 1:200

Bild 3.14: Grundriß 2. Obergeschoß, M 1:200

Bild 3.15: Grundriß 1. Obergeschoß, M 1:200

Bild 3.16: Grundriß Erdgeschoß, M 1:200

Bild 3.17: Grundriß Kellergeschoß, M 1:200

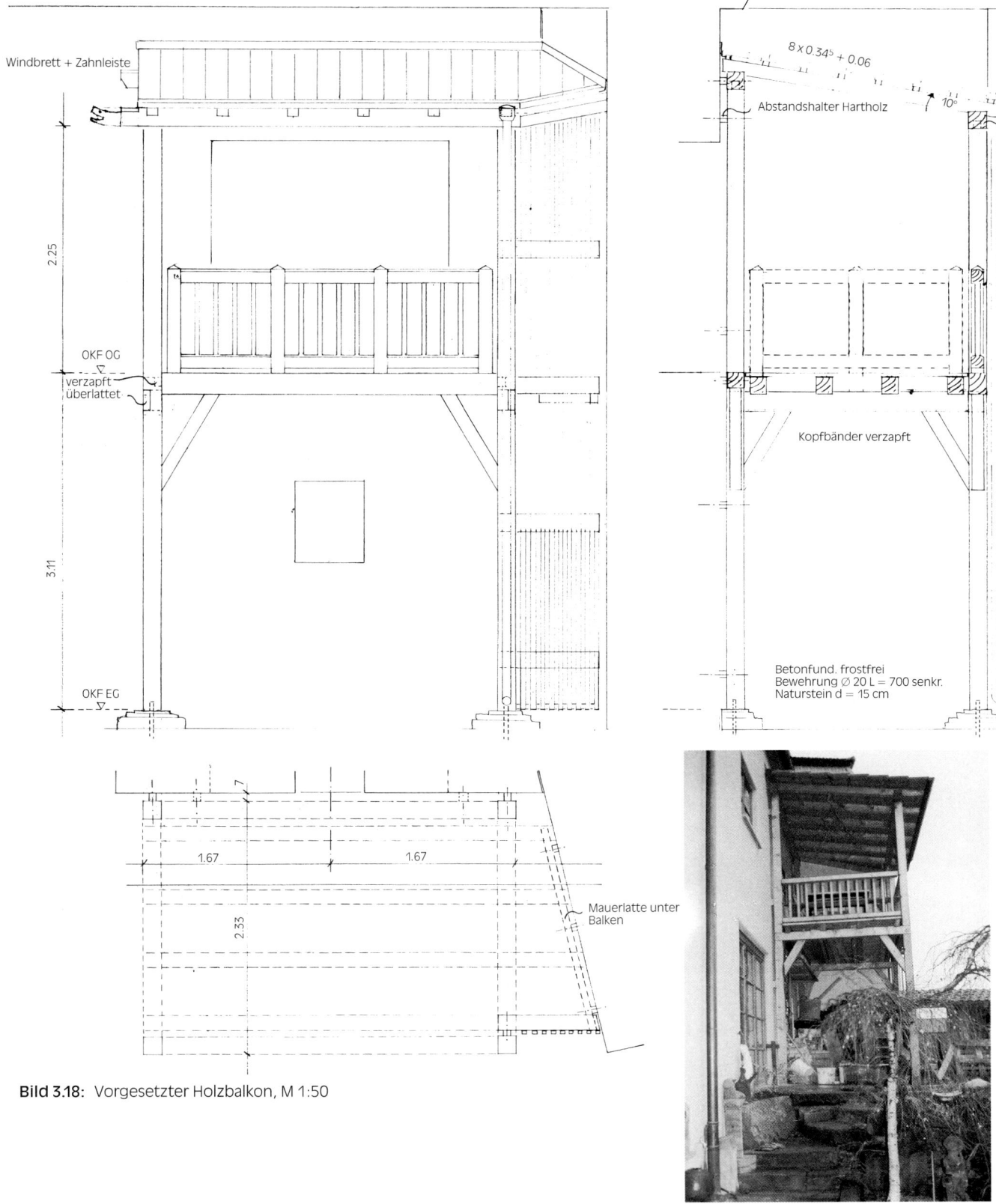

Bild 3.18: Vorgesetzter Holzbalkon, M 1:50

Bild 3.19: Überdachter Balkon

Eigenleistung

Die Eigenleistung wurde bei diesem Bau großgeschrieben: Die Bauherren und auch der Architekt haben sich hier beteiligt, die vorhandenen Kenntnisse angewandt und viele neue erworben. Diese handwerkliche Arbeit am Bau vertieft die Beziehung dazu, allerdings verlängert sie die Bauzeit auch um ein erhebliches.

Sie dient natürlich auch der Senkung der Baukosten. In Eigenleistung wurden ausgeführt: der Fensteranstrich, der Wandanstrich, die Verlegung der Dielen, die Verlegung von Industrieparkett, die Dachdämmung, Fliesen und Waschbecken sind das Handwerk der Bauherrin: Eine sehenswerte Wandgestaltung entstand.

Hervorgehoben sollte auch das Bemühen der Bauherren um alte Türen und Treppen etc. sein.

Ebenso entstanden der Treppenbau in Eigenleistung, die Verlegung von Natursteinplatten im Außenbereich und der Aufbau des Grundofens mit Hypokaustenheizung in der Werkstatt.

Keramikelemente mit farbiger Verglasung dienen als Gestaltungselement *Lichtbausteine*.

Kosten

Das Haus umfaßt folgende Maße:
umbauter Raum ca. 2000 m³, Wohnfläche 274 m², Nutzfläche 113 m².

Die Kostenangabe ist aufgrund der vielfältigen Eigenleistungen ziemlich schwierig.

Die Kosten belaufen sich ohne Materialkosten für Eigenleistung und ohne Kachelofen auf ca. 750.000,– Mark reine Baukosten.

4 Quartier

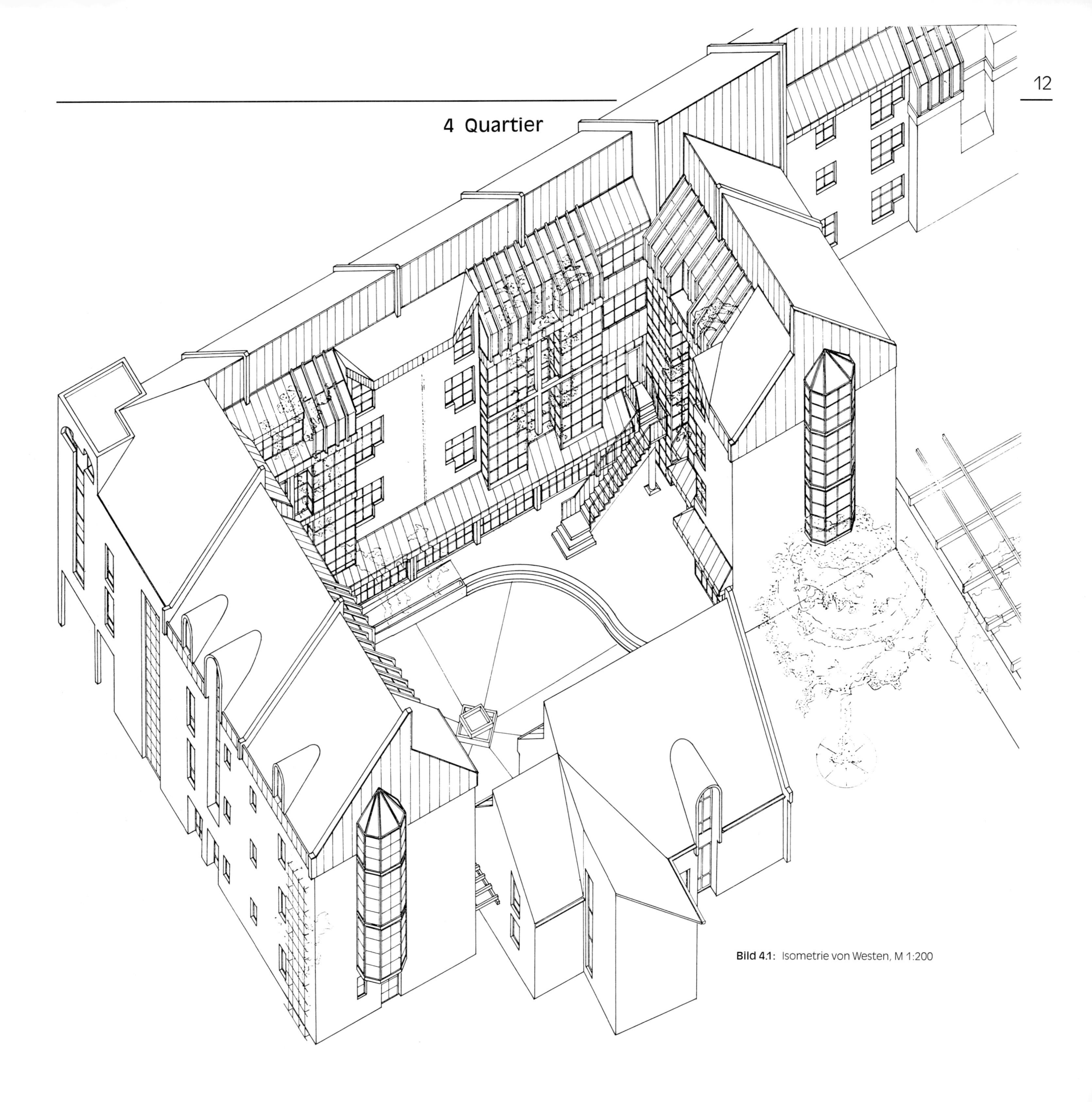

Bild 4.1: Isometrie von Westen, M 1:200

Bild 4.2: Innenhof

Bild 4.3: Im Wintergarten einer Altenwohnung

Steckbrief

Objekt:	Altenwohnungen und Wohn-Geschäftshaus
Standort:	Aschaffenburg
Architekten:	Entwurf: HANS-JÜRGEN STEUBER, Frankfurt; Ausführungsplanung: Projektgemeinschaft STEUBER + MICHELS
Ingenieur:	HERMANN GIESSELMANN, Aschaffenburg
Baujahr:	1987
Umbauter Raum:	18 600 m³
Nutzfläche:	3478 m²
Baukosten:	DM 7.580.000

Aufgabenprogramm

Im Zuge der Innenstadtsanierung der Aschaffenburger Altstadt sollte auf dem von der Stadt erworbenen Gelände des ehemaligen Union-Kinos und der ehemaligen Mälzerei anstelle dieser gewerblichen Bauten eine neue Wohn- und Geschäftsbebauung

Bild 4.4: Treppenhaus

Bild 4.5: Nordecke

Bild 4.7: Ostecke

Bild 4.6: Von Südwesten

Bild 4.8: Hof-Fassaden

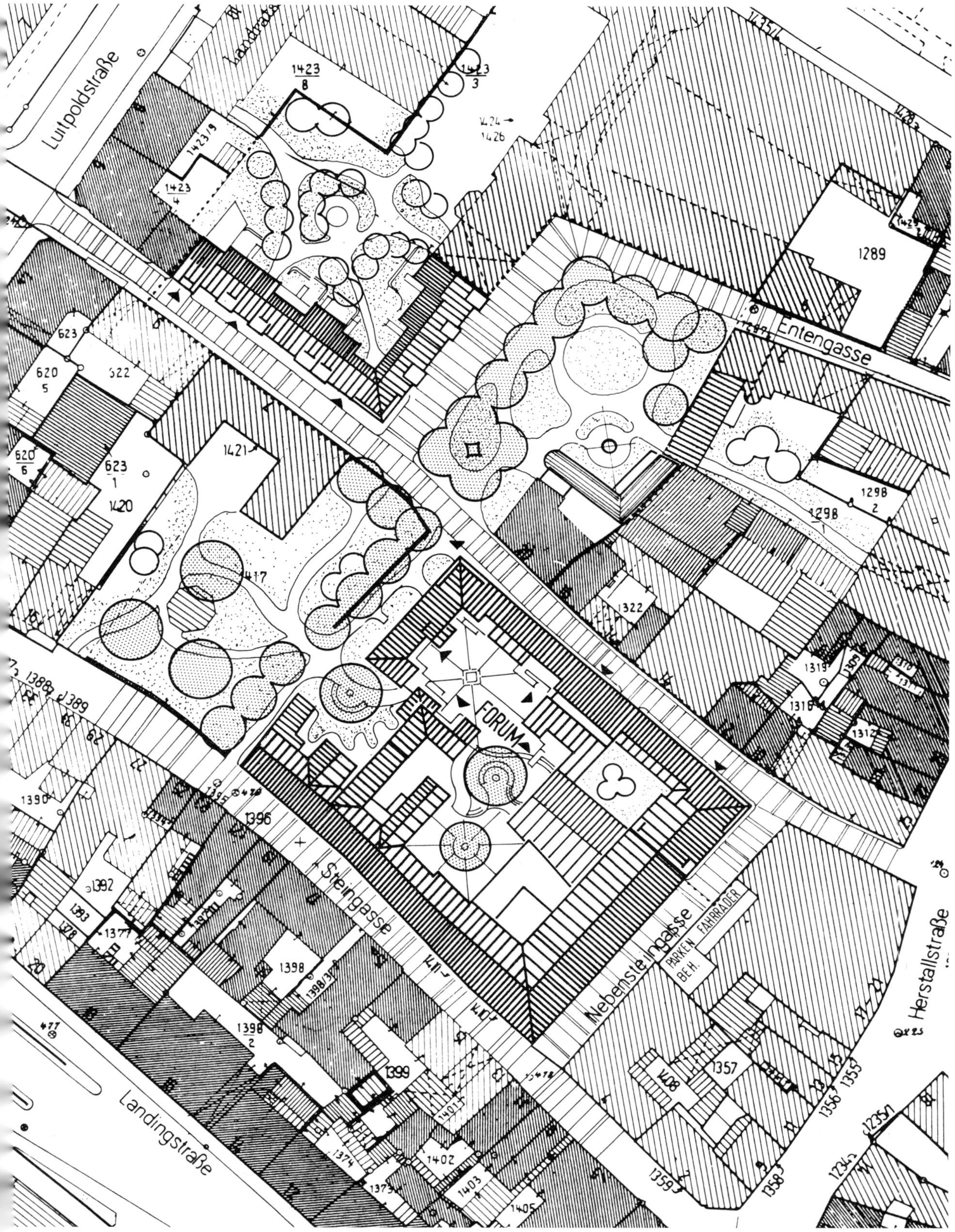

Quartier

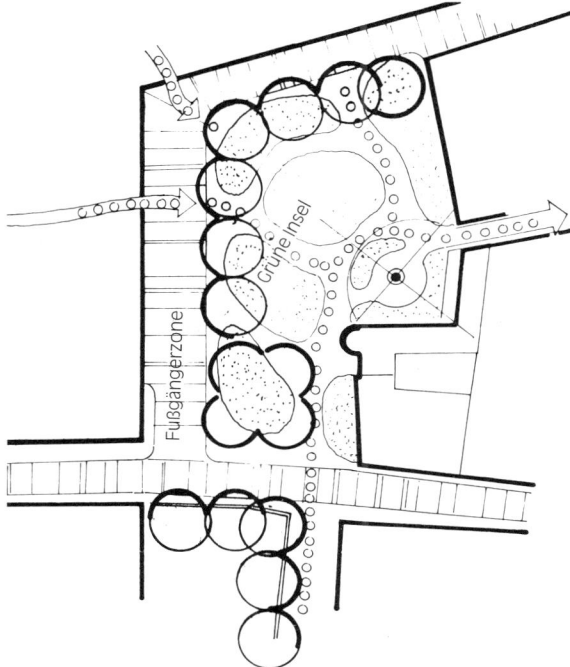

Hofräume

1. Geschlossene Blockrandbebauung
2. Differenzieren von Innenhöfen, z. B. Brunnenplatz (Separieren nicht verträglicher Nutzungen) Baumplatz Gewerbehof Maler, Glaser usw.
3. Grünflächen-Verzahnung, z. B. St. Agatha oder Brunnenpl. mit Baumplatz
4. Fußweg-Verbindungen öffentlich – halböffentlich (Kommunikationsforum)
5. Ordnen, Auflockerung von Mononutzungen, Zuordnen verträglicher und einander fördernder Nutzungen, z. B. Wohnen zu Handel, Gewerbe oder Wohnen zu öffentlichen Bereichen
6. Auflockerung von Altenwohnungen im Innenhof, z. B. Gemeinschaftsterrasse, Wintergärten
7. Straßencharakter vertikale Aufteilung – Individualisierung der Bauten, kleinteilige Proportionierung

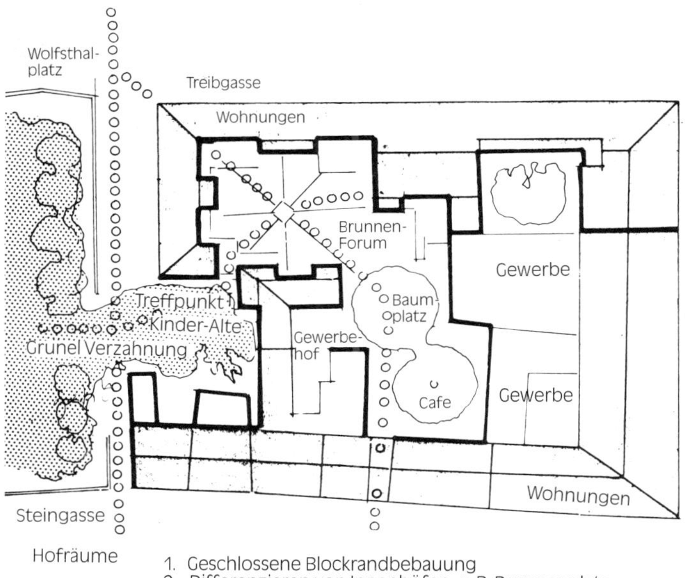

Bild 4.10: Stadträumliches und gestalterisches Konzept Bereich I – Anknüpfung an die Bautradition

Straße-Platz
1. Geschlossenes Bauvolumen und Randbebauung bilden einen Straßenraum-Platz
2. Treibgasse – Entengasse – Wolfsthalplatz wird durch einen Lindenhain geschlossen
3. Das Gebäude Treibgasse 20 wird modernisiert und wird durch einen Winkelbau erweitert (als Gedenkraum der Jüdischen Kultusgemeinde)
4. Gedenkstätte und Gedenkraum stehen in Einklang

Unter dem Baumdach
1. Das Baumdach als maßstabvermittelndes Element vor den fensterlosen Brandmauern und als Mittel zur Stimulanz grünes Blätterdach, Ruhe
2. Jahreszeiten: Dichtes Blattwerk oder filligranes Astwerk Verweilen, Licht- und Schattenspiel, Müßiggang, Rentner, Stricken, Lesen usw.

Gestaltungselemente
1. Entengasse – Fußgängerzone durchgehender Pflasterbelag roter Granit, Betonung wichtig. Elemente durch Wechsel in der Verlegeart
2. Ringförmige Muster um Fußpunkt der Bäume
3. Mobile Sitzmöbel, Stühle und Bänke

Bild 4.11: Konzept Wolfsthalplatz Bereich II

1.9: Lageplan

Quartier 16

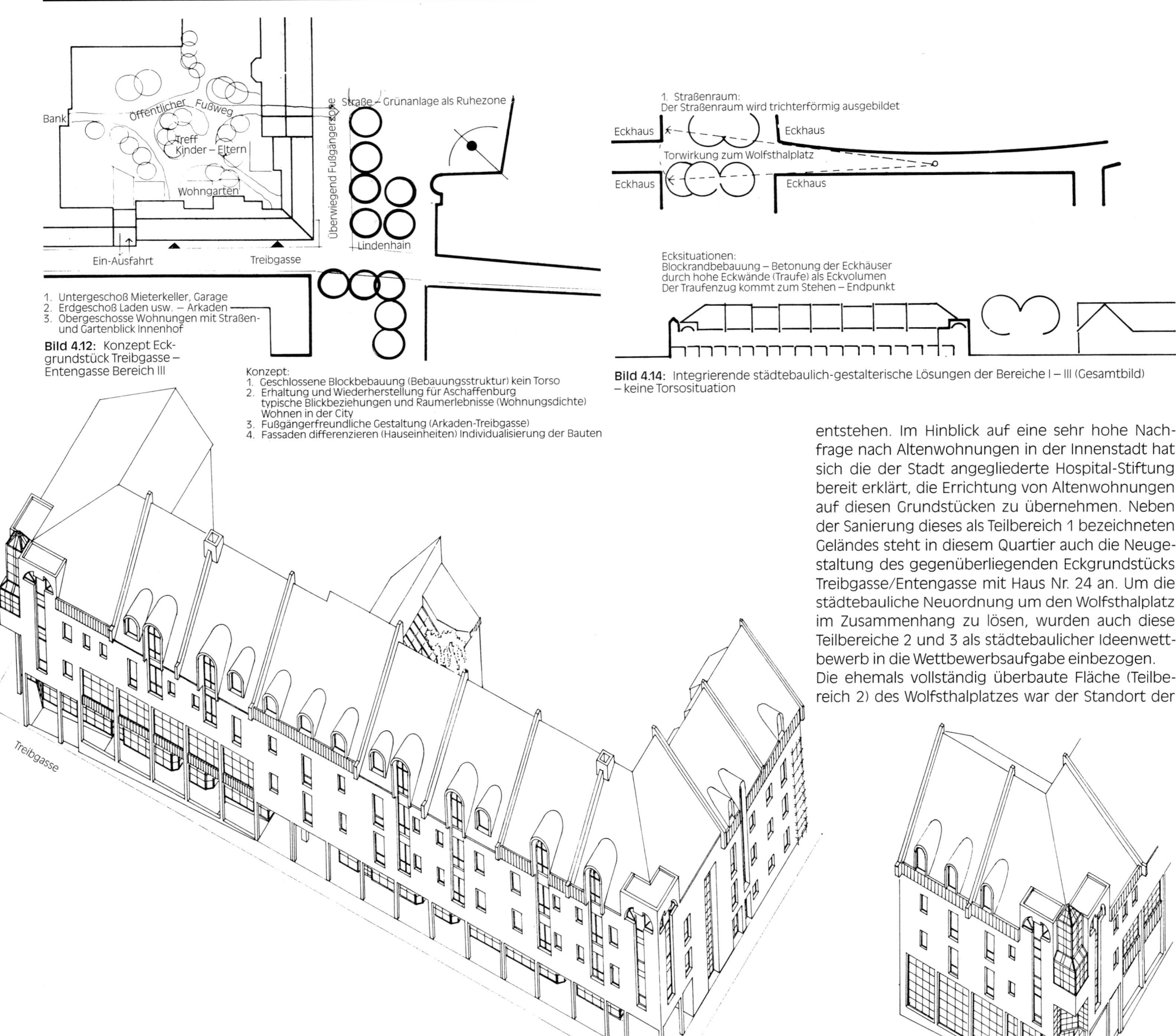

Bild 4.12: Konzept Eckgrundstück Treibgasse – Entengasse Bereich III

1. Untergeschoß Mieterkeller, Garage
2. Erdgeschoß Laden usw. – Arkaden
3. Obergeschosse Wohnungen mit Straßen- und Gartenblick Innenhof

Konzept:
1. Geschlossene Blockbebauung (Bebauungsstruktur) kein Torso
2. Erhaltung und Wiederherstellung für Aschaffenburg typische Blickbeziehungen und Raumerlebnisse (Wohnungsdichte) Wohnen in der City
3. Fußgängerfreundliche Gestaltung (Arkaden-Treibgasse)
4. Fassaden differenzieren (Hauseinheiten) Individualisierung der Bauten

1. Straßenraum:
Der Straßenraum wird trichterförmig ausgebildet

Torwirkung zum Wolfsthalplatz

Ecksituationen:
Blockrandbebauung – Betonung der Eckhäuser durch hohe Eckwände (Traufe) als Eckvolumen
Der Traufenzug kommt zum Stehen – Endpunkt

Bild 4.14: Integrierende städtebaulich-gestalterische Lösungen der Bereiche I – III (Gesamtbild) – keine Torsosituation

Bild 4.13: Isometrie von Norden und Ostecke, M 1:400

entstehen. Im Hinblick auf eine sehr hohe Nachfrage nach Altenwohnungen in der Innenstadt hat sich die der Stadt angegliederte Hospital-Stiftung bereit erklärt, die Errichtung von Altenwohnungen auf diesen Grundstücken zu übernehmen. Neben der Sanierung dieses als Teilbereich 1 bezeichneten Geländes steht in diesem Quartier auch die Neugestaltung des gegenüberliegenden Eckgrundstücks Treibgasse/Entengasse mit Haus Nr. 24 an. Um die städtebauliche Neuordnung um den Wolfsthalplatz im Zusammenhang zu lösen, wurden auch diese Teilbereiche 2 und 3 als städtebaulicher Ideenwettbewerb in die Wettbewerbsaufgabe einbezogen.
Die ehemals vollständig überbaute Fläche (Teilbereich 2) des Wolfsthalplatzes war der Standort der

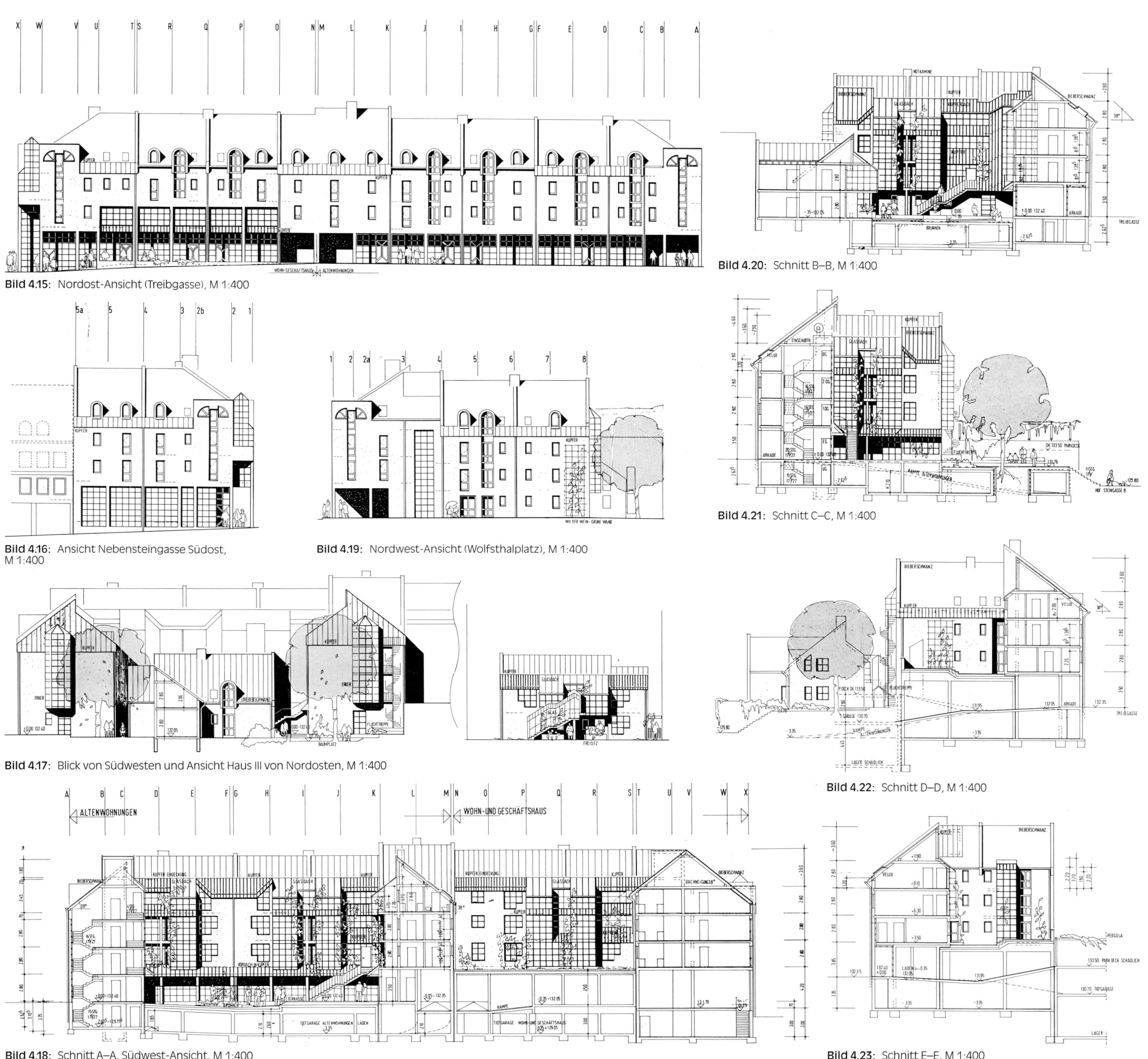

Bild 4.15: Nordost-Ansicht (Treibgasse), M 1:400

Bild 4.16: Ansicht Nebensteingasse Südost, M 1:400

Bild 4.19: Nordwest-Ansicht (Wolfsthalplatz), M 1:400

Bild 4.17: Blick von Südwesten und Ansicht Haus III von Nordosten, M 1:400

Bild 4.18: Schnitt A–A, Südwest-Ansicht, M 1:400

Bild 4.20: Schnitt B–B, M 1:400

Bild 4.21: Schnitt C–C, M 1:400

Bild 4.22: Schnitt D–D, M 1:400

Bild 4.23: Schnitt E–E, M 1:400

Quartier

1938 zerstörten jüdischen Synagoge. Das hier noch vorhandene Gebäude der ehemaligen Judenschule sollte erhalten und der Wolfsthalplatz als Gedächtnisstätte angelegt werden.

Auf dem Eckgrundstück Treibgasse/Entengasse (Teilbereich 3) sollte eine Wohn- und Geschäftsbebauung untergebracht werden, wobei das unter Denkmalschutz stehende Gebäude Treibgasse 14 berücksichtigt werden mußte.

Schwerpunkte der Wettbewerbsaufgabe waren die Qualität des innerstädtischen Wohnens (Wohnung und Wohnumfeld) sowie die stadträumliche und gestalterische Qualität.

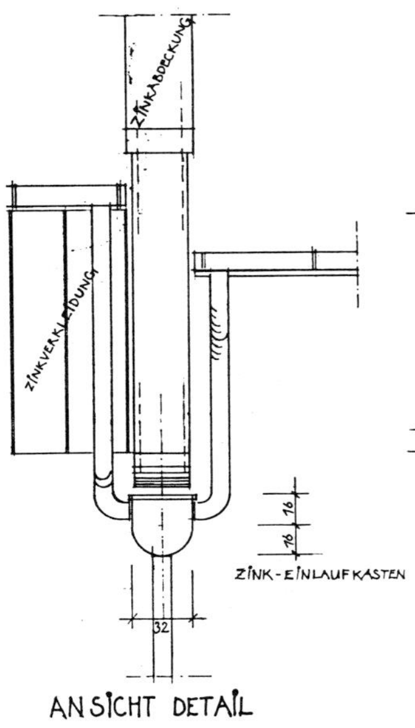

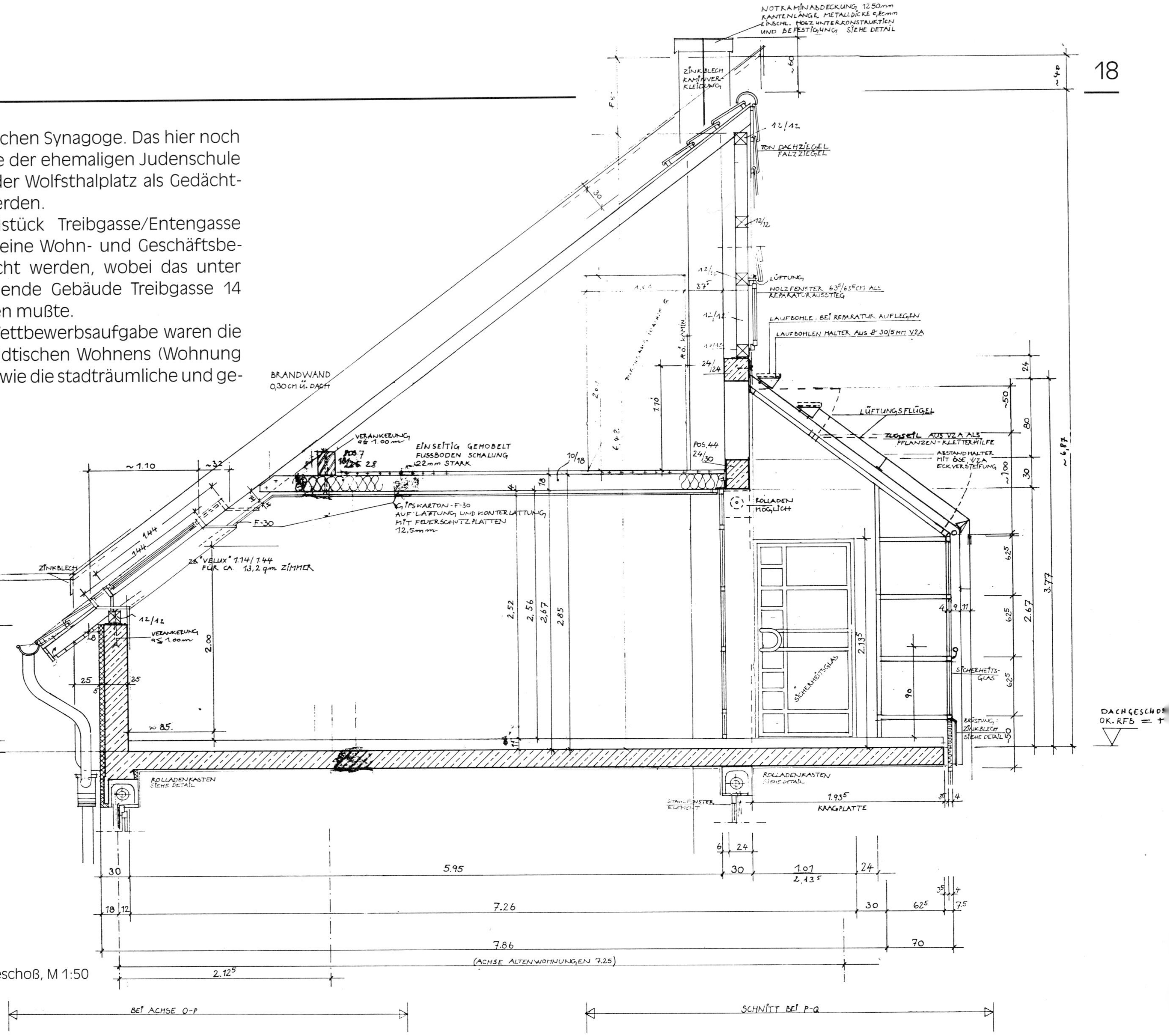

Bild 4.24: Schnitt Dachgeschoß, M 1:50

Prioritäten der Zielsetzung

Erläuterung der sozialen Rücksichtnahme, Umweltprobleme und der wirtschaftlichen Wärmeversorgung.

Die Konzeption im Bereich 1 wird der allgemeinen Forderung nach Vermischung von halböffentlichem Raum und privatem Wohnen durch eine Wohnanlage mit kleinstädtischem Charakter gerecht.

1. Berücksichtigung der Lebensgewohnheiten älterer Menschen, d.h., sie sollen ihre eigenen Lebensgewohnheiten mitbringen können. Man muß die Psyche des älteren Menschen ebenso wie seine körperliche Verfassung berücksichtigen.
2. Nordostfassade Straßenseite, Lochfassade, kleine Fenster
3. Südwestfassade Wohnforum, große Fensterflächen, differenzierte flexible Gestaltung mit lokalem Charakter (hohe Wohnqualität – kommunikationsfördernd) – Energieeinsparung – passive Solarenergie – Wintergärten
4. Durchhalten konsequenter einheitlicher Naßzellen, Tageslicht für alle Bäder und Küchen
5. Wintergärten – gemeinsame Kontaktzonen – passive Solarenergie
   a) Wintergarten als grünes Zimmer, vier Jahres-

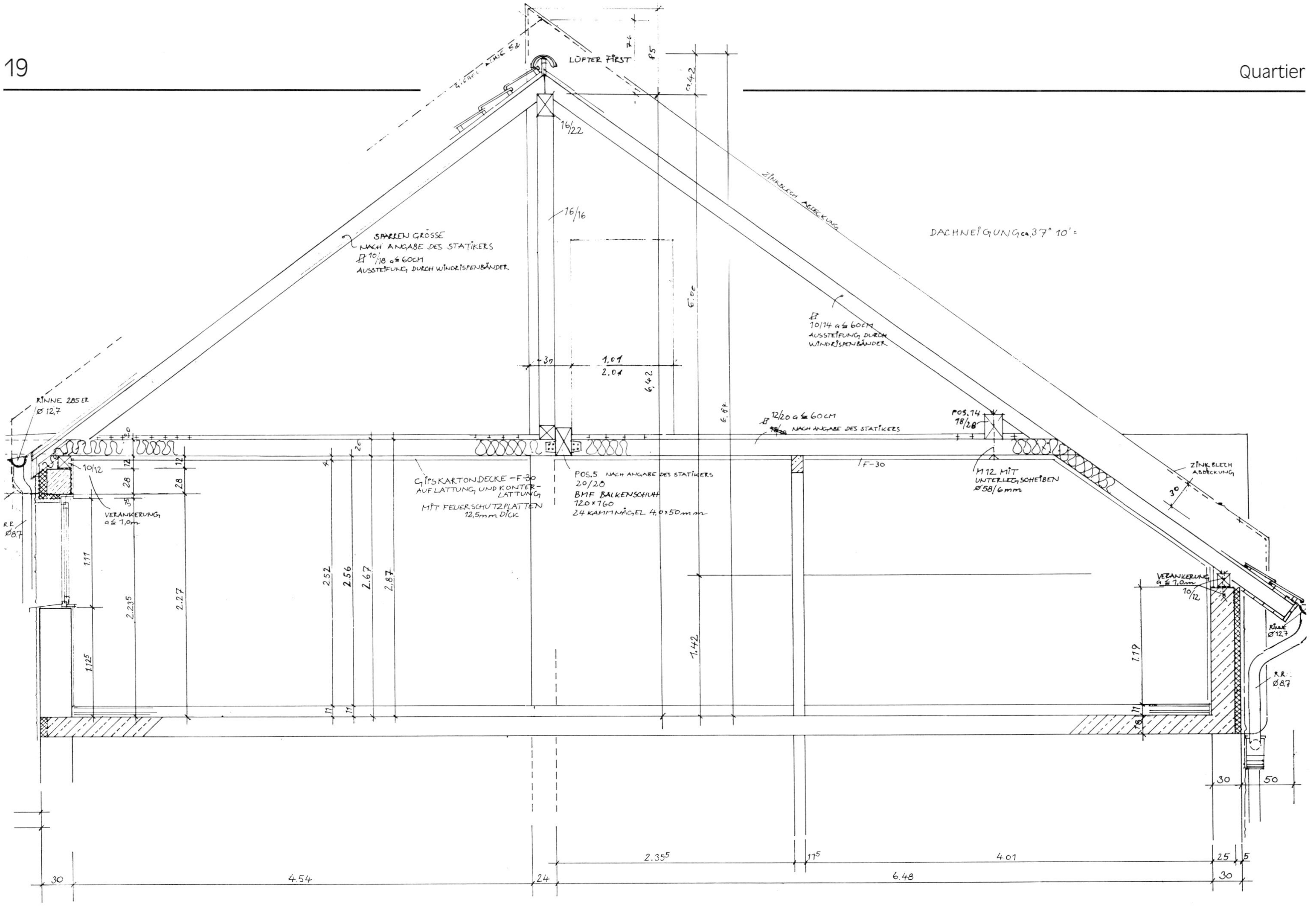

Bild 4.25: Schnitt Dachgeschoß in Achse 4–5, M 1:50

zeiten, Blumen, Kletterpflanzen (stimulierend beobachten, Veränderungen)
b) Tierhaltung: Katzen, Hunde und Vögel
c) Kontaktzone: Nachbartreffen, Etagentreffen, Kaffeestunde, Skat und Schachspiel
d) Künstlerisch-ästhetisches Gebilde *als gläserner Raum* – leichte Stahl-Glas-Fassade, Sonnenschutz, grüner Pflanzenvorhang

Erläuterung des Projektes

Der Gebäudekomplex gliedert sich funktional in zwei Bauabschnitte, in A, die Altenwohnanlage, und in B, das Wohn- und Geschäftshaus:

A: Die Altenwohnanlage besteht aus den Hauseinheiten I, II und III mit 29 Wohnungen (1-Personen- und 2-Personen-Wohnungen), Kellerräumen und Tiefgarage sowie Läden im Erdgeschoß. Es sind eine Sammelheizungsanlage sowie eine Entlüftungsanlage für die Tiefgarage vorhanden.
Eine wirtschaftliche Treppenhauserschließung ist dadurch gegeben, daß je Geschoßeinheit vier Wohneinheiten erschlossen werden.

Die Treppenhäuser sind von gleichem Grundriß und mit Aufzügen ausgestattet (behindertengerecht).
Alle Räume einer Wohnung sind mit Tageslicht belichtet und lichtdurchflutet (Querlüftung). Alle Küchen und Bäder haben gleiche Größen.

Konstruktiver Aufbau

Keller- und Erdgeschoß Stahlbetonkonstruktion. I. OG, II. OG und Dachgeschoß Mauerwerksbau mit grob verputzter Außenfassade, Dacheindeckung in Biberschwanzziegel, Farbe Ziegelrot.

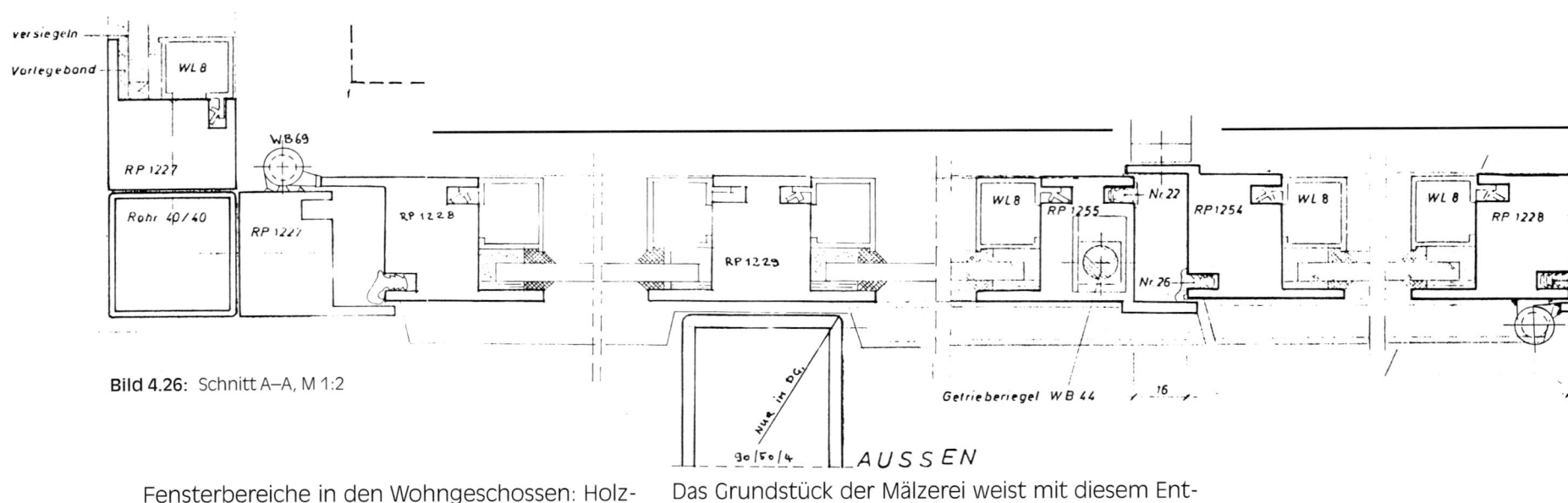

Bild 4.26: Schnitt A–A, M 1:2

Fensterbereiche in den Wohngeschossen: Holzelemente, mit Ausnahme *Laubengangerschließungszone* (Wintergartenzone) in Stahl-Glas-Konstruktion.

Fassadengliederung
Nordostseite (Treibgasse) kleine Fenster – nicht nur aus klimatischen Gründen, sondern auch aus gestalterischen Gründen, um die Kleinmaßstäblichkeit der Treibgasse wiederaufzunehmen.
Wintergärten als passive Solarenergienutzung.
Nach Süden hin flexible, aufgelockerte und offene Fassade (Orientierung zum Wohnhof).
B: Das Wohn- und Geschäftshaus besteht aus insgesamt 12 Wohneinheiten (Eigentumswohnungen), Kellerräumen und der Tiefgarage sowie Läden im Erdgeschoß.
Es sind eine Sammelheizungsanlage sowie eine Entlüftungsanlage für die Tiefgarage vorhanden.
Konstruktiver Aufbau und Fassadengliederung sind wie unter A entwickelt.

Das Grundstück der Mälzerei weist mit diesem Entwurfskonzept eine sehr wirtschaftliche und ausgezeichnete Grundstücksausnutzungsziffer auf. Rückblickend wird dies auch deutlich anhand der zu diesem Wettbewerb abgegebenen Entwürfe.

Erläuterungsbericht

Die Idee des Verfassers war es, die Bereiche I bis III harmonisch miteinander zu verbinden, um so eine lebendige architektonische Stadtgestalt zu entwerfen. Der Verfasser wollte eine Torso-Situation vermeiden.
Die City-Blockstruktur wurde aufgenommen, und innerhalb derselben wurde entsprechend dem Ist-Zustand differenziert: Malereibetrieb, Glaserei, Schreinerei usw. Innerhalb der Blockrandbebauung wurden drei Innenhöfe geplant: Brunnenplatz – Forum als Kommunikationsplatz; Baumplatz – Ruheplatz und Schattenspender; Patio, verzahnt mit Kindergartengrundstück (Grünverknüpfung) – Treff zwischen Kindern, Eltern und Alten.

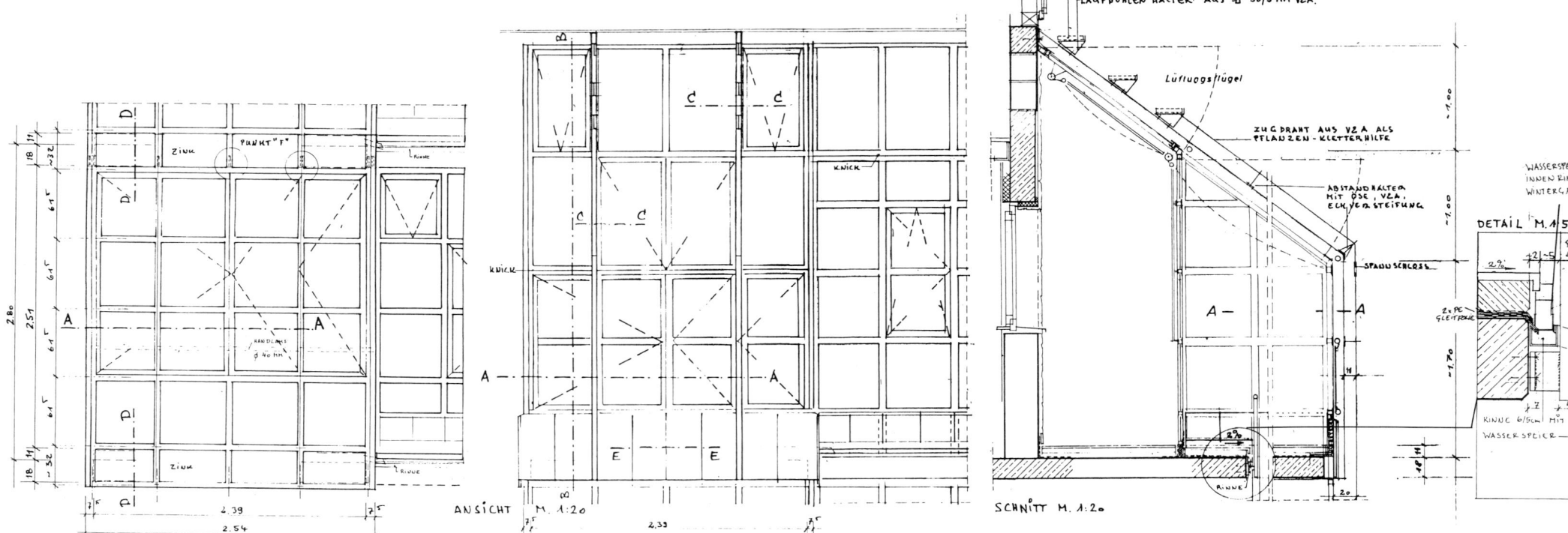

Bild 4.27: Ansicht Wintergarten 1. und 2. Obergeschoß, M 1:50
Bild 4.28 und 4.29: Wintergarten Dachgeschoß, M 1:50

Bereich I

Das vielfältige Raumprogramm wird um ein zentrales Forum (Brunnenplatz) komprimiert. Die Konzeption wird der allgemeinen Forderung nach Vermischung von halböffentlichem Raum und privatem Wohnen durch eine Wohnanlage mit dörflichem Charakter gerecht. Im Gegensatz zu einem unpersönlichen Massenbau (langes Laubenganghaus) wird bewußt die Lebendigkeit einer Hauslandschaft aus additiv aneinandergereihten Einzelhauseinheiten angestrebt, wobei die Blockstruktur beibehalten wird. Das Forum mit dem Brunnen soll Neugierde wecken und infolge eines besonderen Wohn- und Erlebniswertes zu einer zwanglosen Nachbarschaft führen. Alle Hauseingänge werden vom Brunnenplatz oder der Straße (Treibgasse) aus erschlossen. Ebenso sind die als gemeinsame Terrassen nutzbaren *Laubengänge* oder die Wintergärten zum Forum hin orientiert, das durch seine südliche Lage zu einem Sonnenplatz wird.

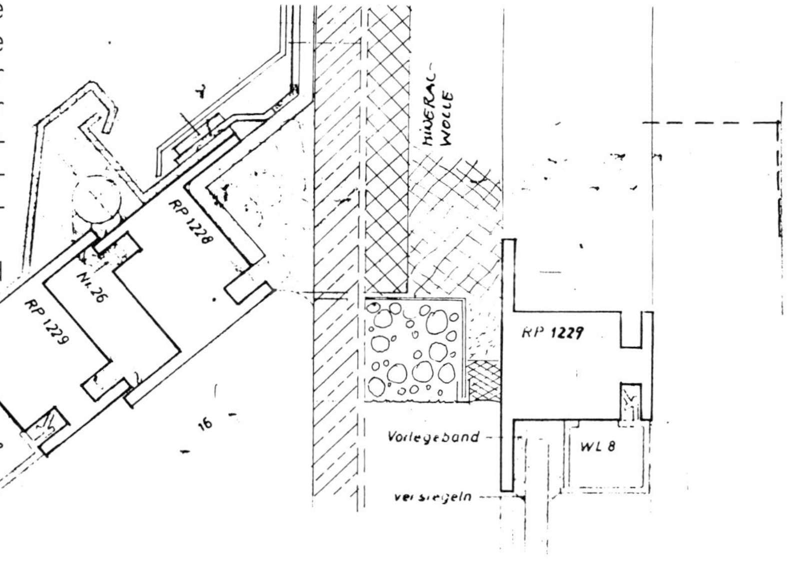

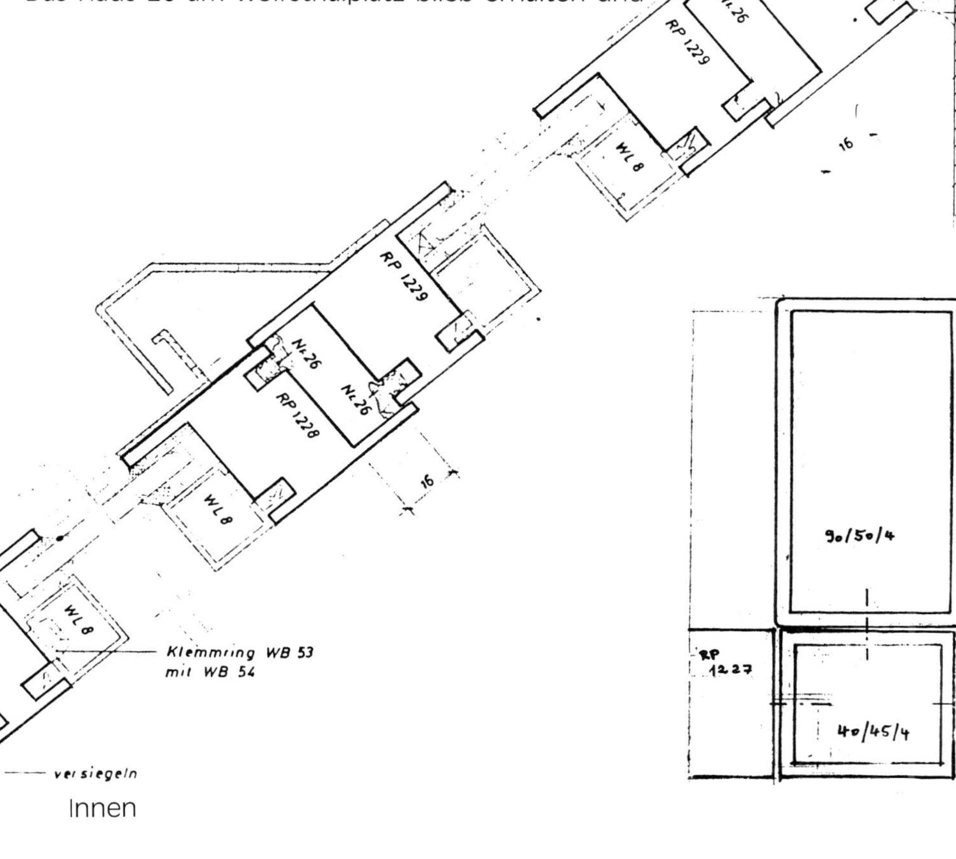

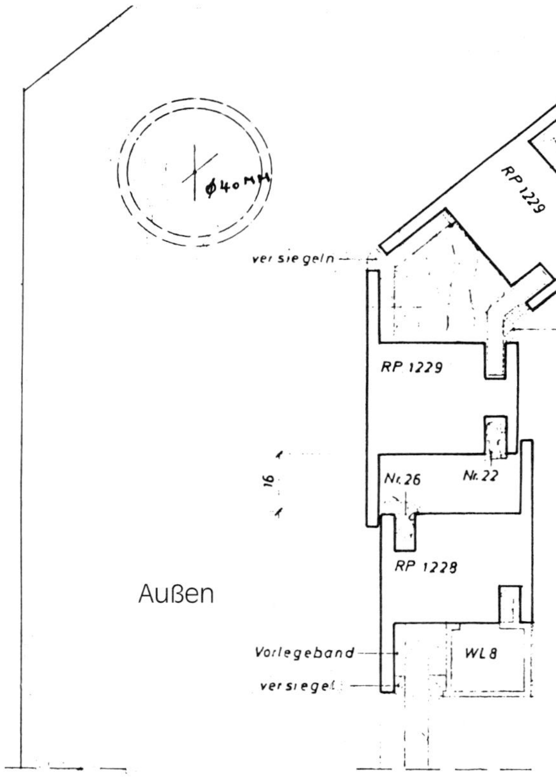

nung führt. Gleichzeitig stellt die Baumgruppe eine Begrenzung zur Entengasse dar. Die Entengasse wurde erhalten, um die historische Straßenstruktur nicht verändern zu müssen. Um der Bedeutung der Gedenk-Grünanlage angemessen gerecht zu werden, wurde die Entengasse als Fußgängerzone geplant, die als Wohnstraße einen zusätzlichen Ruhepol schafft.

Das Haus 20 am Wolfsthalplatz blieb erhalten und wurde in vier Atelierwohnungen mit Gemeinschaftswohnküchen (Kommunikation) umgewandelt. Die Wohnung im Dachgeschoß blieb erhalten. An der Rückfront, wo sich der Eingang befindet, wurde ein Höfchen mit Gedenkhaus angebaut, um den Wandcharakter (Ist-Zustand) zu erhalten und weiterzuführen sowie einen Winkel zu erreichen als Kontrast zu dem Baumwinkel. Die Gedenkstätte (Denkmal) im Winkel ist als ruhender Pol vorgesehen und steht axial in Einklang mit dem Gedenkraum. Um der jüdischen Kultusgemeinde so weit wie möglich gerecht zu werden, wurde das Gedenkhaus konzipiert.

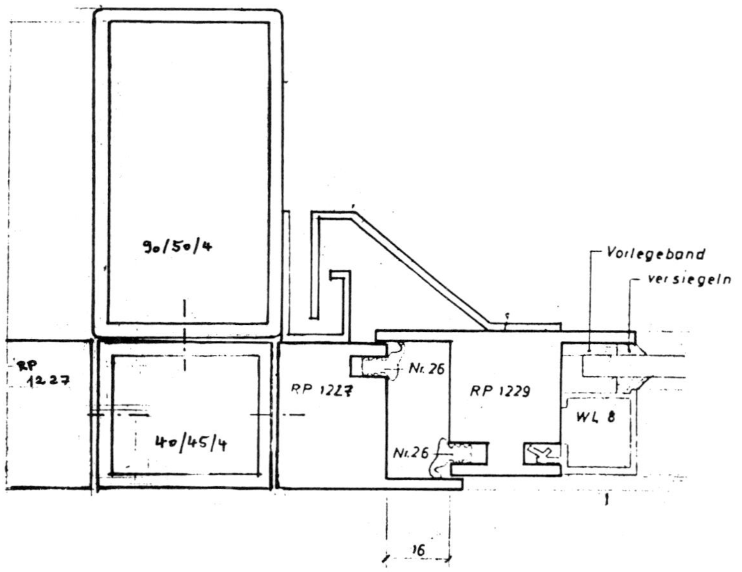

Bild 4.30: Schnitt B–B, M 1:2

Bild 4.31: Schnitt C–C, M 1:2

Bereich II

Der Wolfsthalplatz wird durch eine Baumgruppe gefaßt, die zum Verweilen stimuliert und zur Besin-

Bereich III

Der Bereich III wurde als Ideenwettbewerb ausgeschrieben. Daher ist der Architekt der Meinung, daß das zwar unter Denkmalschutz stehende Haus 24 in der Treibgasse weichen sollte, um erstens die sonst entstehende Block-Torso-Situation zu vermeiden. Zweitens sollte eine möglichst hohe Wohnungsdichte erreicht werden. Drittens sollte eine architektonische Harmonie entstehen, z. B. Erdgeschoßzone (Arkadenwiederholung, Läden, Dienstleistungen). Der Block-Innenhof wurde in kleine Wohngärten aufgeteilt, um zusätzlich einen Treffpunkt für Kinder und Eltern zu erhalten.

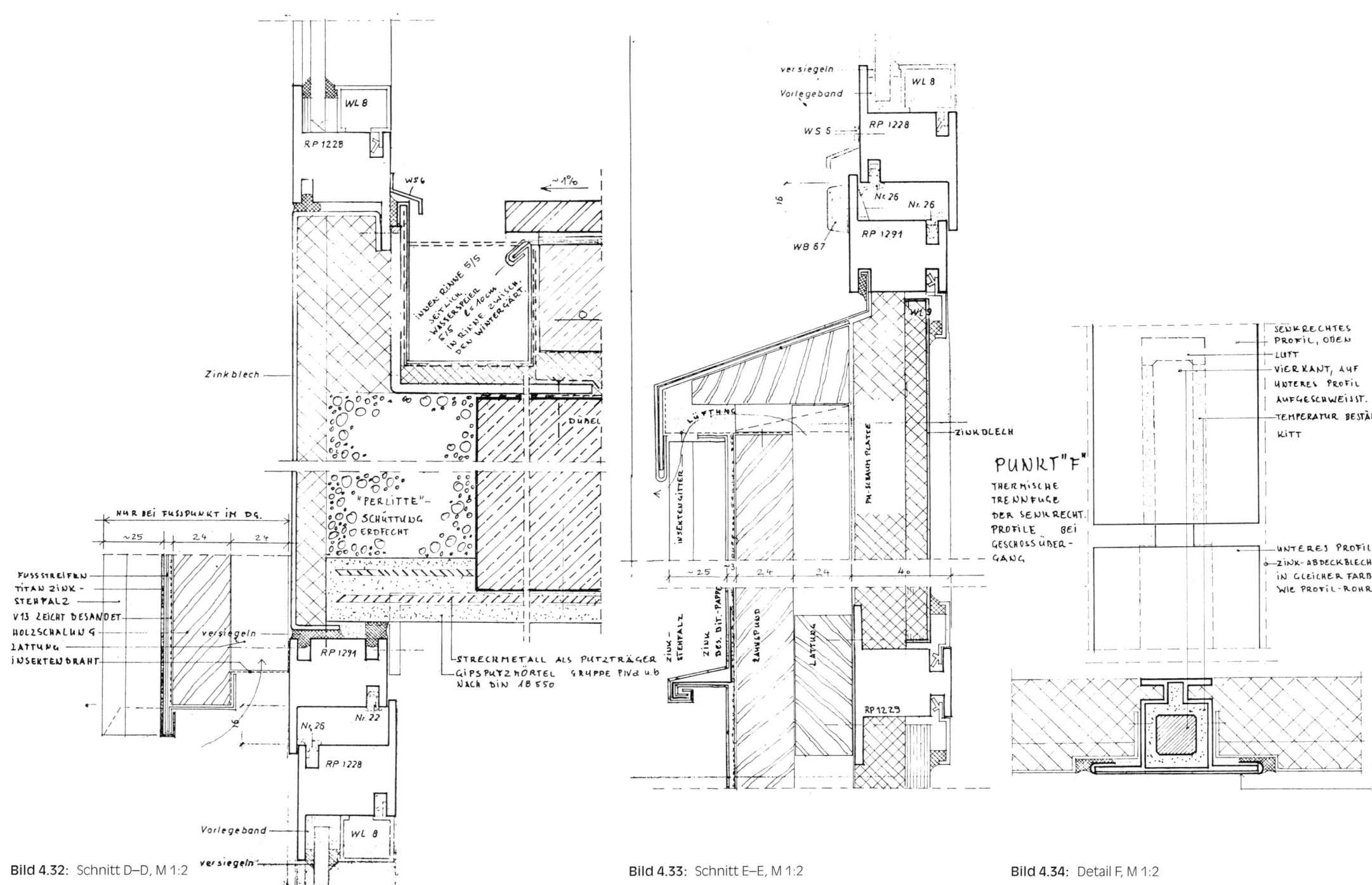

Bild 4.32: Schnitt D–D, M 1:2   Bild 4.33: Schnitt E–E, M 1:2   Bild 4.34: Detail F, M 1:2

5 Der haushälterische Umgang mit dem Boden

Bild 5.1: Bauen bedeutet auch Bodenverbrauch und Bodenversiegelung

5.1 Ökologisches Verhalten bedeutet Sparen und Einschränken

Ökologie heißt die Lehre der Beziehungen zwischen den Lebewesen aller Art und ihrer belebten oder unbelebten Umwelt.

Ökologisches Bauen heißt demnach die Beziehung zwischen den Bauten, ihren Benützern und ihrer Umwelt, ob diese Umwelt jetzt freie Natur oder dichte Stadt heißt. Ökologisch richtiges Verhalten beim Bauen bedeutet, daß man diese Umwelt möglichst wenig oder nicht verändert, beeinträchtigt oder belastet.

Da jedes Bauen einen größeren oder kleineren Eingriff und eine Veränderung der Umwelt bedeutet, ergibt sich logisch aus dem Vorhergehenden: Je weniger wir bauen, desto mehr verhalten wir uns ökologisch. Oder noch pointierter: Am ökologischsten wären wir als Bauleute, wenn wir nichts Zusätzliches mehr bauen würden, sondern nur noch die vorhandenen Bauten ersetzen oder verbessern würden.

Diese These ist logisch, aber für Bauleute wahrscheinlich schwer verdaulich oder sogar nicht akzeptierbar, weil sie vom Bauen leben und für ein *Null-Wachstum* – wie es verschiedentlich gefordert wird – kein Verständnis aufbringen können.

Ich setze jedoch diese These an den Anfang, weil sie zeigt, daß das Sparen und Einschränken im ganzen Bereich der Ökologie die effizienteste Maßnahme darstellt:

- das Sparen und Einschränken im Energieverbrauch
- das Sparen und Einschränken im Materialverbrauch
- das Sparen und Einschränken in den Wohnflächen
- das Sparen und Einschränken im Baulandverbrauch.

Das Ersetzen von umweltbelastender Technik durch eine neue, weniger belastende Technik bringt erfahrungsgemäß weniger Gesamtnutzen als das Sparen und Einschränken.

5.2 Das Sparprinzip in der Raumplanung

Das Prinzip des Sparens und Einschränkens anstelle von Substituierung durch neue Technik gilt in ganz besonderem Maße im Bereich der Raumplanung, d. h. bei der Planung unserer Quartiere, Dörfer und Städte, bei der übergeordneten Planung des ganzen Landes.

Die Raumplanung oder Orts-, Regional- und Landesplanung hat die Aufgabe, die künftige Entwicklung, die Bedürfnisse und Randbedingungen abzuklären und auf Grund dieser Abklärungen die Nutzung des Bodens und die Gestaltung von Siedlungen und Landschaft festzulegen. Dabei muß die Raumplanung auch die ökologischen Aspekte und Grenzwerte einbeziehen. Dafür steht der Planung nur das Mittel des Sparens und Einschränkens zur Verfügung. In anderen Bereichen des Lebens und des Umweltschutzes können schädliche Stoffe durch weniger schädliche ersetzt werden, z. B. Phosphate durch weniger schädliche Waschmittel, die FCKW in der Spraydose durch eine Pumpe, der Auspuff durch einen Katalysator.

Der wichtigste Grundstoff in der Planung ist der Boden, und der kann nicht durch einen anderen Stoff ersetzt und innerhalb unserer Grenzen auch nicht vermehrt werden, das gilt für das Bauland und für das landwirtschaftlich genutzte Land.

Wenn von der Planung eine Beschränkung des Baulandes gefordert wird, so wird das sehr oft als falsche Panikmache und als Aktion gegen die Bauwirtschaft beurteilt, da man meint, es gäbe noch massenhaft freies Land.

Außerdem ist ökologisch gesehen die Belastung der Umwelt, die von der Siedlungsfläche ausgeht, bedeutend höher, als aus dem Anteil der Siedlungsfläche hervorgeht. Die freie Landschaft, die wir als Ausgleichsfläche benötigen, sollte um ein Vielfaches größer sein als die Siedlungsfläche. Aus ökologischen Gründen ist deshalb eine Erweiterung der Siedlungsfläche nicht mehr vertretbar.

Ein weiterer Grund für die Einschränkung unserer Siedlungsflächen ist psychologischer und psychohygienischer Art. Der Mensch ist offensichtlich auf das Erlebnis und das Bewußtsein der freien Natur für sein Wohlbefinden angewiesen. Zwar leben wir in Mitteleuropa in einer weitgehend vom Menschen umgestalteten Kulturlandschaft. Der Städter und der Landbewohner brauchen aber auch die Kulturlandschaft als Erholungsgebiet als Ausgleich. Beide reagieren mit Ängstlichkeit, wenn diese Landschaft verändert, durch Streubauweise und Straßenbau beeinträchtigt wird. Begriffe wie *Verbetonierung der Landschaft* signalisieren diese Ängste. Der Nationalpark oder die geretteten Naturschutzgebiete bieten dafür keinen Ersatz.

Auch wenn wir unsere Wiesen und Hügel am Stadtrand und in der Region noch so ökologische mit gut gemeinten Biobauten überstellen, werden damit die freie Landschaft trotzdem verbraucht und verändert und das Landschaftsgebiet wie das Erholungsgebiet vermindert.

In bereits überbauten Gebieten bedeutet die Verdichtung ein Auffüllen von Baulücken, evtl. eine Aufstockung, zusätzliche Anbauten an die bestehenden Bauten und vor allem das Einbringen von weiteren Nutzungen und deren baulichen Anlagen, um eine dichtere Nutzung und zusätzlich eine Intensivierung des Erlebnisbereiches zu erzielen.

In überbauten Gebieten ist eine solche Verdichtung z.T. im Rahmen der geltenden Bauordnung und Gesetze zu verwirklichen, z.T. aber nur, wenn Abstandsvorschriften oder Ausnützungsbestimmungen z.B. der Dachgeschosse gelockert würden. Durch eine Heraufsetzung der Ausnützungsziffer in überbauten Gebieten kann ebenfalls eine Verdichtung bewirkt werden, dies bedeutet dann aber Abbruch und Neubau und ist kaum erstrebenswert.

Das wesentliche Motiv und das Ziel des verdichteten Bauens liegt bei der Einsparung von Bauland und bei der Erhaltung, beziehungsweise Vergrößerung der Landwirtschaftsflächen (Fruchtfolgeflächen). Im Gegensatz zu der heute verbreiteten Streubauweise innerhalb der Zone soll die Siedlung als kompaktes Gebilde deutlich eine Begrenzung gegenüber dem Landwirtschafts- und dem Freihaltegebiet aufzeigen. Es geht also gleichzeitig um den haushälterischen Umgang mit dem beschränkten Gut des Bodens und um eine gestalterische städtebauliche Maßnahme. Außerdem sind bei einer Konzentration der Siedlungsflächen eine Verminderung des Verkehrs und der Verkehrsflächen sowie eine Rationalisierung der Versorgungsinstallationen zu erwarten.

Das zweite Mittel im haushälterischen Umgang mit unserer Landfläche ist die Einschränkung unserer Ansprüche an Wohn- und Bewegungsfläche.
Im Verlauf der letzten 30 Jahre hat sich der Anspruch auf Flächen, gerechnet auf den einzelnen Einwohner, enorm gesteigert. Diese Steigerung betrifft die Wohnfläche, die Fläche für Dienstleistungen, die Fläche für Gemeinschaftsfunktionen und natürlich die Fläche für Verkehr.
So steigt z.B. die Wohnfläche, die durchschnittlich von einem Einwohner heute beansprucht wird, pro Jahr um 1 m^2. 1960 betrug die Wohnanteilsfläche ca. 25 m^2 pro Person – heute ist es mit 50 m^2 das Doppelte. Eine ähnliche Steigerung ist bei den Dienstleistungsflächen und bei Gemeinschaftsbauten zu beobachten. Bei diesen Anteilen geht es um Geschoßflächen, nicht um Baulandflächen.

Wenn wir den entsprechenden Landbedarf ausrechnen, so benötigte man um 1950 pro EW für Wohnen, öffentliche Bauten und siedlungsinterne Straße ca. 100 m^2 Bauzonenland – heute sind es bald 200 m^2 Bauzonenland, denn die Ansprüche steigen unaufhörlich, während die Einwohnerzahl praktisch gleichbleibt.
Man muß sich deshalb ernsthaft fragen, ob wir diese steigenden Ansprüche ohne Überlegung befriedigen können oder ob wir uns freiwillig und aus Verantwortung in unseren Ansprüchen einschränken sollten.

Es wird nicht leicht sein, unsere Bevölkerung und unsere Bauwirtschaft von der Notwendigkeit des Sparens und Einschränkens zu überzeugen und aus ökologischer Überlegung die entsprechenden Maßnahmen politisch durchzusetzen. Der Bürger hat heute vorerst Skepsis und eine ablehnende Haltung gegenüber der Verdichtung seines Wohnquartiers, denn ein Großteil der heutigen Bewohner tendiert zum ungebundenen Wohnen im Grünen. Die Wohnvorstellungen sind geprägt vom Einfamilienhaus oder von der Villa im Park. Dabei spielen die Vorbilder des bürgerlichen Landsitzes, des amerikanischen Siedlers und der Gartenstadt der Jahrhundertwende eine wesentliche Rolle. Es wird nicht leicht sein, die Bewohner von der Notwendigkeit und den Vorteilen eines verdichteten Bauens und eines Lebens in einem engeren Rahmen zu überzeugen. Eine Realisierung des verdichteten Wohnens ist jedoch nur machbar, wenn die freiwillige Einschränkung der Ansprüche auf Land- und Wohnanteilsfläche als moralische und gesellschaftliche Verpflichtung zum Tragen kommt. Als Vorbild kann dabei die typische Kleinstadt des 17. und 18. Jahrhunderts angeführt werden, welche bei sehr dichter Bauweise und kleinen Wohnflächen eine auch für heutige Auffassungen hohe Wohnqualität aufwies.

5.3 Die Sparmaßnahmen in der Raumplanung

Welche Möglichkeiten haben wir nun, wenn wir das Prinzip des Sparens und Einschränkens auf die Planung, insbesondere auf die Siedlungsplanung, anwenden?

Das eine ist das Sparen von Land durch Verdichtung unserer Siedlungen.
Das andere ist die Einschränkung unserer Ansprüche an Wohn- und Bewegungsfläche.
Das verdichtete Bauen wird heute sehr oft als Postulat aufgestellt; hier zuerst eine Definition, was darunter zu verstehen ist:
Bei der baulichen Verdichtung des Siedlungsgebietes muß unterschieden werden zwischen dem Bauen in Neubaugebieten und demjenigen in bereits überbauten Gebieten. Bei Neubaugebieten bedeutet Verdichtung, daß die Zonen mit lockerer Überbauung vermieden werden und daß folglich keine Zonen mit niedrigen Ausnützungsziffern, z.B. AZ unter 0,45, angesetzt werden. Die Verbindlichkeit dieser Verdichtung erfolgt durch eine entsprechende Revision des Zonenplanes.

Das heißt nun aber nicht, daß alle Zonen in ihrer Ausnützung erhöht werden sollen. Auch wäre es meines Erachtens ein falscher Weg, wenn durch eine Neudefinition oder Neuinterpretation der AZ eine höhere Ausnützung erzielt werden sollte, z.B., indem man nicht mehr alle Flächen in die AZ einbezieht.

In Neubaugebieten ist ohne Gesetzesänderung punktuell eine Verdichtung möglich, indem auf freiwilliger Basis z.B. mittels Gestaltungsplan die Bauten an einer Stelle konzentriert, an anderer Stelle dafür größere Grünflächen angeordnet werden.

6 Entwurfsprinzipien ökologischen Bauens

Ökologie: Wissenschaft von den Beziehungen der Lebewesen zu ihrer Umwelt

Ökologie wird oft fälschlicherweise als die Lehre des natürlichen Gleichgewichts bezeichnet. Die Natur kennt jedoch kein Gleichgewicht, sondern lediglich ein feines Pendeln von einem Zustand zum andern; ein stetiges Anpassen an neue Situationen. Dies ermöglicht der Natur das Überleben: Wer sich nicht anpaßt, hat keine Chance. Die Saurier sind schon vor der Umweltbelastung durch den Menschen ausgestorben. Das heißt natürlich wiederum nicht, die Menschheit könne von der Natur eine bedingungslose Anpassung an ihre Sünden erwarten. Wir werden uns im Gegenteil sehr bemühen müssen, nicht nur zu produzieren, zu benützen und wegzuwerfen, sondern natürliche Kreisläufe zu entwickeln und auch anzuwenden.

Leider sind jene Zeiten längst vorbei, in denen sich jeder sein *Traumgrundstück* aussuchen konnte. Wer aber nun doch ein zusagendes Grundstück gefunden hat, soll es vorerst auf Strahlungen aller Art untersuchen lassen, um dann planen zu können. Der Entwurf hat zudem auf Geländeneigungen, Himmelsrichtungen, Windrichtungen, Straßenzüge, nähere und weitere Umgebung (Aussicht) und nicht zuletzt auf die Bedürfnisse der Bauherrschaft Rücksicht zu nehmen.

Generell kann sowohl für passive Sonnennutzung wie auch für die Wohnbedürfnisse (Innen-außen-Bezüge) geplant werden: Nordost bis Nordwest möglichst kleine Fensteröffnungen, Südost bis Südwest möglichst viel gut isolierendes Glas. Zur Minimierung des Wärmeverlustes aber trägt eine eher kompakte Außenform der Gebäude bei, wobei Untersuchungen gezeigt haben, daß dieses Kriterium weniger signifikant ist, als ursprünglich angenommen. Es ist ebenfalls wichtig zu wissen, daß nicht nur der k-Wert der Gebäudehülle für das thermische Verhalten verantwortlich ist, sondern auch die Gebäudemasse, weil sie temperaturausgleichend wirkt. Persönlich bin ich der Meinung, es wäre sinnwidrig, zugunsten eines etwas kleineren Energieverbrauchs einen schlechteren Entwurf in Kauf zu nehmen. Entwerfen heißt ja Optimieren von unzähligen Gegebenheiten.

Unsere heutige Lebensform in Büros, Werkstätten, Einkaufszentren, ja sogar in Tennis- und Schwimmhallen hat uns der natürlichen Umwelt entfremdet. Wenn wir glauben, vor allem in städtischen Verhältnissen sei diese Umwelt so häßlich geworden, daß sie nur noch schlecht zu ertragen sei, dann tragen wir als deren Schöpfer die Verantwortung, können dies künftig aber auch verbessern. Andererseits erinnere ich an die vielen schönen, liebenswerten Gassen und Höfe mit großartigen Bäumen in unseren Altstadtteilen. Es liegt an uns allen, wieder erträgliche Stadträume zu schaffen.

Speziell in unseren klimatischen Regionen beschränkt sich der Aufenthalt im Freien auf nur wenige Wochen im Jahr, und dies auch nur dann, wenn es nicht regnet. Das erklärt ein wenig den Wintergarten-Boom. Um so wesentlicher wird damit das optische Einbeziehen des Außenraumes: Wetter, Licht, Jahreszeiten, Pflanzen, Sonne, Mond und Sterne, wenn möglich auch der Gerüche.

Als Kind greifen wir, um zu begreifen, was später in visuelle Wahrnehmung übergeht. Wir haben gelernt, die Umwelt mit dem Auge zu erfassen. Wir nehmen den größten Teil der Umwelt visuell wahr. Ein sehr wichtiges Baumaterial ist demnach das Glas. Es ermöglicht uns, die Außenwelt ins Gebäude einzubeziehen und durch verschiedene Lichtöffnungen den Lauf der Sonne im Innenraum zu zeigen und innerhalb des Gebäudes hellere und dunklere Zonen zu schaffen: Aktivzonen an die Fassade unter Einbezug der näheren Umgebung, Passivzonen, wie Wohnen, im Kern des Hauses. Hier hält man sich ja meistens abends auf, vielleicht mit Gästen, zum Musikhören oder Lesen beispielsweise. Gleichzeitig bildet dies auch die Warmzone, etwas entfernt vom Fenster, womit der oft zitierte Nachteil der Kälteabstrahlung des Glases gegenstandslos wird. Der gleiche Effekt läßt sich auch mit einer Zwischenklimazone (Wintergarten) erreichen.

Die Haut ist jenes Sinnesorgan, mit dem wir – im Haus durch das Glas – die Wärmestrahlung der Sonne wahrnehmen. Horizontal einfallendes Licht ist nicht dasselbe wie vertikal einfallendes Licht. Streiflicht erhellt anders als direktes Licht. Hoch angeordnete Fenster bringen mehr Licht in die Raumtiefe. Dunkel bedeutet nicht grundsätzlich Geborgenheit, ebensowenig wie hell Ankerlosigkeit. Man braucht sich nicht auszustellen, um sich in die Umgebung und die Natur einzubinden.

Raum erzeugt Kosten, deshalb können wir ihn quantitativ nicht beliebig vergrößern, jedoch mit fließenden Flächen, mit Materialien und Farben qualitativ verbessern. Wir verbinden innen und außen, Mensch, Umgebung und Natur. Wir sind mit ihr. Wir holen durch die Fenster im übertragenen Sinne Schnee, Wiesen, Sträucher, Mond, Sterne und vor allem die Sonne ins Haus; letztere auch zur Wärmenutzung. Ein Dialog mit der Außenwelt wird möglich. Die Veränderungen der Vegetation, der Wechsel der Jahreszeiten sind mitzuverfolgen. In diesem Sinne ist Glas eigentlich gar kein Baumaterial. Richtig angewendet schließt es zwar hermetisch, nicht aber optisch. Glas wirkt also nicht nur trennend, sondern vor allem kommunikativ-verbindend (es wird eigentlich erst im schmutzigen Zustand visuell wahrgenommen). Fenster sollten demnach nicht nur Löcher in den Wänden darstellen, sondern vielmehr als hermetische Trennung in den optisch fließenden Flächen stehen.

Das soeben Beschriebene gilt auch für das Hausinnere. Optische Verbindungen zwischen Räumen wirken bereichernd. Die Probleme der Akustik lassen sich mit Schallschutzgläsern lösen, jene der gegenseitigen Beeinflussung durch das Licht über Verdunkelungsvorhänge. Kommunikation durch das Glas soll nicht nur mit der Natur und der Umgebung stattfinden, sondern auch mit den Menschen, die vorbeigehen. Gute Architektur hört also nicht einfach mit der Außenwand auf, vielmehr müssen die Gestaltung und Erhaltung einer lebensfreundlichen Umgebung ein großes Anliegen sein. Gärten und Straßenzüge sollen Bestandteil dieses Denkens bilden.

Nachts brauchen Fenster durchaus keine schwarzen Löcher zu sein. Die Umgebung kann ins Wohnen einbezogen werden, indem im Innenraum das Licht reduziert, der Außenraum jedoch beleuchtet wird. Somit werden der Wohnraum optisch erweitert und der Außenraum einbezogen. Haben Sie schon am Kaminfeuer sitzend dem Tanzen der Schneeflocken zugeschaut? Haben Sie schon unter einem glasgedeckten Dach geschlafen und vor dem Einschlafen oder nach dem Erwachen Sterne und Mond betrachtet?

Öffnung, Wahrnehmung und Kommunikation sind Bereicherung der Sinne und damit des Lebens.

Ein Sprichwort sagt: »*Der Geist ist wie ein Fallschirm, er funktioniert nur in geöffnetem Zustand.*« Ökologisches Planen muß ganzheitlich sein und damit ausgewogene Verhältnisse zwischen Raum, Form, Material, Farbe, Statik, Licht usw. fördern. Alle diese Eindrücke werden vom Bewohner sehr stark wahr-

Bild 6.1: Haus des Architekten Felix Kühnis, Bellikon/Schweiz

genommen. Hugo Kükelhaus hat aufgezeigt, wie notwendig Wechselwirkungen für unser Wohlbefinden sind (hell–dunkel, klein–groß, warm–kalt). Derartige Gegensatzpaare wirken anregend und sind lebensnotwendig.

Das Wichtigste also ist die Architektur, die Raumgestaltungskunst – nicht der akademische Formalismus, auch nicht die reinen Repräsentationsbauten oder der spartanische Funktionalismus. Architektur ist angewandte Kunst. Sie hat dem Menschen zu dienen, seinen physischen wie psychischen Bedürfnissen Rechnung zu tragen. Ein gutgestalteter Raum strahlt *Wohlbefinden* aus, und dies auch, wenn er noch nicht möbliert ist. Es ist kein gutes Zeichen, wenn ein Raum zuerst dekoriert werden muß, um wohnlich zu sein. Vergessen wird oft auch das *Empfinden der Statik*. So kann ein Dach, welches zu schweben scheint und das die Statik nicht spüren läßt, unter Umständen vorerst als leicht, auf die Dauer aber als drohend (niederstürzend) statt schützend empfunden werden. Die weißverputzten Decken und Wände lassen uns nicht spüren, wie der Raum *steht*, und wir fühlen auch nicht das Material dahinter. Eine sichtbare Holztragkonstruktion vermittelt dagegen das Gefühl von Geborgenheit und Sicherheit.

Raumproportionen sollen harmonieren, das Gefüge der Räume muß fließen: Zonen der Geborgenheit wechseln mit Zonen, die sich lichtdurchflutet öffnen. Natürliches Licht vermittelt die Stimmung im Freien. Absolut gleichmäßige Beleuchtung erzeugt Orientierungslosigkeit. Im Nebel irrt man daher im Kreis herum. Banale Architektur vernachlässigt die dritte Dimension, den Raum. Das *Oben-Unten* besitzt nicht nur Symbolgehalt, sondern bringt auch räumliche Bereicherung: Tiefer sitzen in einem Raumgefüge vermittelt Geborgenheit, höher sitzen den Überblick.

Der Kreis oder die Kugel, die vollkommenste (kosmische) Form, ermöglicht freies räumliches Erleben ohne Einschränkung durch dominierende Richtungen. Ein rundes Schwimmbad benutzt man richtungslos. Eine runde Küche ermöglicht einen harmonischen Ablauf der Arbeit mit kurzen Wegstrecken. Eine runde Sitzgruppe vermittelt *umarmende Geborgenheit*. Farben haben Aussagen: Sie warnen, beruhigen, regen an oder machen frieren. Farben in der Natur verändern sich. Das Blattgrün erhält den Jahreszeiten entsprechend immer wieder andere Schattierungen. Die deckenden, mit Computergenauigkeit gemischten Farben bleiben trotz *warmen* Tönen steril und leblos. Im Gegensatz dazu hat beim Holz jedes Brett eine eigene, sozusagen persönliche Jahrringzeichnung, hat jeder Ziegelstein seine eigene Oberflächen- und Farbstruktur.

Die Anwendung unterschiedlicher Baumaterialien ist selbstverständlich immer auch eine Frage der Quantität, also der Ausgewogenheit. Ebenso bedingt sie die Bejahung durch die Bewohner. Bei den Materialien wähle ich mit Vorzug jene, die in einen Kreislauf einschaltbar sind (z. B. Holz und Backstein). Auch die Verfügbarkeit, Transportmöglichkeiten, technische und energetische Aufwendungen für die Herstellung sowie die Lebensdauer der Baumaterialien sollen in die Überlegungen einbezogen werden. Dasselbe gilt auch für die Heizenergie. Es wird viel über das Energiesparen geredet, immer nach dem Motto: *Wir müssen sparen, koste es, was es wolle.* Energiesparen mag zur Zeit richtig sein, doch viel besser wäre es, *Kreislaufenergien* zu verwenden, z. B. Tachyonen-Energie. Bezüglich der Beheizung von Gebäuden liegt die Zukunft bei den Gläsern. Zwar noch nicht im Handel erhältlich, gibt es doch bereits im Labor Gläser mit Isolationswerten um 0,3–0,5 W/m²K, welche selbst bei diffusem Sonnenlicht auch im Winter einen Verzicht auf die Heizung erlauben. Wenn diese Gläser anwendungsreif sind, werden Lüftung und Sonnenschutz mehr Beachtung verlangen.

Wer in bezug auf ökologisches Planen klar definierte Rezepte erwartet, wird enttäuscht werden. Ganzheitliches Planen ist ein feines Abstimmen von unzähligen Gegebenheiten und Einflüssen, das demgemäß auch mehrere gute Lösungen zuläßt.

7 Baustoffe im ökologisch-baubiologischen Vergleich

7.1 Künstliche, natürliche und biologische Baustoffe

Die Begriffserklärung nach dem Ursprung der Materialien kann *folgendermaßen* beantwortet werden: Als *biologisch* sind solche Materialien zu bezeichnen, die ausschließlich aus dem Stoffwechsel von Pflanzen und Tieren stammen.

Natürlich ist bereits ein Oberbegriff für biologische und mineralische Materialien, die wenig verarbeitet sind. Als *künstlich* werden im normalen Sprachgebrauch Erzeugnisse bezeichnet, die aus fossilen Rohstoffen wie Erdöl, Erdgas und Kohle hergestellt werden, oder Mineralien, die stark verarbeitet sind (z. B. Aluminium).

7.2 Baumaterialien aus baubiologischer Sicht

Wenn wir Baumaterialien aus baubiologischer Sicht zu beurteilen haben, müssen wir auf mehr als nur ökonomische, mechanische oder statische Prinzipien achten. Es geht auch um die Beziehung zwischen dem Menschen und den Dingen, mit denen er sich umgibt.

Wir können zu fast allem und jedem eine gute Beziehung haben. Doch spüren wir zu gewissen Baustoffen eine Affinität (Verwandtschaft, Ähnlichkeit): andere Baustoffe stoßen uns wiederum ab und behagen uns nicht. Deshalb wirkt nicht jedes Material auf jeden Menschen gleich, und nicht alle Menschen reagieren auf solche Unstimmigkeiten in gleicher Weise.

Dennoch, als menschliche Wesen können wir nicht naturgesetzliche Gegebenheiten über längere Zeit hinweg ignorieren, ohne Schaden zu leiden. Die Natur, die wir einnehmen, und die Luft, die wir atmen, haben einen Einfluß darauf, ob wir uns wohl oder unwohl, leicht oder schwer, gesund oder krank fühlen. Ähnlich ist es auch mit den Baustoffen, mit denen wir uns umgeben, *denn auch Baustoffe sind Bausteine des Lebens.*

Baumaterialien haben Einfluß auf:
- das Raumklima (Luftfeuchtigkeit, Luftqualität, Oberflächentemperatur),
- das Elektroklima (statische Aufladung, positive und negative Ionen),
- den Geruch (Duft oder Gestank),
- die Raumakustik,
- die toxische Situation (Ausscheidung und Strahlung giftiger Substanzen),
- die Durchlässigkeit gegenüber Wellen aus dem Kosmos und der Erde (viele biologische Vorgänge werden dadurch gesteuert).

7.3 Imitationen

Beim heutigen Bauen werden viele Imitationen verwendet, zum Beispiel PVC-Folien mit Holzmaserierung, so nach dem Motto: *Holz ist heimelig, Plastik pflegeleicht und billig.* Aber auch Holzbalken (ob massiv oder Plastik), die an Betondecken gehängt werden, sieht man immer wieder. Dabei kennen wir doch aus der Rechtsprechung, daß Vortäuschungen falscher Tatsachen strafbar sind. Auf dem Bau scheint aber alles erlaubt zu sein.

Die baubiologischen Lösungen sind einfach zu finden. Man verwende nur Echtes: natürliche Materialien, klare Konstruktionen, zweckmäßige Installationen und Einrichtungen. Das bedeutet aber, daß man zum Beispiel auch Eigenschaften des Holzes wie Schwinden und Quellen akzeptieren muß.

Tabelle 7.1: Baubiologische Beurteilung von verschiedenen Baumaterialien

Nr.	Baustoff	A	B	C	D	E	F	G	H	I	K	L	M	N	O	P	Q	Note
1	Holz (Vollholz)	3	3	3	3	3	3	3	3	3	3	3	3	3	3	3	3	3,0
2	Kork	3	3	3	3	3	3	3	3	3	3	3	3	3	3	3	3	3,0
3	Holzspanplatten	1	1	2	2	3	3	3	3	–	1	2	3	2	0	1	–	1,9
4	Hartfaserplatten	1	2	3	2	3	3	3	2	–	1	2	3	2	2	2	–	2,2
5	Furnierplatten	2	2	2	3	2	3	3	3	3	1	2	3	2	2	2	–	2,3
6	Holzwolleplatten (m. Magnesit)	2	2	3	2	3	3	3	3	3	3	3	3	3	2	2	–	2,7
7	Weichfaserplatten	2	2	3	2	3	3	3	3	3	3	3	3	3	3	2	–	2,7
8	Kokosfaserprodukte	3	2	3	2	3	3	3	3	3	3	3	3	3	3	3	–	2,8
9	Mineralwolle (Schlackenwolle)	0	0	0	0	0	2	3	3	–	0	0	3	–	–	0	0	0,9
10	Glaswolle (Kunstharzbindung)	0	0	0	0	3	1	3	3	–	0	0	3	–	0	0	0	0,9
11	Schaumkunststoff (Polystyrol)	0	0	0	0	3	0	3	3	0	1	3	0	0	0	0	0	0,8
12	PVC-Produkte (hart)	0	0	0	0	3	0	1	2	0	0	3	0	0	0	0	–	0,6
13	Kunstharzleime	0	0	0	0	3	0	–	–	–	0	3	0	0	0	0	–	0,5
14	Kunstharzlacke	0	0	0	0	0	0	–	–	–	0	0	0	–	0	0	0	0,3
15	Imprägnierlasuren	0	0	0	1	3	3	–	–	–	3	3	–	–	0	0	0	1,3
16	Bienenwachsprodukte	3	3	3	3	3	3	–	–	–	3	3	–	3	3	3	–	3,0
17	Asphalt-, Bitumenpappe	1	0	1	1	3	3	–	0	–	0	0	–	–	1	0	0	0,9
18	Dampfsperren (Folien)	0	0	0	0	3	0	–	–	0	0	0	–	–	0	0	0	0,3
19	Ziegelerzeugnisse (Lochziegel)	2	3	3	2	3	2	3	3	2	1	3	2	3	3	3	–	2,5
20	Lehm	3	3	3	3	3	3	3	3	3	3	3	2	3	3	3	–	3,0
21	Keram. Produkte (unglasiert)	2	2	2	2	2	3	1	2	–	1	0	3	–	3	3	–	2,0
22	Beton (Stahlbeton)	0	0	0	0	1	1	0	1	0	0	0	0	0	3	0	0	0,4
23	Bimshohlblocksteine	1	0	1	2	0	2	2	2	–	2	1	0	–	3	0	0	1,1
24	Gips (Chemiegips, Platten)	0	0	0	1	0	–	1	2	0	2	3	–	3	1	0	0	1,1
25	Zementmörtel	1	0	2	1	1	3	1	2	–	1	2	0	1	3	1	–	1,4
26	Kalkmörtel	2	2	3	2	2	3	1	2	–	2	3	2	3	3	2	–	2,2
27	Kalksandsteine	1	2	3	2	2	3	2	2	–	1	2	1	2	3	2	–	2,0
28	Kunstharzputz	0	0	0	1	0	–	0	1	2	0	0	3	0	0	0	0	0,5
29	Linoleum	1	2	3	2	3	3	2	3	3	2	3	3	3	3	3	–	2,3
30	Glas	0	1	1	0	3	0	0	0	–	0	0	3	3	3	–	0	1,0
31	Asbestzementtafeln	1	0	0	1	1	–	2	2	0	1	2	3	–	3	1	0	1,2

Bewertungskriterien für Tabelle 7.1:

A – Naturbaustoffe – Benotung nach dem Grad der Bearbeitung und der Fremdeinsätze

B – Bewährung/Erfahrungswert – in biologisch-ökologischer Hinsicht (Risiko)

C – Umweltproblematik – bezüglich langfristiger Verfügbarkeit, Herstellung, Transport, Be- und Verarbeitung, Abfallbeseitigung

D – Energiebedarf – bei der Produktion, Be- und Verarbeitung, Beseitigung, Transport

E – Radioaktivität –

F – Elektrisches Verhalten – elektrostatische Aufladung, elektrostatische Leitfähigkeit, Ionenfilterung

G – Thermische Eigenschaften – Oberflächentemperatur, Wärmeleitung, -speicherung, -dämpfung

H – Akustische Eigenschaften – Luft- und Körperschall, Schallabsorption, bei Leichtbaustoffen ist zweischalige Ausführung vorausgesetzt

I – Mikrowellendurchlässigkeit – soweit von ENDRÖS untersucht

K – Diffusion/Atmung – unter Berücksichtigung üblicher Dimensionen von Baustoffen, -elementen

L – Hygroskopizität – Baustoffe ohne Oberflächenbehandlung

M – Feuchtegehalt/Trocknungsdauer – Baustoffe ohne Oberflächenbehandlung

N – Sorption/Regeneration – Baustoffe ohne Oberflächenbehandlung

O – Toxische Dämpfe und Gase – auch von Klebemitteln

P – Geruch – angenehm, neutral oder unnatürlich, kalt, unangenehm

Q – Hautwiderstand – bisher nur in geringem Umfang durchgeführt

Die Tabelle erlaubt eine Groborientierung zur Beurteilung von Baustoffen.

7.4 Umwelteinflüsse auf die Baumaterialien

Baumaterialien sind den Umwelteinflüssen je länger, je mehr ausgesetzt. Baukonstruktionen, die noch vor Jahren als dauerhafte Lösungen präsentiert wurden, verfallen und zersetzen sich. Betonbrücken, Sandsteinfassaden und vieles mehr leiden unter den Einwirkungen der verschmutzten Luft und dem sauren Regen. Eindrückliche Beispiele sind in letzter Zeit bekanntgeworden. Ich meine aber, daß die Baumaterialien, und hier vor allem die *zusammengesetzten* und *gemischten,* auch von innen her den Umweltbelastungen ausgesetzt sind. Betrachten wir einmal den Beton: Die Armierungseisen sind dem sauren Regen ausgesetzt, das Mischwasser, verschmutzt und unrein, wird literweise eingebaut. Wechselwirkungen chemisch-physikalischer Art zerstören nun das Gefüge von innen und fördern die Empfindlichkeit für die äußeren Einflüsse. Versiegelungen werden dadurch illusorisch, schützen sie doch nur das eine und vergessen das andere.

Dank dem langsamen Wachstum und einer natürlichen Abwehrreaktion der wachsenden Pflanzen werden die Umwelteinflüsse beim Baustoff Holz nicht dieselben Auswirkungen zeigen.

7.5 Baustoff Holz aus ökologischer Sicht

Vor Jahrtausenden, als der Mensch lernte, seine Behausungen zu bauen, war Holz der wichtigste Baustoff. Das formale Aussehen der Bauten wurde über all die Jahre von den Eigenschaften der zur Verfügung stehenden Baumaterialien Holz und Stein geprägt. Nach wie vor ist Holz der wichtigste regenerierbare Baustoff, der uns zur Verfügung steht. Bei sparsamem Umgang und entsprechend verantwortungsvoller Waldwirtschaft ist eine eigenständige Holzwirtschaft möglich.

Ausländische Hölzer sollten wegen des erhöhten Energieaufwandes für den Transport nicht verwendet werden. Aus Ländern ohne verantwortungsbewußte ökologische Holzwirtschaft dürften überhaupt keine Holzimporte stattfinden. Das betrifft vor allem tropische Länder, da dort durch den Raubbau an den Regenwäldern irreversible Schäden verursacht werden.

7.6 Schwarz oder weiß?

Nun ist es so, daß nicht alle Menschen dieselben Dinge spüren, aber ein Teil der Bevölkerung leidet an der ungesunden Bauweise, bewußt oder unbewußt: aber nicht nur an der Bauweise, sondern auch am Nützlichkeitsdenken, das in unserer Zeit so vorherrschend ist.

Können wir Baubiologen ein Rezept oder eine Patentlösung anbieten so nach dem Motto „Man nehme dies – und lasse das andere«? Nein! Wir müssen versuchen, die Zusammenhänge z. B. der Materialeigenschaften so aufzuzeigen, daß der Benutzer das für seinen konkreten Fall Richtige finden kann. Das heißt, an die Stelle der Qualitätsprüfung (Bewertung) tritt die Qualitätsbeschreibung.

Tabelle 7.2: Vergleich üblicher Baustoffe und Materialgruppen nach ökologischen Gesichtspunkten

Baustoffe und -materialien	Primärenergiebedarf kWh/m³	Schadstoffe bei Herstellung	Regenerierbarkeit	Wiederverwendbarkeit	Heimische Verfügbarkeit	Möglichkeit dezentraler Herstellung und Anwendung	Auswirkung auf Gesundheit und Wohlbefinden
Wandbaustoff							
Holz	60	+	+	+	+	+	+
Leichtziegel	150	o	–	o	+	+	+
Gasbeton	225	–	–	o	o	–	o
Leichtlehm	30	+	–	+	+	+	+
Leichtbeton	70	o	–	+	+	o	o
Ziegel 1,2	130	o	–	o	+	+	+
Ziegel 1,4	140	o	–	o	+	+	+
Strohlehm	30	+	–	+	+	+	+
Kalksandstein 1,4	85	o	–	o	+	+	+
Ziegel 1,8	125	o	–	o	+	+	+
Kalksandstein 1,8	80	o	–	o	+	+	o
Beton (unbewehrt)	45	o	–	o	+	o	o
Stahlbeton (Fertigteil)	105	–	–	o	–	–	–
Granit	10	o	–	+	o	+	–
Dachhaut							
Stroh, Rohr	2 bis 4	+	+	+	+	+	+
Holzschindeln	5	+	+	+	+	+	+
Seegras	2 bis 4	+	+	+	o	+	+
Schiefer	5 bis 10	+	–	+	o	+	+
Betondachstein	25	o	–	o	+	o	+
Ziegel	30	o	–	o	+	+	+
Asbestzement	15	–	–	o	–	–	–
Verzinktes Stahlblech	70	–	–	o	–	–	o
Kupfer	100	–	–	o	–	–	–
Blei	250	–	–	o	–	–	–
Aluminium	350	–	–	o	–	–	o
Dichtung							
Kraftpapier	0,5 bis 1	o	+	+	+	+	
Bituminierte Pappe	1 bis 3	o	o	–	–	–	unwesentlich
Folie (PVC, PE)	2 bis 5	–	–	o	–	–	
Fensterrahmen							
Holz	8	+	+	+	+	+	
Kunststoff	250	–	–	–	–	–	
Aluminium	800	–	–	+	–	–	
Innenbereich							
Dach- und Deckentragkonstruktion							
Holz	20 bis 30	+	+	+	+	+	+
Ziegelgewölbe	60 bis 120	o	–	o	+	+	+
Stahlbeton	150 bis 200	–	–	o	–	–	o
Träger und Stürze							
Holz (12/20)	8	+	+	+	+	+	+
Stahl (I PB 220)	550	–	–	o	–	–	o

+ = positiv / – = negativ / o = unklar, neutral

8 Gesundheitliche und ökologische Überlegungen zum Aufbau der Gebäudehülle

Bauen im Einklang mit der Natur gebietet, das Haus als Organismus zu betrachten.

Die Verknüpfung einzelner Faktoren zu Kreisläufen und Ketten ergibt ein nur schwer überschaubares Netz von Zusammenhängen und Abhängigkeiten. Die Ökologie basiert auf alten, kosmologischen Weisheitslehren, wie dem chinesischen I-Ching, oder den hermetischen Lehren, die aus einem umfassenden Naturverständnis entstanden sind.

Lebende Objekte sind Vorbild zu ökologischen Lösungen. Jedes materielle Objekt hat eine Form und die Fähigkeit, Kräfte aufzunehmen und abzugeben, und ist in diesem Sinne eine Konstruktion. Es geht um die Zusammehänge zwischen Form, Konstruktion, Material, Belastung, Tragfähigkeit, Masse und Energieaufwand von Objekten und Prozessen und ihre Gesetzmäßigkeiten, insbesondere die Selbstbildungsprozesse, mit denen diese Objekte entstehen und leben. Der Bewohner als Mensch steht im Zentrum der Baubemühungen. Analogien zwischen Mensch und Haus stehen daher im Vordergrund.

8.1 Haut – Organ und Hülle

Dem Menschen fehlt im Gegensatz zu allen höheren Tieren eine vollendet angepaßte Hülle, somit *braucht* er eine Zusatzhaut in Form der Kleidung und Behausung.

Die Haut hat sich widersprechende Aufgaben zu erfüllen.

Schützendes Abschließen gegenüber schädigenden Außeneinflüssen.

Sich-Öffnen gegenüber allen Qualitäten der Umwelt.

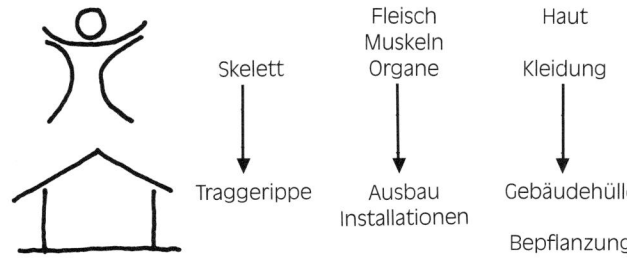

Bild 8.1: Organischer Aufbau

Aufbau der Haut
Oberhaut (Epidermis)

Nach außen Haare und Nägel, nach innen Talg- und Schweißdrüsen, Austrittspforten: Haarzwiebel und Talgdrüsen, Schweißdrüsen.

Diese Oberhaut besteht aus mehreren Schichten sich nach außen abwandelnder und verhornender Zellen. Darin eingelagert sind lichtbrechende Substanzen als Schutz gegen zu starkes Eindringen von Licht und Wärme.

Die Talgdrüsen fetten die Haut selbsttätig ein und verhindern ein Aufquellen der Hornschicht. Die Schweißdrüsen sondern ein Sekret ab und bilden einen Säuremantel gegen Bakterien.

Die Mittelschicht (Cutis) oder Lederhaut hat mechanische Schutzfunktionen. Sie besteht aus festen Bindegewebs- und elastischen Gitterfasern. In ihr eingebettet sind fein verästelte Blutgefäße, die Keimschicht und Drüsen versorgen, feine Nervenstränge, Talg- und Schweißdrüsen.

Die Unterhaut (Subcutis) besteht aus einem bindegewebeartigen *Kellergewölbe* zur Salz- und Fettspeicherung. Sie hat auspolsternde Gestaltsfunktion und ist zugleich Kälteschutz.

Atmungsorgan
Durch die Haut findet eine stete Abgabe von Kohlensäure und Aufnahme von Sauerstoff statt. Jedoch macht die Hautatmung nur einen sehr geringen Bruchteil der Gesamtatmung aus (Haut 1,6 bis 2 m^2; Lunge ca. 80 m^2).

Sekretionsorgan
Nicht unbedeutend ist jedoch die Wasserabgabe durch die Haut. Sie kann doppelt so groß sein wie diejenige durch die Lungen. Mit der Schweißabsonderung verlassen viele unerwünschte Stoffe den Körper.

Wärmeregulationsorgan
Die Haut wirkt bei der Regulierung der Wärme wie ein Ventil. Steigt die Temperatur der Umgebung, öffnet sich das Ventil, die Hautmuskeln erschlaffen, es folgt ein erhöhter Blutzufluß, gleichzeitig tritt lebhafte Schweißabsonderung ein. Bei der Verdunstung wird eine Menge Wärme verdunstet. Ist die Temperatur der Umgebung sehr niedrig, dann ziehen sich die Hautmuskeln zusammen (Gänsehaut), das elastische Gewebe wird gespannt, die Blutgefäße entleeren sich, die Wärmeabgabe wird geringer.

Aufnahme von Stoffen
Für wässerige Lösungen ist die Aufnahmefähigkeit der Haut sehr gering. Bei einer Entfettung der Haut können fremde Substanzen über die Drüsenaustrittspforten eindringen.

Sinnesorgan
Temperatur- und Tastsinn und wahrscheinlich auch Sinnesorgan für verschiedene andere Schwingungsformen. In der Haut finden wir auch Schmerznerven, die mit inneren Organen in Zusammenhang stehen (Headsche Zonen, Meridiane).

1 Arterie
2 Vene
3 Nerv mit Tastkörperchen
4 Schweißdrüse mit Ausführungsgang
5 Fettgewebe
6 Haarbalg mit Haarschaft
7 Haarmuskel (Aufrichter)
8 Talgdrüse

Bild 8.2: Schnitt durch die menschliche Haut (Schema). Die Haut enthält darüber hinaus noch in großer Anzahl Kälte- und Wärmepunkte, Schmerzspitzen, Fühl- und Pigmentzellen.

8.2 Gebäudehülle

Sie muß wie die Haut sich *öffnen* und *schließen*, *schützen* und *abschirmen*, *sammeln* und *speichern*, *ausgleichen* und *verzögern*, *ableiten* und *umwandeln*.

Organismen in der Natur passen sich den Klimarhythmen Tag und Nacht, Sommer und Winter, Sonne und Regen usw. in ihrem Lebensvollzug an. Sie öffnen und schließen sich, verkleinern im Winter ihre Oberfläche, bekommen dichtere Pelze oder ziehen sich zum Winterschlaf zurück.

Auch der Mensch hat sich über Jahrhunderte optimal an den Standort angepaßt und das örtliche Potential genutzt. Traditionelle Bauformen sind Zeugen dieser Kunst.

Einfachere und weniger häufig anfallende Anpassungen an das Klima sind durch den Bewohner *bewußt* von Hand vorzunehmen.

8.3 Klimafaktoren

Eine festgelegte Lüftungsrate und konstante Raumtemperaturen sind noch lange keine Garantie für ein gutes Raumklima. Vielmehr müssen die Möglichkeiten vorhanden sein, auf Nutzungs- und Wetterwechsel flexibel zu reagieren.

Das Raumklima wird *von Mensch zu Mensch individuell anders* empfunden. Neben meßbaren Faktoren wie
- Raumtemperatur,
- Oberflächentemperatur,
- absolute und relative Feuchtigkeit der Luft,
- Luftbewegung (Luftzug),
- Staubgehalt

sind noch viele mehr *subjektive Faktoren* mitbeteiligt, wie
- Tätigkeit (Schlafen, Ruhen, Bewegung oder Kraftarbeit),
- Vitalität,
- Veranlagung,
- Erziehung,
- Gewohnheit,
- Emotionen (Streß).

Eine Wohnung, die ein einheitliches, normiertes Raumklima aufweist, trägt zu Desorientierung und Unwohlsein bei. Die Bedürfnisse des Menschen lassen sich nicht in Normen pressen, sie sind von Raum und Zeit abhängig.

8.4 Wandatmung

Als dritte Haut müssen die Umschließungsflächen eine Dauerlüftung ermöglichen. Das ist eine der primären Forderungen der Baubiologie. Der eigentliche Luftaustausch hat jedoch analog der Lungenatmung über kontrollierbare Fugen oder Flächen zu erfolgen, die windunabhängig eine Dauerlüftung gewährleisten. Als Minimum sind 40 m³/h und Person notwendig. Zur Energieeinsparung sind neue Wege zu suchen, die nicht auf Kosten einer gesunden Atemluft gehen.

Analog der Haut besteht die Hauptaufgabe der Wand in der Pufferung und Diffusion von Feuchtigkeit.

Porige Materialien wie Massivholz oder diffusionsfähige Holzwerkstoffe sind dichten Baustoffen vorzuziehen.

Sperrschichten in der Außenwand sollten möglichst vermieden werden. Um Kondensationsschäden zu vermeiden, ist zu beachten, daß im Laufe des Feuchtigkeitstransportes von innen nach außen der Diffusionswiderstand abnimmt. Porige Materialien auf der Innenseite puffern kurzzeitige Dampfspitzen. Zudem können damit bei richtiger Materialwahl

1 **Sonneneinstrahlung**
Reflexionsschicht
UV-Schutz oder hell streichen
Wärmespannungen
Überhitzung

2 **Schall**
Luftschallschutz

3 **Regen**
Wasserabweisende, aber dampfdurchlässige Oberfläche
oder hinterlüftete Regenhaut

4 **Kälte und Wärme**
Dämmung

5 **Wind**
Fugendichtigkeit
Druckausgleichskammern

6 **Staub**
nicht zu rauhe Oberflächen
Halbleitermaterialien verwenden
(kleine elektrostatische Aufladungen)

7 **Vibrationen**
Körperschallschutz

8 **Lufttemperatur innen**
Speicherfähigkeit

9 **Wasserdampf und Gerüche**
hygroskopische Materialien
unbehinderte Diffusion

10 **Taubildung**
hohe Oberflächentemperatur
durch gute Dämmung
hygroskopische Oberflächenmaterialien

11 **Strahlung und Konvektion**
Reflexionsfolien hinter Heizkörper
isolierende Fensterläden

12 **Aufsteigende Feuchtigkeit**
Sperren

13 **Tragfähigkeit und mechanische Belastbarkeit**

14 **Brandschutz**

15 **Holzschutz**

Bild 8.3: Physikalische Wirkungen auf die Außenhaut

auch Gerüche absorbiert werden. Insbesondere kalk- und harzhaltige Hölzer haben antiseptische Wirkung.

Eine ausgewogene Wärmedämmung und -pufferung wird optimal durch homogene Wandkonstruktionen erreicht. Bei Leichtbauweisen können innere Vormauerungen, schwere Innenwände und Decken für den notwendigen Ausgleich sorgen.

8.5 Geringer Energieaufwand und schadstofffreie Herstellung

Mit dem Grad der Bearbeitung steigt der Energiebedarf. Spezialitäten können oft nur auf hochindustrialisierten Anlagen gefertigt werden. Damit steigt der Energieverbrauch für Transport- und Werkanlagen. Je mehr Energie verbraucht wird, desto höher ist der Schadstoffausstoß. Je mehr ein Rohstoff verändert wird, insbesondere bei chemischen Reaktionen und Umwandlungen, desto mehr ist mit Schadstoffemissionen zu rechnen. Leider sind diese großtechnisch hergestellten Produkte oft billiger.

Sender
Material

Empfänger
Psyche
Empfindung

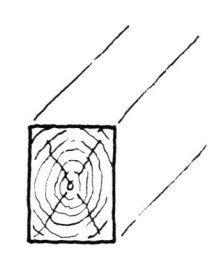

Toxische Emissionen
Wärmeleitung
Radioaktive Strahlung Radon
Geruch, Aerosole
Licht, Farbe

Radionik
Elektromagnetische Felder
Stoffstrahlung
Formresonanz
Geistige Informationen,
Archetypische Informationen
Schall

Einflüsse auf den Menschen als Individuum sind meßbar mittels Hautwiderstandsmessungen nach Dr. Hartmann, radiästhetischer Messung mit Lecherantenne nach Reinhard Schneider, Elektroakupunktur, Decoder-Dermographie.

Bild 8.4: Biologische Wirkungen von Baustoffen auf Organismen

8.6 Regenerierbarkeit und Wiederverwendbarkeit

Die Geschichte zeigt, daß Bauten rund alle 35 Jahre durch Umbau neuen Bedingungen anzupassen sind. Umbauten in Holzhäusern sind meist ohne große Probleme zu bewältigen. Holz läßt sich normalerweise problemlos in die Natur zurückführen. Im Gegensatz dazu sind Verbundwerkstoffe kaum wiederzuverwenden oder zu regenerieren.

9 Wärmespeichervermögen von Baukonstruktionen

Die Wärmespeicherung gewinnt bei Bauten mit erhöhtem Wärmeschutz, wie er heute aus Energie- und Umweltschutzgründen gefordert wird, zunehmend an Bedeutung. Im Winter und in der Übergangszeit ist eine ausreichende Wärmespeicherfähigkeit des Raumes die unabdingbare Voraussetzung zur passiven Nutzung der Sonnenenergie. Die in den Raum einfallende Sonnenstrahlung sowie die vorhandenen internen Lasten dürfen nicht zu einer unerwünschten Überwärmung des Raumes führen, sondern sollen abgespeichert und zu einem späteren Zeitpunkt zur Deckung des Heizwärmebedarfes beigezogen werden. Dem Planer stellt sich nun die Frage, ob die vorhandene Speichermasse der Innenoberflächen des Raumes tatsächlich auf diese Gewinne abgestimmt ist. Welche bauphysikalischen Kenngrößen sind für diese Problemstellung zu berücksichtigen? Hier ist zu unterscheiden zwischen Kenngrößen für rein qualitative Betrachtungen (z. B.: Welcher Baustoff ist besser geeignet?) und Kenngrößen für eine quantitative Erfassung der Wärmespeicherung (z. B.: Wieviel Energie eines Sonnentages kann gespeichert werden?).

Im besonderen muß klar erkannt werden, daß Größen, die auf idealisierten Randbedingungen basieren, wie beispielsweise einem periodisch eingeschwungenen Zustand, sich nicht ohne weiteres auf reelle Verhältnisse übertragen lassen.

Neben der passiven Sonnenenergienutzung gibt es weitere wichtige Problemstellungen, welche eine sorgfältige Berücksichtigung der Wärmespeichervorgänge im Gebäude verlangen:

- Das Auskühlverhalten eines Raumes (Heizungsbetrieb).
- Der thermische Komfort in einem Raum (Bedeutung der Strahlungstemperatur der Oberflächen).
- Der sommerliche Wärmeschutz eines Raumes (Kühllast, Überhitzung).

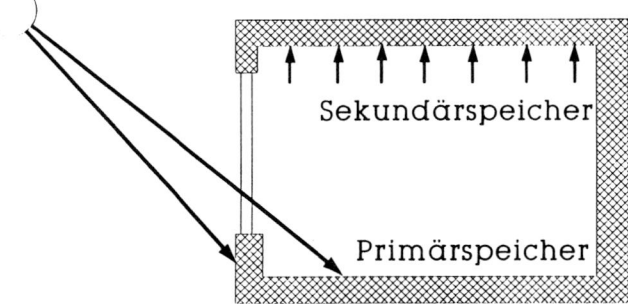

Bild 9.1: Wärmespeicherung aufgrund der Sonnenstrahlung

Die Wärmespeicherfähigkeit eines Raumes ist vom Speichervermögen der raumseitigen Oberflächen abhängig. Bezüglich der Gewinne infolge Sonneneinstrahlung können folgende Speichervorgänge unterschieden werden (Bild 9.1):

- Die *Primärspeicherung* durch direkt besonnte Außen- und Innenoberflächen. Hier spielen die Farbe der Oberfläche, d. h. der Absorptionsgrad, und die Wärmeübergangsverhältnisse (Konvektion und Infrarotstrahlungsaustausch mit der Umgebung) eine wesentliche Rolle.
- Die *Sekundärspeicherung*, d. h. die Wärmeübertragung aus der angrenzenden Raumluft mit höherer Temperatur. Dies setzt jedoch voraus, daß die Oberfläche des Speichers möglichst frei mit Luft bespült werden kann. Abdeckungen mit wärmedämmenden Schichten wie beispielsweise dicken Teppichen, Verkleidungen oder einer Möblierung behindern den Speicherladevorgang. Der Anteil der Sekundärspeichermassen in einem Raum ist in der Regel wesentlich größer als derjenige der Primärspeichermassen, vorausgesetzt, daß eine möglichst hohe Temperaturschwankung der Raumluft zugelassen wird.

Neben der Beurteilung der Wärmespeichervorgänge in einem Raum darf ein weiterer wichtiger Aspekt nicht vernachlässigt werden: Die Regelung der Heizungs-, Lüftungs- oder Klimaanlage. Bei Bauten, welche im Verhältnis zu den Wärmeverlusten große Schwankungen der Wärmegewinne aufweisen, muß eine darauf abgestimmte Regelung eingesetzt werden. Bei Erreichen der Soll-Raumlufttemperatur muß eine sofortige Drosselung der Wärmezufuhr erfolgen.

Die im folgenden dargelegten Betrachtungen zum Speichervermögen von Bauteilen setzen in jedem Fall voraus, daß eine solche Regelung unmittelbar auf vorhandene Wärmegewinne reagieren kann.

9.1 Bestimmung des Wärmespeichervermögens

Im Gegensatz zu den bisher bekannten instationären Kennwerten auf der Basis des periodischen Wärmedurchganges soll im folgenden versucht werden, die reellen Verhältnisse in einem Raum an einem sonnigen Tag mit Hilfe eines detaillierten Simulationsprogrammes zu erfassen. Der ermittelte Raumlufttemperaturverlauf wird sodann als typischer Tagesgang für die Berechnung des Speicherverhaltens verschiedener Bauteilkonstruktionen verwendet. Je nach Speichervermögen des Materials werden sich unterschiedliche Oberflächentemperaturverläufe einstellen (vgl. Bild 9.2). Für den

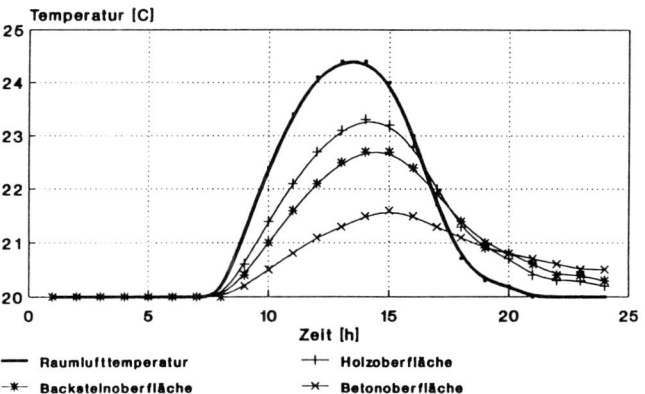

Bild 9.2: Tagesverlauf der Luft- und Oberflächentemperaturen an einem sonnigen Tag

Speicherlade- bzw. -entladevorgang ist zudem der Wärmeübergangskoeffizient von großer Bedeutung. Dieser wird beim verwendeten Rechenmodell in Funktion der Temperaturdifferenz zwischen Luft und Bauteiloberfläche ermittelt. Bild 9.3 zeigt den

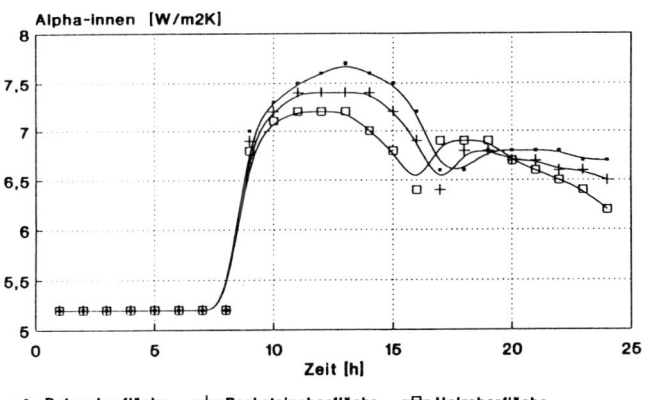

Bild 9.3: Tagesverlauf des Wärmeübergangskoeffizienten α_{innen} für verschiedene Bauteiloberflächen

Verlauf des Wärmeübergangskoeffizienten für verschiedene Bauteilkonstruktionen.

Das Speichervermögen eines Bauteiles wird nun für einen typischen sonnigen Tag wie folgt ermittelt:

- Es werden die in das Element ein- bzw. aus ihm austretenden Wärmeströme q berechnet (Bild 9.4).

Wärmespeichervermögen von Baukonstruktionen

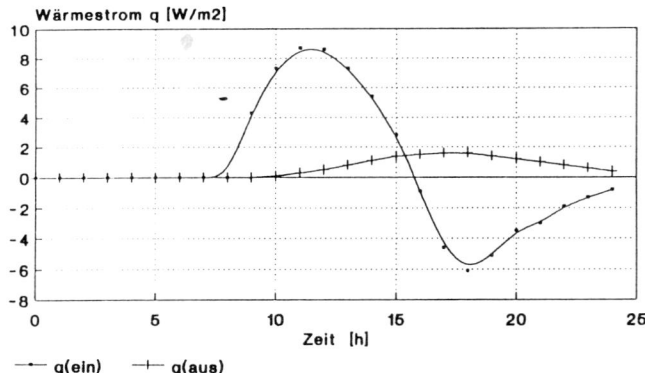

Bild 9.4: Tagesverlauf der ein- und austretenden Wärmeströme am Beispiel einer Holzwand

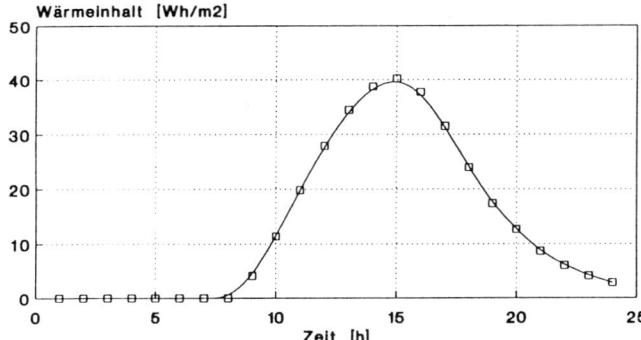

Bild 9.5: Tagesverlauf des Wärmeinhaltes der Holzwand

- Es wird eine Wärmebilanz für das Element erstellt (Bild 9.5).
- Pro Bauteil wird diejenige maximale Wärmemenge ermittelt, welche an diesem Tag pro Kelvin Raumlufttemperaturerhöhung gespeichert werden kann.

Die durchgeführten Berechnungen haben gezeigt, daß für die ersten aufeinanderfolgenden Sonnengewinntage das tägliche Speichervermögen praktisch gleich groß bleibt, da der Einschwingvorgang erst nach einer viel größeren Anzahl von Tagen abgeschlossen ist.

9.2 Tagesspeichervermögen verschiedener Konstruktionen

Die nachfolgenden Angaben zum Speichervermögen beziehen sich auf den in Bild 9.2 dargestellten Tagesgang der Raumlufttemperatur. Der Speicherladevorgang erstreckt sich dabei über eine Zeitdauer von 8 Stunden.
In Bild 9.6 ist das Tagesspeichervermögen für verschiedene Materialien in Abhängigkeit der Wanddicke angegeben. Daraus ist ersichtlich, daß je nach Material ab einer bestimmten Wanddicke das Speichervermögen praktisch erschöpft ist.

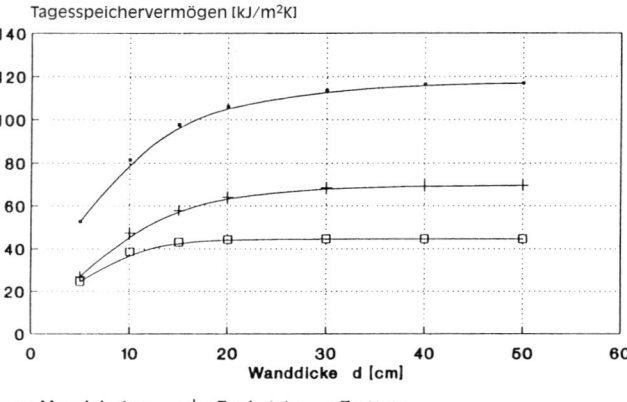

Bild 9.6: Tagesspeichervermögen in Abhängigkeit der Wanddicke

In Tabelle 9.7 ist das Tagesspeichervermögen pro Kelvin zugelassener Raumlufttemperaturerhöhung für verschiedene Baukonstruktionen zusammengestellt. Diese Werte gelten nur für die Beurteilung des Sekundärspeichervorganges, d.h. für unbesonnte Flächen. Direkt besonnte Bauteilflächen können wesentlich höhere Werte erreichen.

9.3 Anwendung der Kenngrößen in der Praxis

Damit ein möglichst hoher Anteil an Sekundärspeichermasse in einem Raum aktiviert werden kann, ist eine Erhöhung der Raumlufttemperatur erforderlich. Wie hoch diese Temperaturerhöhung im Einzelfall ausfallen darf, ist eine Frage des thermischen Komfortes. Im folgenden soll am Beispiel eines Einzelraumes abgeschätzt werden, welche Lufttemperaturerhöhung sich an einem sonnigen Tag einstellen wird. Die in Tabelle 9.7 zusammengestellten Speicherfaktoren erlauben, eine Wärmebilanzbetrachtung für den Speicherladevorgang durchzuführen. Fallen an einem sonnigen Tag Wärmegewinne an, welche höher sind als die Wärmeverluste, so wird der Heizwärmebedarf auf Null sinken, und die vorhandene Überschußwärme wird zu einer Erhöhung der Raumlufttemperatur führen. Wie hoch dieser Temperaturanstieg sein wird, hängt nun von der Speicherfähigkeit der Innenoberflächen des Raumes ab. Die Bilanzbetrachtung über einen Ladevorgang von 8 Stunden ist in Tabelle 9.8 dargestellt.

Bauteil	Aufbau (von innen nach außen)	Speichervermögen Q_s [kJ/m²K]
Trennwand	– Beton 15 cm – Kalksandstein 15 cm – Sichtbackstein 15 cm – Backstein 15 cm – Holzwand 15 cm – Holzwand 10 cm – Gipskartonwand 10 cm	98 76 63 58 19
Decke	– Beton 18 cm / Trittschallisol. 2 cm / Unterlagsboden 6 cm – Holztäfer 2 cm / Beton 18 cm / Trittschallisol. 2 cm / Unterlagsboden 6 cm – Holzbalkendecke 15 cm – Holzbalkendecke 28 cm (vgl. IP-Holz 807/S. 78) – Akustikplatte 2 cm / Mineralfaserplatte 4 cm / Beton 20 cm	115 64 51 40 30
Boden	– Klinker / Unterlagsboden 6 cm / Trittschallisolation 2 cm / Beton 2 cm – Parkett / Unterlagsboden 6 cm / Trittschallisolation 2 cm / Beton 18 cm – Teppich / Unterlagsboden 6 cm / Trittschallisolation 2 cm / Beton 18 cm – Holzbalkendecke 28 cm mit Parkett – Holzbalkendecke 15 cm mit Parkett	90 71 57 49 48

Tabelle 9.7: Tagesspeichervermögen von Bauteilen pro Kelvin Raumlufttemperaturerhöhung

Wärmegewinne:	• Sonnenenergie durch Fensterflächen	20 000 kJ
	• Interne Gewinne (Personen, Geräte, Licht)	6 000 kJ
	• Total	26 000 kJ
Wärmeverluste:	• Transmission	5 000 kJ
	• Lüftung	2 000 kJ
	Total	7 000 kJ
Speichervermögen:	• Trennwände Holz 15 cm (30 m² x 40 kJ/m²)	1 200 kJ/K
	• Holzbalkendecke (27 m² x 51 kJ/m²)	1 377 kJ/K
	• Massivboden mit Parkettbelag (27 m² x 71 kJ/m²K)	1 917 kJ/K
	Total	4 494 kJ/K
Abschätzung der Temperaturerhöhung der Raumluft: Temperaturerhöhung ΔT = Überschußwärme / Speichervermögen = (26 000 – 7 000) / 4 494 = 4 K		

Tabelle 9.8: Beispiel: Wohnraum

10 Mit Architekturbüro

Steckbrief

Objekt:	Wohnhaus mit Architekturbüro
Standort:	Detmold
Architekten:	HEINEMANN + SCHREIBER, Detmold
Ingenieur:	AUGUST SCHNUR, Lage
Baujahr:	1986
Umbauter Raum:	1500 m³
Nutzfläche:	246 m²

Warum ein ökologisch gebautes Haus?

Zunächst ist der Architekt nach seiner Aufgabenstellung und ausdrücklich nach der Honorarordnung verpflichtet, beim Bauen städtebauliche, gestalterische, funktionale, technische, bauphysikalische, energiewirtschaftliche, biologische und ökologische Zusammenhänge, Vorgänge und Bedingungen zu erkennen und zu berücksichtigen. Für Freianlagen wird die Erfassung der ökologischen Zusammenhänge für Boden, Wasser, Klima, Vegetation und das Klären der Einbindung in die Umgebung verlangt. Wo ein Hausbau der Natur Raum abfordert, soll das Gebäude möglichst weitgehend durch seine Gestaltung, Einbindung und Konstruktion mit natürlichen Mitteln in die Natur eingebunden werden. Das Haus ist die zweite Haut des Menschen, so gilt es, biologische Regeln in unserem Ökosystem zu erkennen und für ein einfaches und natürliches Bauen und Leben anwendbar und nutzbar zu machen.

Wo bauen?

Das Baugrundstück sollte sich als Teil eines engeren Siedlungsraumes am Rande der Stadt befinden. Es sollte ja auch das Architekturbüro des Bauherrn mit im Hause sein. Nach langem Suchen im innerstädtischen Bereich hatte sich dort keine geeignete Lage und vor allem nichts Bezahlbares gefunden. Das Umfeld sollte eine gewachsene Siedlung sein, erschlossen, mit allen Bildungsstätten, kulturellen Einrichtungen und Einkaufsmöglichkeiten. Also ergab sich eine Lage in einer gewachsenen Siedlung – möglicherweise eine Baulücke. Ein weiterer wichtiger Aspekt waren klimatische, terrestrische und technische Einflüsse. So bot sich ein Grundstück in einem Vorort von Detmold, ca. 4 km von der Stadtmitte entfernt, am nördlichen Hang des Teutoburger Waldes. Dieser Ortsteil war ehemals selbständig, ist heute eingemeindet und verfügt als Kneipp-Kurort über alle gewünschten Einrichtungen. So ist die Innenstadt gut mit dem Fahrrad zu erreichen, wie andererseits landwirtschaftliche Nutzung ebenso in der Nähe liegt. Der Höhenrücken des Teutoburger Waldes verursacht ein Klima, das oft sehr schnell wechselnd, aber insgesamt ausgewogen und immer ein windbegleitetes Klima ist.

Die Bauherren fanden dann ein Grundstück, auf dem vorher ein Kinderspielplatz angelegt war, direkt gegenüber einer Grundschule in einer Umgebung, deren Gebäude aus den 50er Jahren stammen. Zwei Seiten des Grundstücks werden von bebauten Nachbargrundstücken, die West- und Nordseite von einer Anliegerstraße begrenzt, die vormittags von den Grundschulkindern stark frequentiert wird.

Wichtig erschien die Untersuchung des Grundstückes auf terrestrische Einflüsse. So sollte sich feststellen lassen, ob sich geologische Brüche, Wasseradern oder Magnetfelder auf dem Grundstück befinden. Unabhängig voneinander untersuchten drei Radiästheten mit unterschiedlichen Methoden das Grundstück und kamen überwiegend zu den gleichen Ergebnissen (siehe Bild 10.1, 10.2 und 10.2.1). Technische, vom Menschen geschaffene Einflüsse sind nur durch den Autoverkehr vormittags zur Schulzeit (Eltern bringen Kinder zur Schule) und ansonsten durch einen Radio- und Fernsehsender des WDR auf dem Teutoburger Wald, ca. 3 km entfernt, gegeben. Messungen ergaben keine negativen Einflüsse des Senders auf Haus und Grundstück.

Der Boden besteht vorwiegend aus Lehm, direkt gegenüber dem Grundstück befindet sich im Norden ein ca. 4 ha großes Weizenfeld, das landwirtschaftlich voll genutzt wird. Die Wasserqualität ist sehr gut und gehört zu den nitrat- und kalkarmen Wassern der Gegend. Alle Energieversorgungsleitungen liegen im Boden, das Gebiet ist auch an eine Gasversorgung angeschlossen.

Wie bauen?

Bei der Entscheidung für ein Grundstück ergeben sich nun auch Abhängigkeiten für das Wie des Entwurfes. Grundstücksbeschaffenheit, Lage zur Himmelsrichtung, Nachbarbebauung, Stadtplanung, Ver- und Entsorgung, Baurecht, Raumkonzept, Außen- und Innenarchitektur. Basis war nun, Wohnen und Arbeiten in einem Hause so zu verbinden, daß eine innere Harmonie auch nach außen in die Umgebung und auf andere Menschen wirken kann. Der Gedanke des ökologischen Bauens sollte in und am Hause spürbar erlebt werden können, jedoch so, daß er sich nicht nur auf eine naturhafte, deftige oder bäuerliche Materialauswahl beschränkte.

Modernes Innen- und Außenarchitekturempfinden mit natürlichen Materialien in einer soweit wie möglich (durch das Gebäude) geschonten Umgebung zu verbinden war das Ziel.

So konnte nur ein konventionell gefertigtes Haus entstehen, das in vielen Bereichen traditionelle Baustoffe und -konstruktionen beinhaltete. Ein für jeden Bauherrn entscheidendes Kriterium war ebenfalls zu berücksichtigen – die Baukosten. Ein möglichst hoher Anteil an Eigenleistungen sollte beim Bauen erbracht werden können. Der Architekt wollte es den Bauherren auch selber vormachen (gar nicht so schwer, aber sehr zeitaufwendig, auch als gelernter Bau- und Möbelschreiner).

Erhebliche Beschränkungen wurden von der Planungsbehörde bei der Anordnung des Baukörpers auf dem Grundstück gemacht. Bei dem Verhältnis der Gebäudegrundfläche zur Grundstücksfläche durfte das höchste in der Umgebung ausgenutzte bestehende Maß nicht überschritten werden, was bei der Größe des Grundstücks mit 532 m² und dem Raumbedarf sowie der Auflage, einen Grenzabstand von der Straße zum Gebäude von 7,50 Metern einzuhalten, fast unmöglich war. Nach einigen Berechnungen und Kunstgriffen (Einsprüche, Einschaltung des Bauausschusses etc.) ergab sich dann eine Gebäudegrundfläche, die an drei Gebäudeseiten einen Abstand zur Grenze von ca. 6 – 7 Metern und an einer Seite 3 Meter hat. Für eine Gartennutzung ein wohl schier unmöglicher Zuschnitt. Das Ergebnis davon war nun, das Grün möglichst direkt ins Haus zu holen und dennoch, zur Straße abgeschirmt, nicht zugewachsen, mit viel Licht zu wohnen und zu arbeiten.

So stellt sich dann auch das Gebäude nach außen den Himmelsrichtungen entsprechend dar. Das Portal zur Wohnung nach Norden gelegen, die Küche

Bild 10.1: Terrestrische Untersuchungen des Grundstücks mit Lechersystem . . .

Bild 10.3: . . . und Wünschelrute

ebenfalls auch mit Fenster nach Osten. Der Eßbereich, darüber das Schlafzimmer ebenfalls nach Osten und teilweise zum Süden. Dann der Wohnbereich, zwei Kinderzimmer und Arbeitsräume für das Architekturbüro. Nach Westen gelegen der Eingang zum Büro und wiederum Arbeitsraum für die Architekten sowie im Dachgeschoß ein Kinder- bzw. Arbeitszimmer. Über dem Hauseingang im Portalgiebel ein Kinder- bzw. Gäste- und Elternbad. Die Orientierung der Räume zum oder vom Licht hin oder weg ist nicht nur durch die Raumnutzung bedingt, sie entspricht auch dem starken Bedürfnis nach Licht und Sonne, welches in der vorherigen Wohnsituation der Bauherren in einem alten Fachwerkhaus auf der Stadtmauer in der Detmolder Altstadt stark eingeschränkt war. Eine reine Ost-West-Lage, keine Südbelichtung, brachte so wenig Licht ins Haus, daß der Wunsch nach Öffnungen im neuen Hause sich um so stärker ausdrückte. Die Gesamtglasfläche am Hause beträgt 125 m². Allein die Belichtungsfläche des Schlafzimmers ist 16mal größer als im vorherigen Hause. In der Energiebilanz des Gebäudes spielt natürlich die Summe der Glasflächen eine entscheidende Rolle, nicht weniger jedoch die Orientierung des Wohnraumes mit der vorgelagerten Terrasse und dem zukünftig zu verglasenden Wintergarten. Ein weiterer Aspekt betrifft die Materialien der

Bild 10.2: Straßenansicht

Bild 10.4: Nordwest-Ecke

Bild 10.5: Gartenseite mit Wintergarten

Bild 10.7: Eßbereich

Außenwände, der Decken, des Daches und die Prinzipien der Heizung und der Wärmeverteilung im Gebäude.

Womit bauen?

Ökologische Baumaterialien sollen in erster Linie aus Naturstoffen bestehen, bei ihrem Herstellungsprozeß sollen möglichst wenig Energie verbraucht und möglichst keine umweltbelastenden Abfälle oder Stoffumwandlungen bzw. Belastungen durch Abspaltungen negativer Stoffe entstehen. Wo man kann, sollten Materialien verwendet werden, die regional vorhanden bzw. gebräuchlich sind, was auch eine Art von Umweltschutz ist. Es muß nicht immer das exotische oder mit hohem Produktionsaufwand verfremdete Material sein. So wurde dieses Haus insgesamt aus *Unitherm*-Ziegelsteinen gemauert, die aus einer lippischen Ziegelei stammen.

Aus einer ebensolchen Ziegelei kommen die Decken, ziegelummantelte Träger (im wesentlichen in Nord-Süd-Richtung verlegt) mit dazwischengehängten Ziegeldecksteinen. Für den Mörtel wurde ein Traß-Zement- bzw. Traß-Kalk-Gemisch verwendet. Die Betonsohle wurde dicker hergestellt, um auf eine Mattenbewehrung verzichten zu können. Teile des Gebäudes – unter dem Schlafzimmer – haben eine Holzbalkendecke. Wegen der Statik,

Bild 10.6: Oberlicht der Eingangstür

Bild 10.8: Wohnraum mit Kachelofen

Mit Architekturbüro

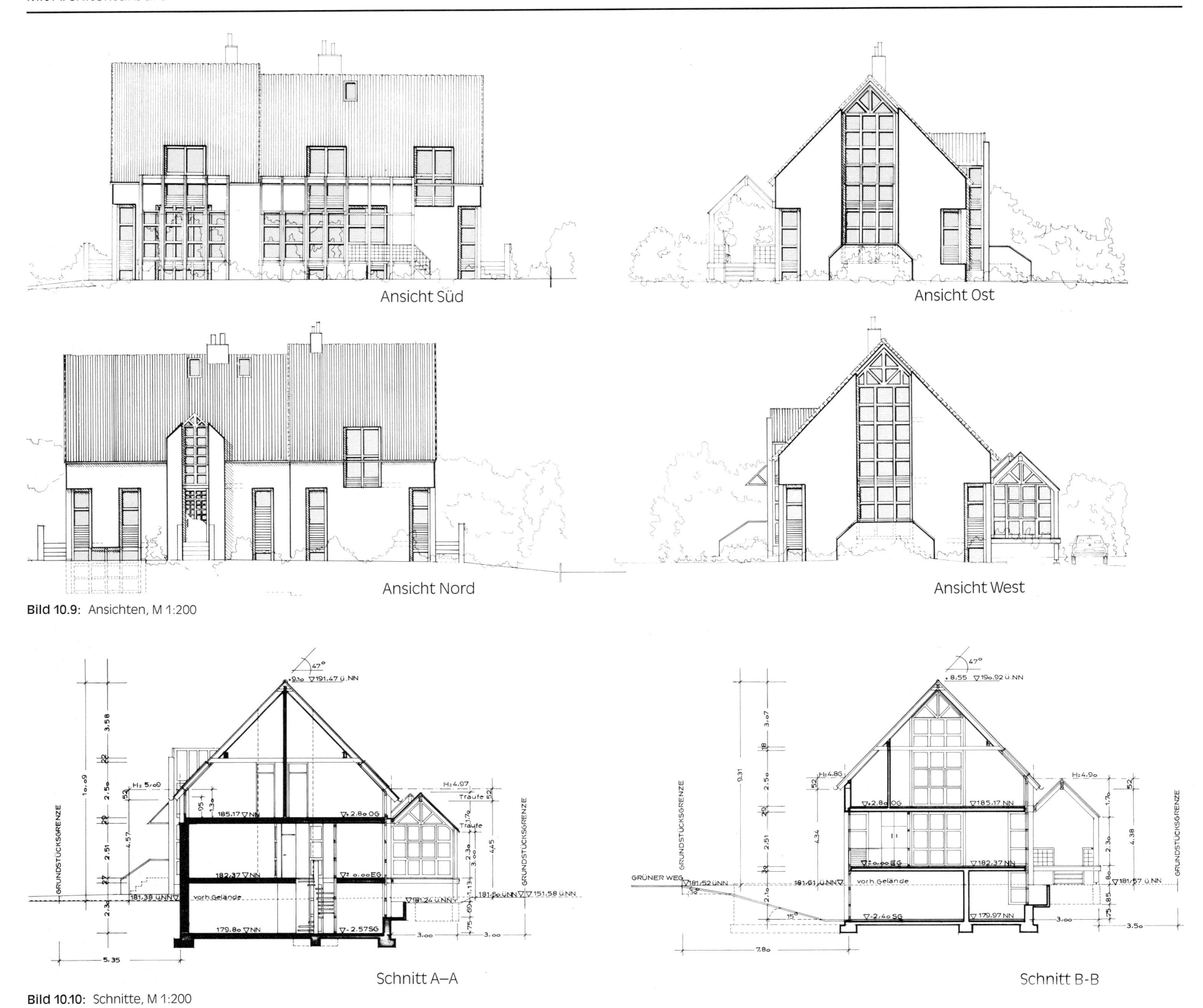

Ansicht Süd

Ansicht Ost

Ansicht Nord

Ansicht West

Bild 10.9: Ansichten, M 1:200

Schnitt A–A

Schnitt B-B

Bild 10.10: Schnitte, M 1:200

Bild 10.11: Mauern mit dem Mörtelspender

Bild 10.12: Anschlüsse der Holzbalken mit Stahlverbindern

Bild 10.13: Ziegeldeckensteine auf Betonträgern

Bild 10.14: Installationen in der Ziegeldecke

Bild 10.15: Verguß der Ziegeldecke mit Traß-Zement-Mörtel

Bild 10.16: Aufbau Dachstuhl

Bild 10.17: Leichtbauwände im Dachgeschoß

Bild 10.18: Reinexpandierte Korkisolierung

Bild 10.19: Montage der Fußleisten-Strahlungsheizung

Mit Architekturbüro

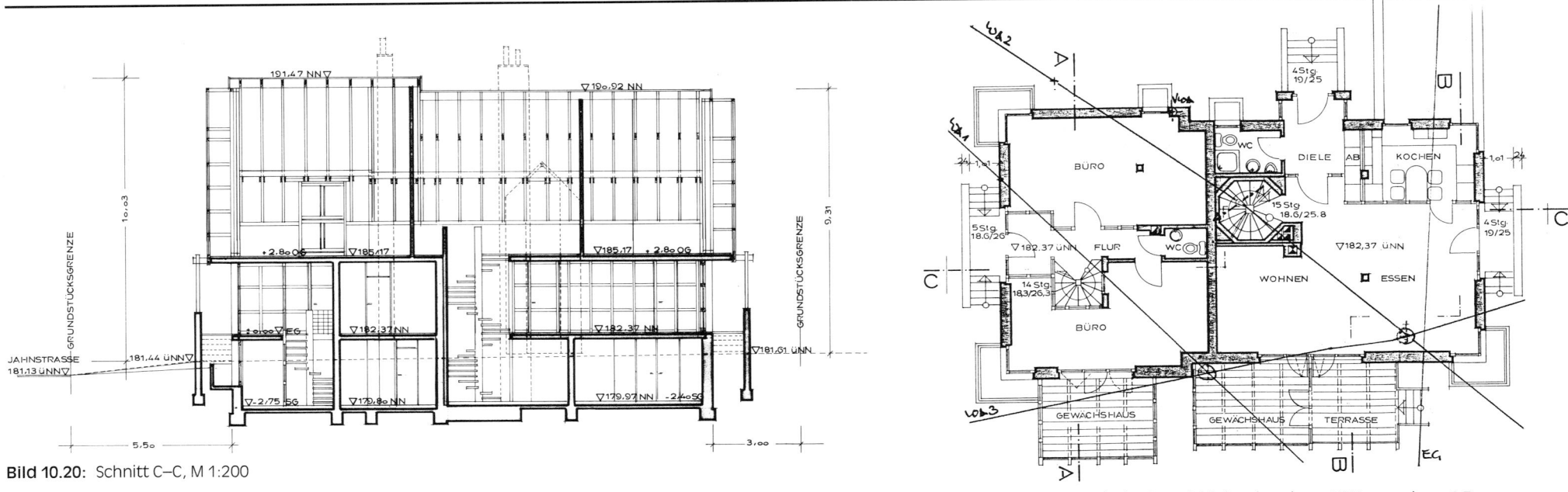

Bild 10.20: Schnitt C–C, M 1:200

Bild 10.21: Terrestrische Grundstückserkundung: 3 Wasseradern, 1 Erzgang

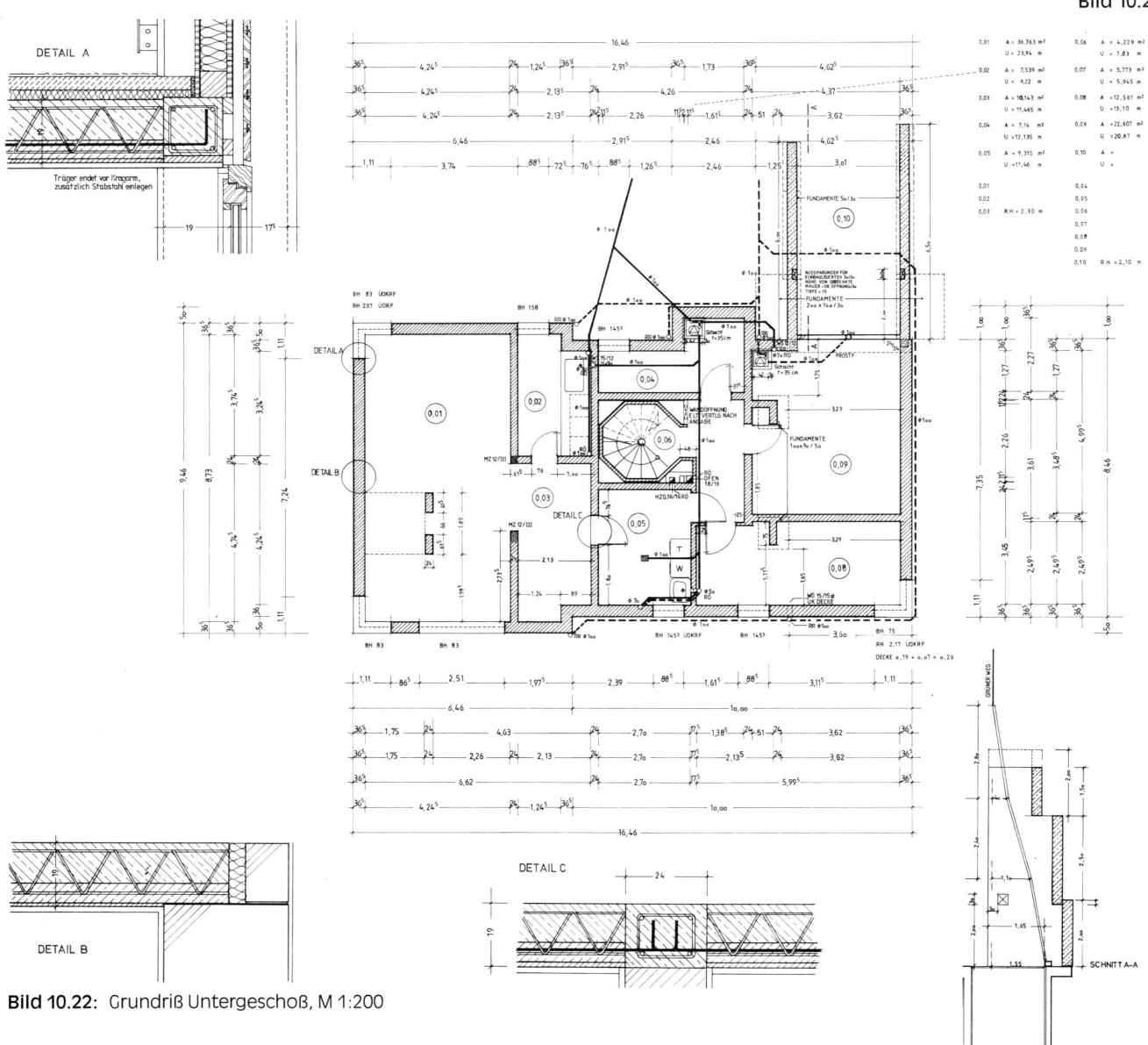

Bild 10.22: Grundriß Untergeschoß, M 1:200

der Aussteifung des Gebäudes an den Ecken (Winkelfenster) konnte nicht die gesamte Decke über dem Erdgeschoß in Holz ausgeführt werden. Für die Auflager an den Ecken des Hauses wurden spezielle Bewehrungen in der sonst als *Stalldecke* bekannten Ziegeldecke entwickelt. Eine keinesfalls teurere, aber architektonisch interessante Lösung konnte somit verwirklicht werden. Eine solche Ziegeldecke ist ein guter Posten für Eigenleistungen im Rohbaubereich.

Der Dachstuhl wurde komplett mit einer Schalung versehen, die Isolierung besteht aus reinexpandierten Korkplatten, in zwei Lagen verlegt, die Stöße jeweils versetzt. Auf der Lattung liegen Tondachziegel, einfach verklammert. Somit ist die gesamte Dachfläche nach außen isoliert, es gibt keine Wärmedurchlaßunterschiede an den Sparren oder Bereiche, wo die Dämmung unsauber eingepaßt wurde. Ein derartiges Dach ist eine gute Lösung für den sommerlichen Wärmeschutz im ausgebauten Dach. Im Innenbereich wurden Estriche aus einem Traß-Kalk-Gemisch verwendet. Die gemauerten Wände sind mit Knauf-Gipsmaschinenputz, die Leichtbauwände im Dach mit einem Holzständerwerk und Knauf-Gipsbauplatten erstellt. Als Dämmung wurden Kokosfaserdämmatten verwendet. Für die Wandanstriche wurden Naturharzdispersionen, für alle Holzanstriche innen und außen Naturharzgrundieröle und -lasuren eingesetzt. Alle Teppichbodenbeläge bestehen aus Wolle auf einem Juterücken und sind mit lösungsmittelfreien Dispersionskle-

Bild 10.23: Grundriß Erdgeschoß, M 1:200

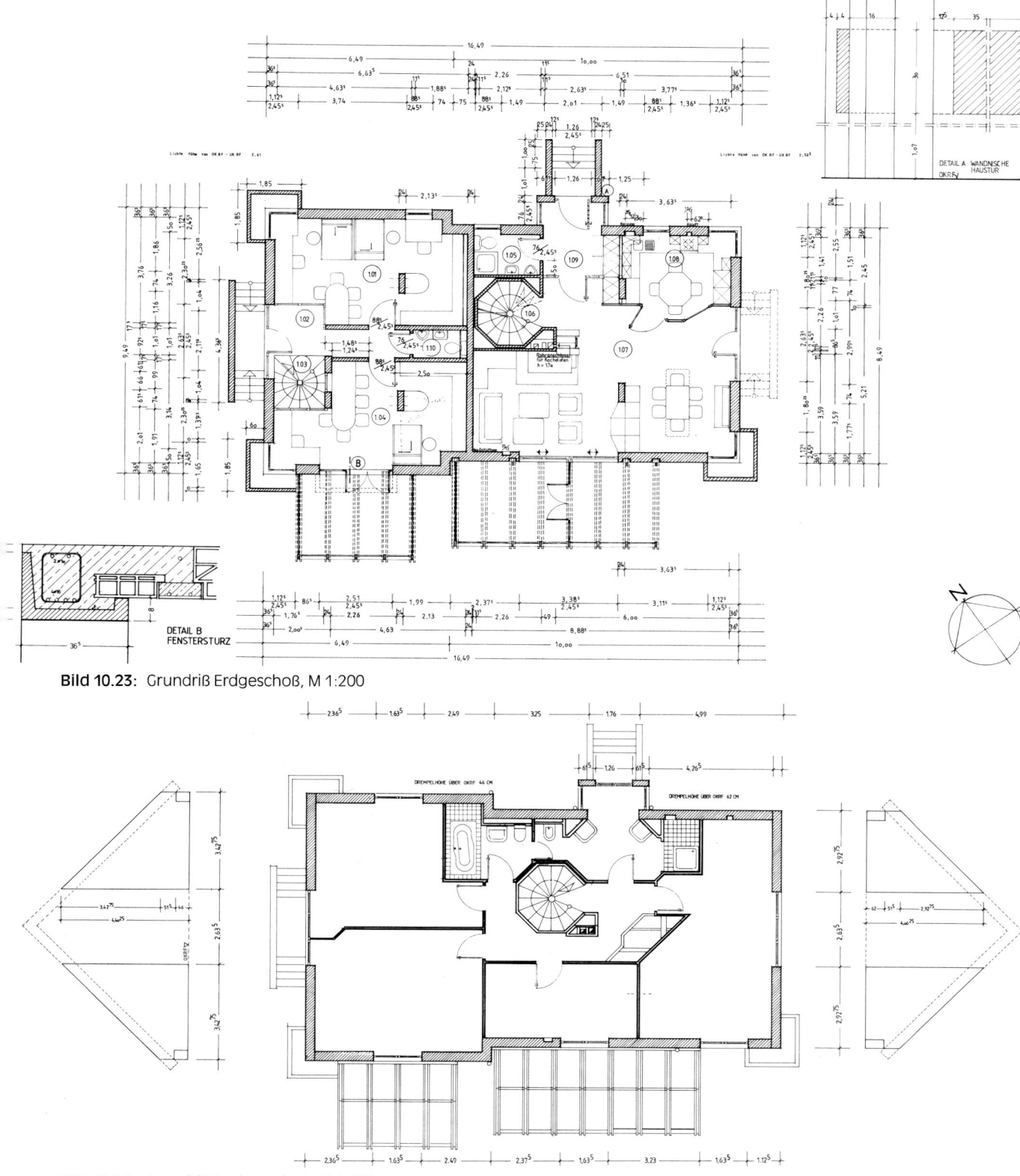

Bild 10.24: Grundriß Dachgeschoß, M 1:200

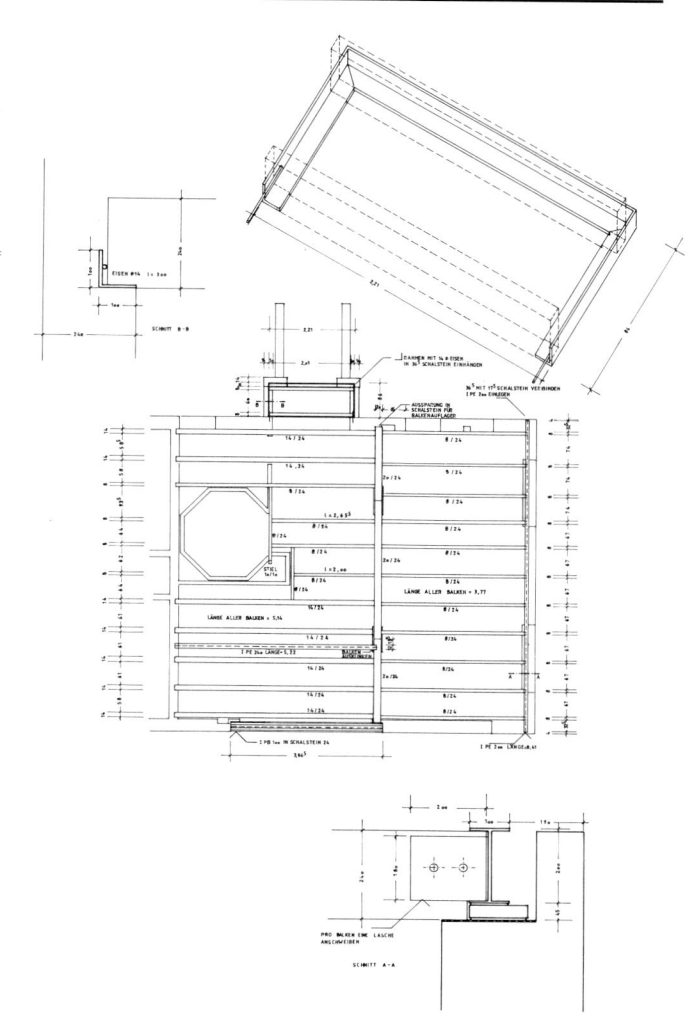

Bild 10.25: Deckenplan Erdgeschoß, M 1:200

bern verklebt. Ein besonderes Prinzip stellt das Heizungssystem dar.

Für das Raumklima müssen wir alle physikalischen Eigenschaften in einem Gebäude zusammenfassen, welche den Menschen hinsichtlich seines Wohlbefindens, der Wärmeverluste und der Atmung beeinflussen. Hinzu kommen aber auch nicht wärmebedingte Faktoren wie Zusammensetzung der Luft, Staubanteil der Luft, Gerüche, elektrische und elektromagnetische Einflüsse und Mikroorganismen. Eine Heizung soll nun in der kühlen und kalten Jahreszeit Wärmeverluste ausgleichen, und zwar durch Zuführung von Wärme. Diese Zuführung von Wärme erfolgt einmal durch Strahlung und zum anderen durch Strömung (Konvektion). Die Wohnraumhygiene bedingt einen Ausgleich der menschlichen Wärmeverluste durch Heizung. Ein günstiges Verhältnis von Strahlung und Konvektion sieht 40 %

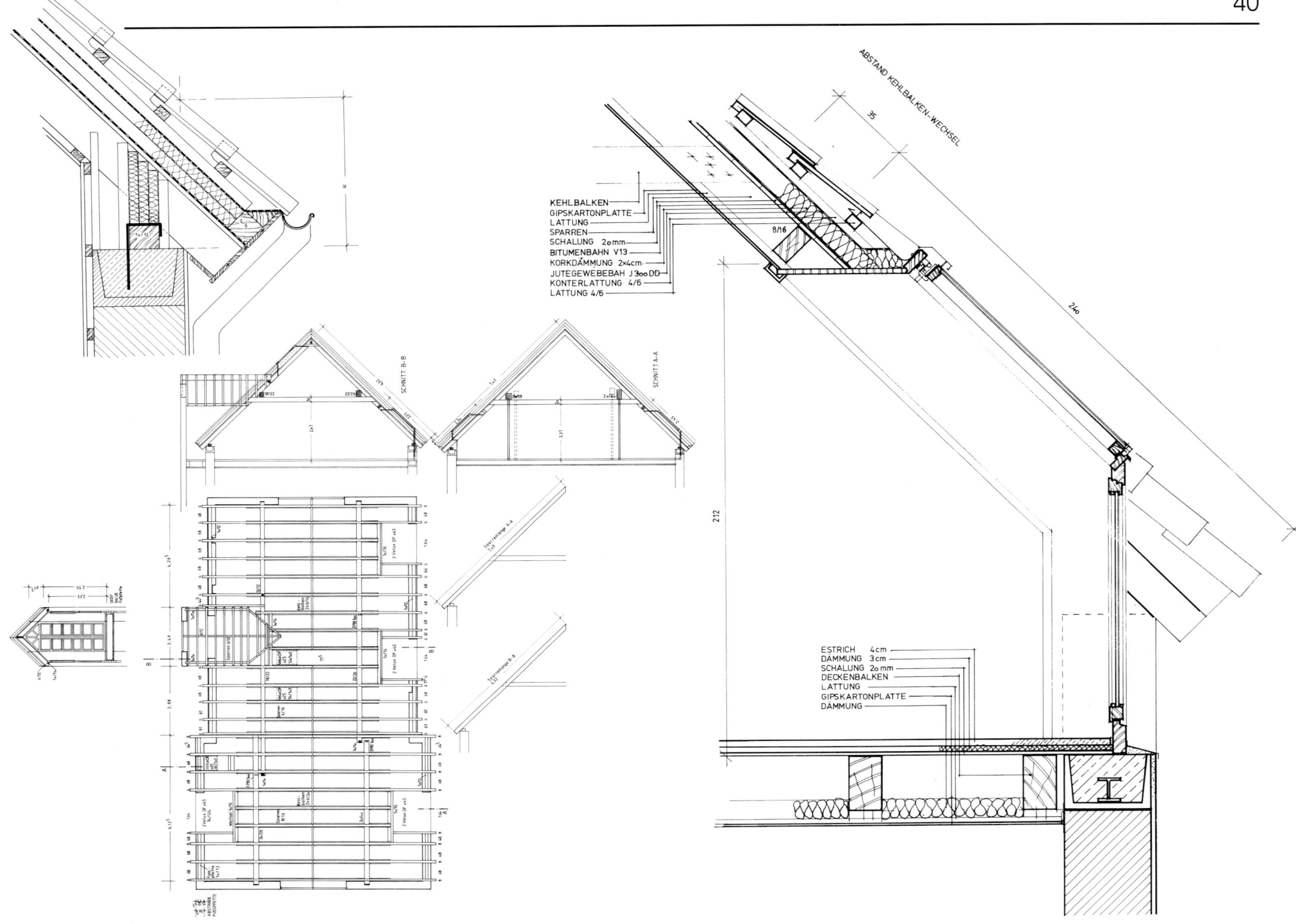

Bild 10.26: Sparrenplan, M 1:200, und Traufdetail

Bild 10.27: Fensterschnitt Wohnung im Obergeschoß, M 1:20

mittels Strahlung und 60 % mittels Konvektion vor. So sind ausschließlich Strahlungs- oder Konvektionsheizungen dem menschlichen Wohlbefinden nicht zuträglich. Wichtig ist somit das Verhältnis zwischen Strahlung und Konvektion. Dieses wird durch die Oberflächentemperatur des Heizkörpers bestimmt. Bei einer Oberflächentemperatur von ca. 50° Celsius herrscht ein Strahlungs-Konvektions-Verhältnis von 45:55. Das Heizungssystem soll auch eine möglichst staubarme Luft garantieren, dies ist bei hoher Konvektion jedoch nicht möglich, da dauernde Luftströmungen Staubaufwirbelungen und Zugscheinungen begünstigen. So ist in diesem Hause eine sogenannte Fußleisten-Strahlungsheizung verwendet. Diese wurde an den Außenwänden installiert, um die Speichereigenschaften und das Dämmvermögen des Ziegelaußenmauerwerks zu nutzen. So hält eine derartige Heizung das Außenmauerwerk trok-

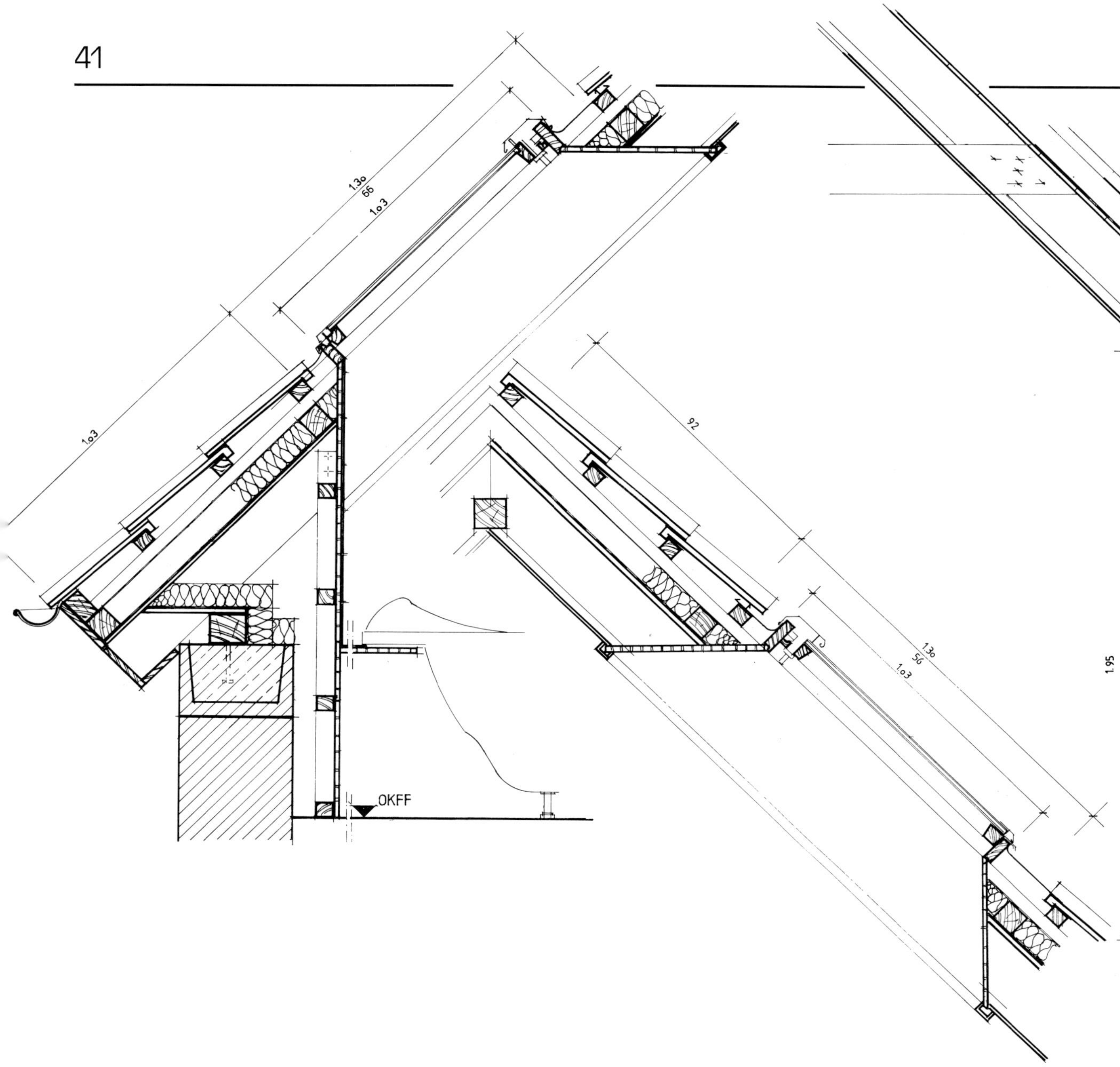

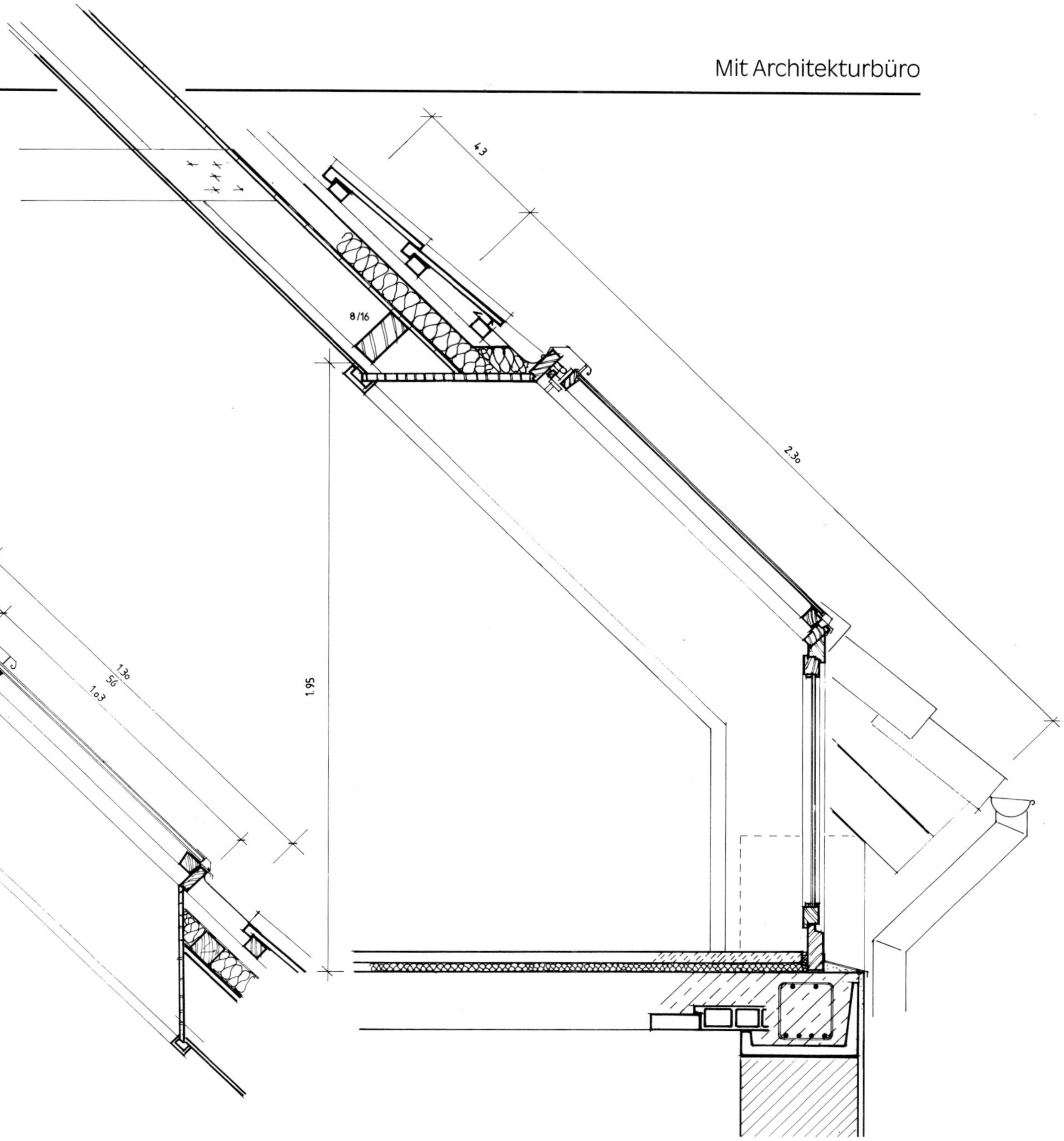

Bild 10.28: Schnitte Dachflächenfenster, M 1:20

Bild 10.29: Schnitt Fenster im Obergeschoß (Büro), M 1:20

ken und schafft somit eine hohe Wärmedämmung. Ein materialbedingter Feuchtehaushalt für das Raumklima bleibt erhalten. Der Heizkörper erzeugt durch seine Oberflächentemperatur von ca. 40° – 50° Celsius ein günstiges Verhältnis von Strahlung und Konvektion. Die Außenwand wirkt durch ihre Speichereigenschaft als Strahlungsfläche. Vor der Wand wird ein Wärmeschleier bis zu einer Höhe von ca. 1,80 Meter aufgebaut, der eine angenehme Wärmehülle bildet. Als Nachteil wird vielfach empfunden, daß an den Außenwänden wegen der Heizleisten kaum Schränke aufgebaut werden können.

Eine Raumplanung für die Möblierung im Zusammenhang mit der Heizung löst dieses Problem in den allermeisten Fällen bereits vorher.
Weiter wäre noch die Zusatzheizung durch den Kachelofen zu erwähnen. Dieser ist in das Heizsystem eingebunden. Er besteht in sich aus drei Systemen. Ein gußeiserner Heizeinsatz erzeugt die Wärme mit Holz und Kohle. An einer Seite sind Lüftungsgitter angebracht, um den Heizeinsatz mit Kühlluft zu versorgen. Die warme Abluft wird über das Treppenhaus ins Dach geleitet, wo die Galerie erwärmt wird. Die heißen Rauchgase zirkulieren durch den keramischen Abwärmeofen (mit Schamottematerial gemauert), der ein hohes Wärmespeichervolumen hat. An dem Heizeinsatz befindet sich ein Wärmetauscher, der bei einer bestimmten Wassertemperatur eine Pumpe am Heizkessel einschaltet und das Wasser in den Heizkreislauf der Heizkörper befördert. Der Heizkessel (ein Gasbrenner) wird während dieser Zeit abgeschaltet. So kann mit dem Kachelofen auch das Heizsystem im Hause mitbetrieben werden.
Von der physiologischen und ökonomischen Seite ist dies ein ausgewogenes Heizsystem.

11 Sonnenwendelhaus

Bild 11.1: Geschliffener Diamant . . .

Bild 11.2: . . . in hölzerner Fassung . . .

Bild 11.3: . . . funkelnd bei Nacht . . .

Bild 11.4: Kaminbereich

Bild 11.5: Üppig

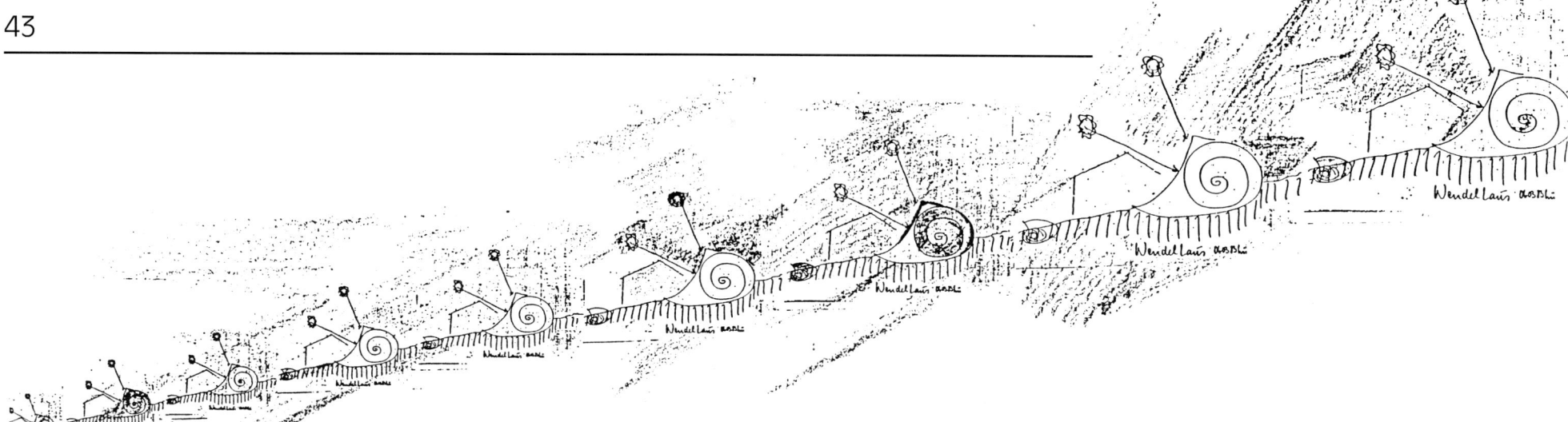

Bild 11.6: „beim Spaziergang am Gegenhang hatte ich so eine Vision ..."

Steckbrief	
Objekt:	Wohnhaus
Standort:	Tübingen
Architekt:	plus + PETER HÜBNER, Neckartenzlingen
Ingenieur:	ROLAND RIEBL, München
Baujahr:	1984

Ein Haus entwerfen und bauen bedeutet auch immer, eine Geschichte erdenken und erleben.
Warum liest man diese Geschichten so selten in Architekturpublikationen?
Statt dessen: Die druckreifen Pläne, die menschenleeren Fotos, das Baudenkmal!
Entwerfen ist ein Prozeß wie Bauen und auch Wohnen (= *Leben*)!
Der Architekt greift ein in den Lebensprozeß einer Familie.
Er, sie ändert sich, sie erleben ein Stück gemeinsam.

Ein Impuls
Ein neues Haus wird geboren, wächst, wird sich ändern und eines Tages nicht mehr sein wie die Menschen, die es bewohnen. Junge Häuser tragen die Handschrift ihrer Erbauer, alte Häuser die ihrer Bewohner. Je mehr man die Bewohner eines Hauses teilhaben läßt am Prozeß seiner Entstehung, desto maßgeschneiderter wird es ausfallen. Beispielhaft werden hier einige Bruchstücke der Geschichte des Sonnenwendelhauses gezeigt, dessen Bewohner wenige Tage nach dem Einzug sagten, sie seien in ihr Haus geschlüpft wie in einen Handschuh.

Vier Monate hat der Architekt gemeinsam mit der Bauherrenfamilie intensiv das Haus geplant, es entstanden viele hundert Skizzen und Pläne, von denen die Familie jeweils eine Kopie erhielt, jeder Entwurfsschritt, auch der in die falsche Richtung, wurde offengelegt und diskutiert. Die Baufrau und der Bauherr bauten insgesamt sieben Modelle (Bauen nach dem Bauherrenmodell). Sie kannten ihr Haus, lange bevor sie es bauten. Der Rückzug ins Schneckenhaus war der Wunsch der passionierten Ammonitensammler. Das große sonnendurchflutete Gewächshaus sollte der möglichst lange im Jahr bewohnbare Lebensbereich zwischen innen und außen sein.

Das Wohnen im Nest und in der Höhle
Frei sein und geborgen sein. Spannung zwischen warm und kalt, sonnig und schattig. Wahlfreiheit je nach Stimmung, je nach Wetter, je nach Intimität oder Geselligkeit. Ein Ort zum Leben und Erleben.
Nur sechs Monate dauerte die Bauzeit, intensiv wie bei der Planung bauten die Bauherren mit. Sämtliche Zimmermanns-, Wärmedämm- und Holzarbeiten wurden im Selbstbau zusammen mit einigen Architekturstudenten ausgeführt. Im Februar 1984 fand der Einzug in das Sonnenwendelhaus statt: es dauerte fast drei Wochen, ehe die 500 t Masse des inneren Kernhauses aufgeheizt waren.
Doch dann blieb die Innentemperatur annähernd konstant bei 20 – 24 Grad, auch als die Heizung Ende März abgeschaltet wurde und ausschließlich die Sonne als Energiequelle diente und trotz des zunächst kühlen Sommers erst Mitte November wieder eingeschaltet werden mußte.

Das Ziel war, ein Haus zu bauen, bei dem die Technik nicht dominiert. Es entstand ein heiteres Haus, das zum Verweilen einlädt, ein Ort, an dem man Urlaubsstimmung empfindet. Ein Haus, in dem man als Architekt immer wieder gerne ist (*Ist das vielleicht nicht wichtig?*).
Der Architekt war mit der Baufamilie bekannt, jetzt sind sie gute Freunde.

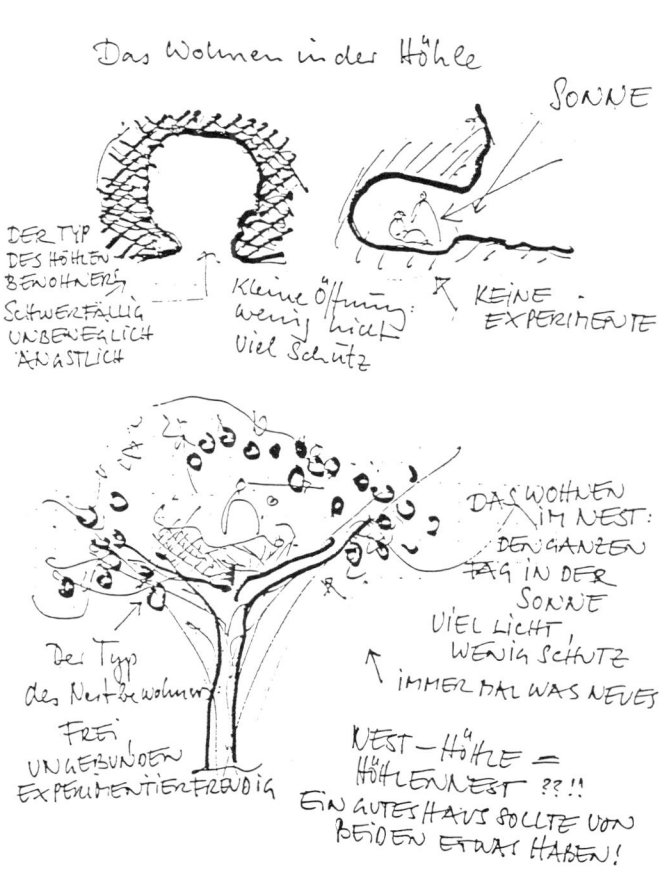

Bild 11.7: Wohnvorstellungen Nest und Höhle

Sonnenwendelhaus

Bild 11.8: West-Ansicht, M 1:200

Bild 11.9: Ost-Ansicht, M 1:200

Bild 11.10: Nord-Ansicht, M 1:200

Bild 11.11: Süd-Ansicht, M 1:200

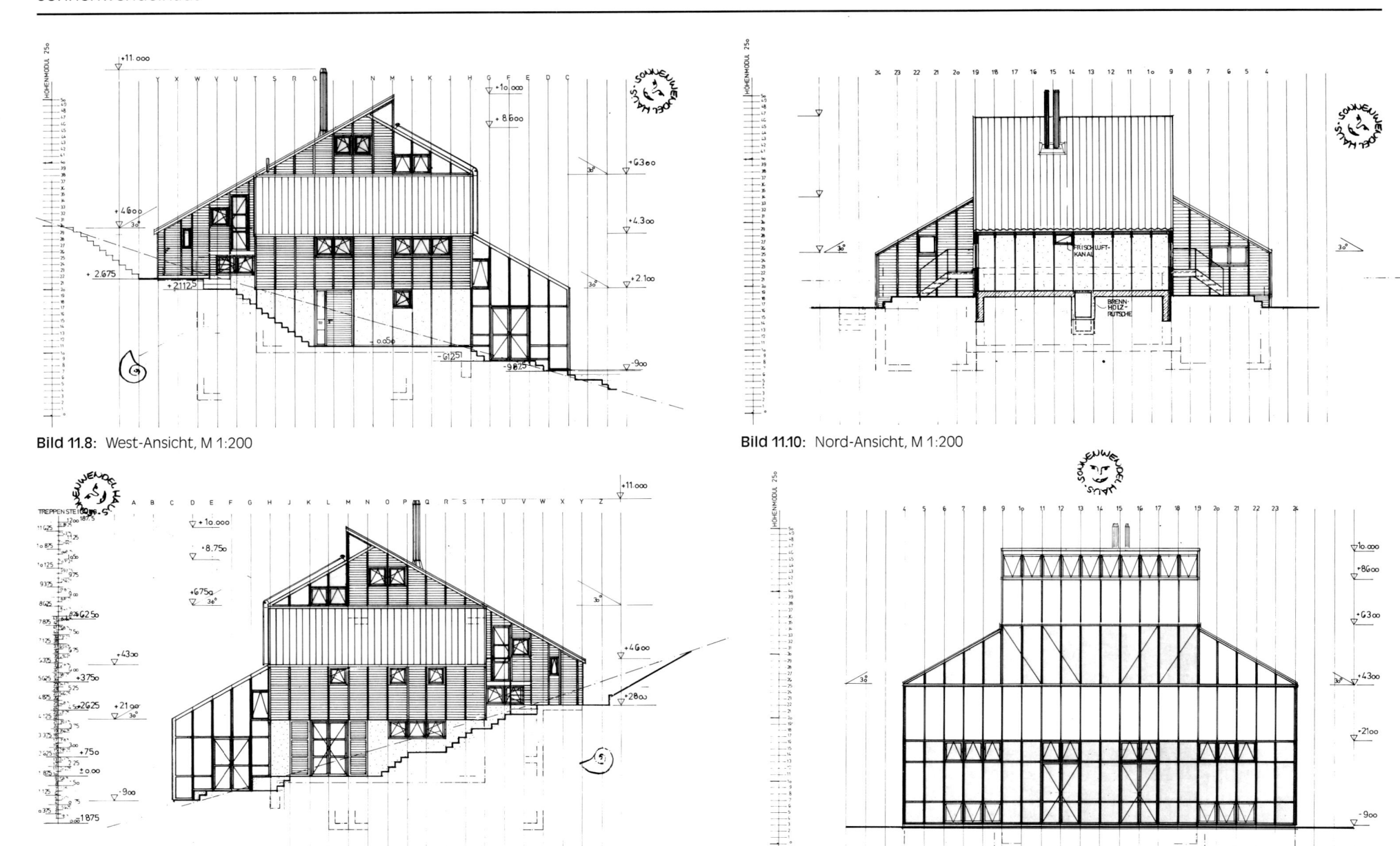

Konstruktion

Massives Kernhaus

Stahlbeton-KS-Sichtmauerwerk, ungedämmt nach innen, gegen das Erdreich umlaufend 80 mm Wärmedämmung.

Eine im Norden, Osten und Westen vorgelagerte hochwärmegedämmte Leichtbaukonstruktion aus Holz (Stützen/Zargen 5/14, 5/18 cm) schützt das Kernhaus vor Auskühlung. Die Innen- wie Außenverkleidung sind aus naturbelassener, also unbehandelter Douglasie.

Das Dach ist mit unglasierten Tonziegeln in Naturrot eingedeckt.

Die gesamte Südseite wird von einem vorgelagerten, 70 m² großen und bis zu 8 m hohen Gewächshaus eingenommen, das als Sonnenfalle und Wintergarten dient. Es besteht aus einer verzinkten MSH-Stahlrohrkonstruktion mit steifen Knoten, die Verglasung ist von den Stahlprofilen thermisch getrennt.

Die Isolierverglasung besteht im Dachbereich aus ESG/VSG-Gläsern. Die Sanitär- und Lüftungsinstallation befindet sich in zwei vertikalen Schächten.

Drei der vier Bäder sind vorgefertigte Sanitärzellen aus glasfaserverstärktem Polyester aus dem Sanbau-Programm.

Die konsequente Entflechtung von Ausbau und Rohbau hat dazu beigetragen, eine kurze Bauzeit zu ermöglichen. Um das nur unbefriedigend gelöste Problem der Elektroinstallation im Sichtmauerwerk zu beseitigen, wurde ein spezieller Elektrostein ent-

45 Sonnenwendelhaus

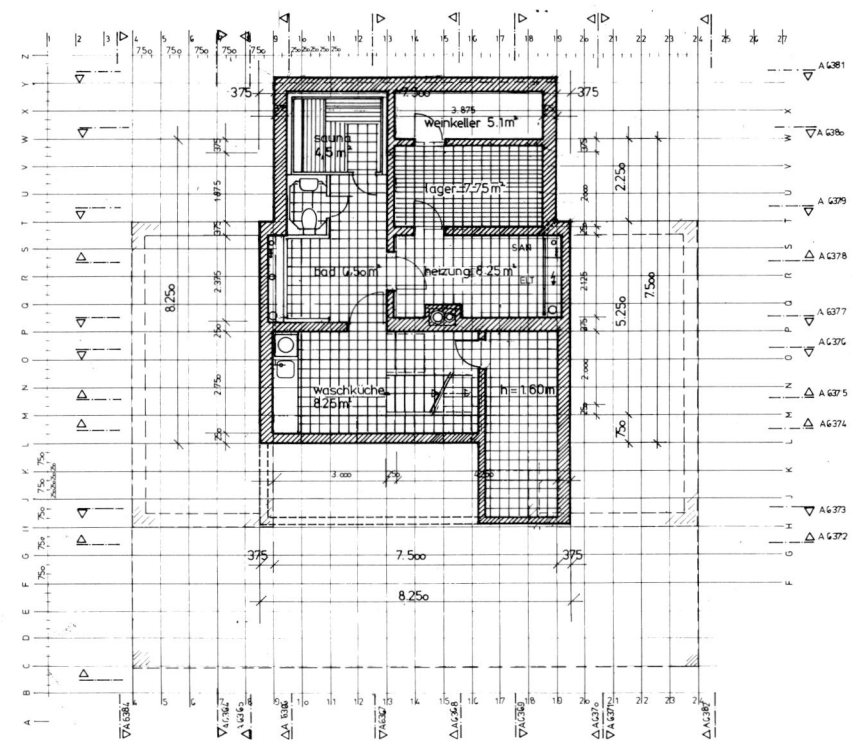

Bild 11.12: Grundriß Keller, M 1:200

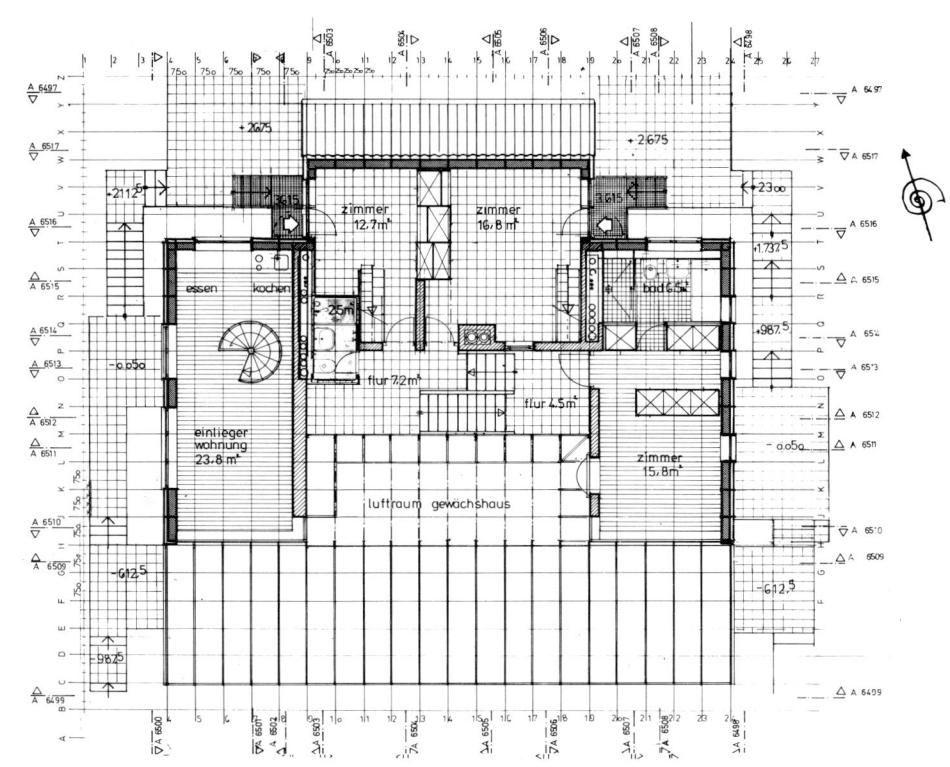

Bild 11.14: Grundriß Obergeschoß, M 1:200

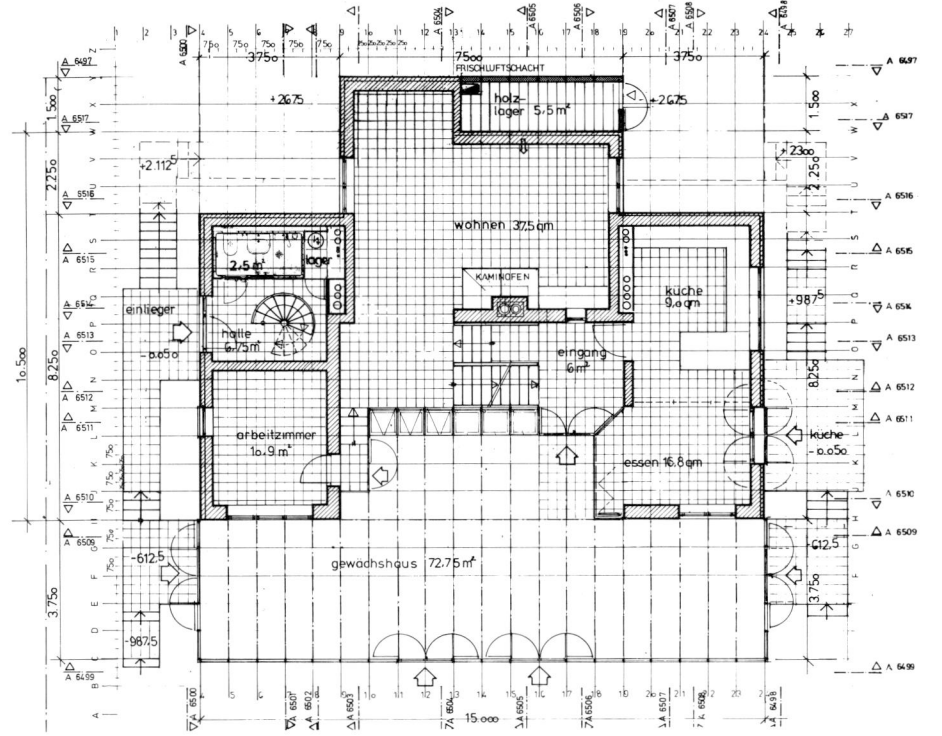

Bild 11.13: Grundriß Erdgeschoß, M 1:200

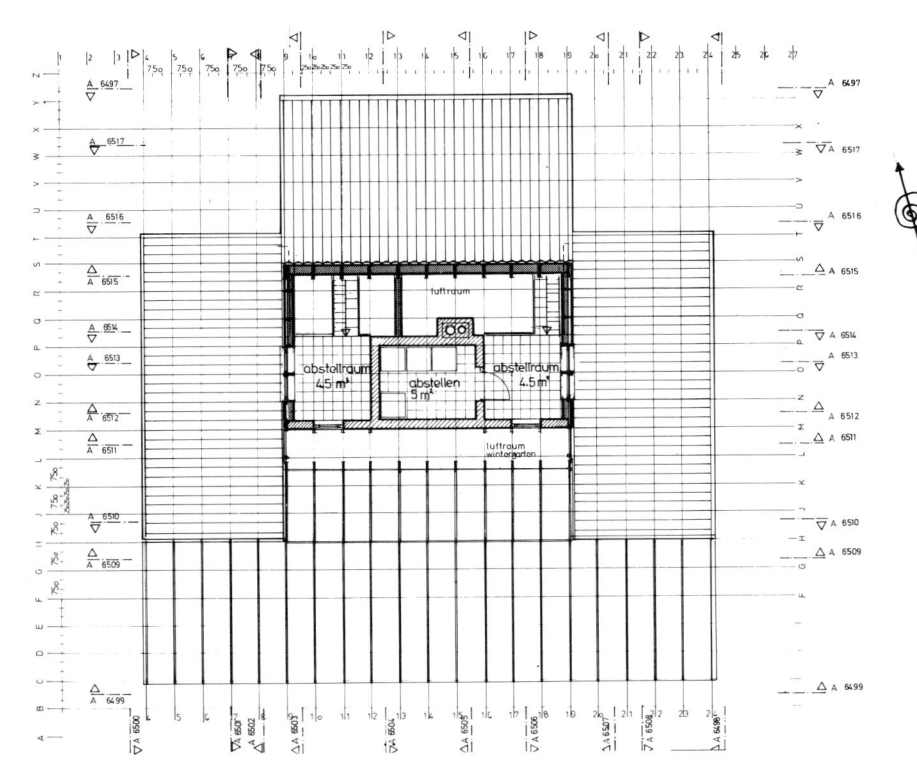

Bild 11.15: Grundriß Dachgeschoß, M 1:200

Sonnenwendelhaus

Bild 11.16: Dachaufsicht, M 1:200

Bild 11.18: Schemaschnitt längs, M 1:200

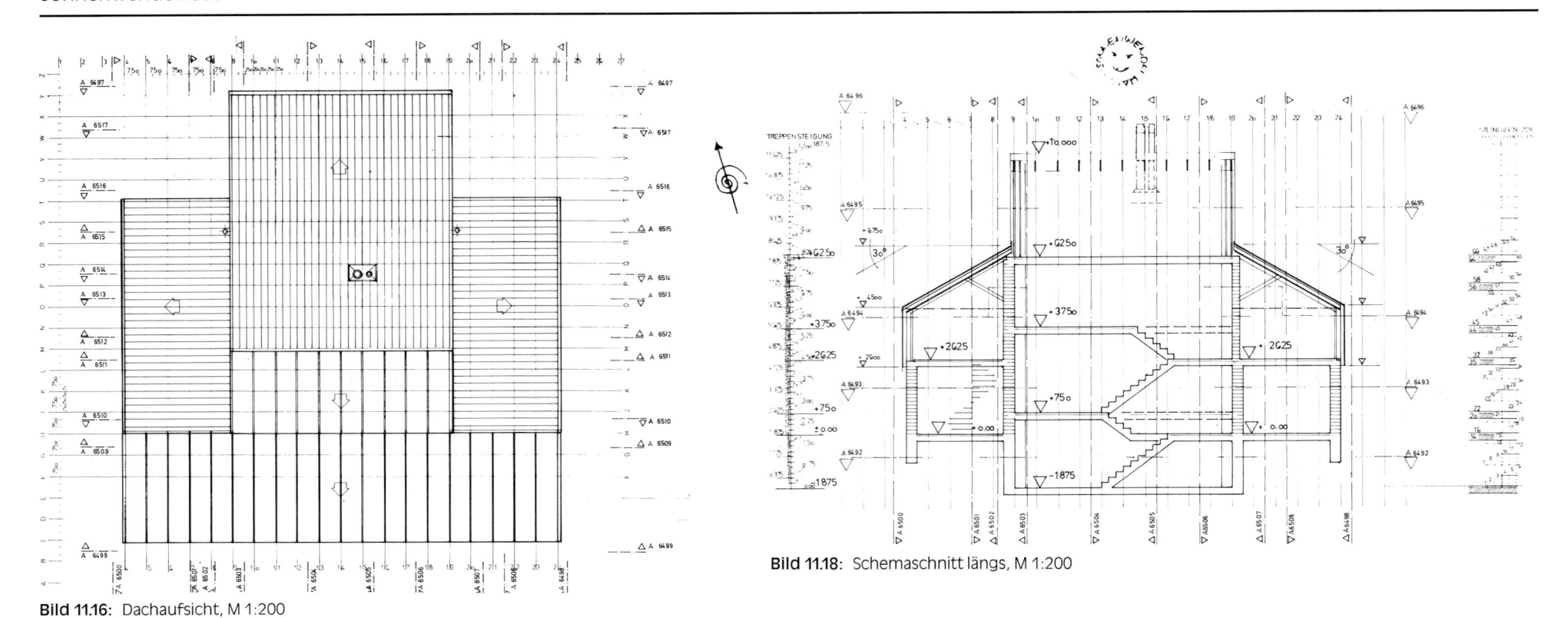

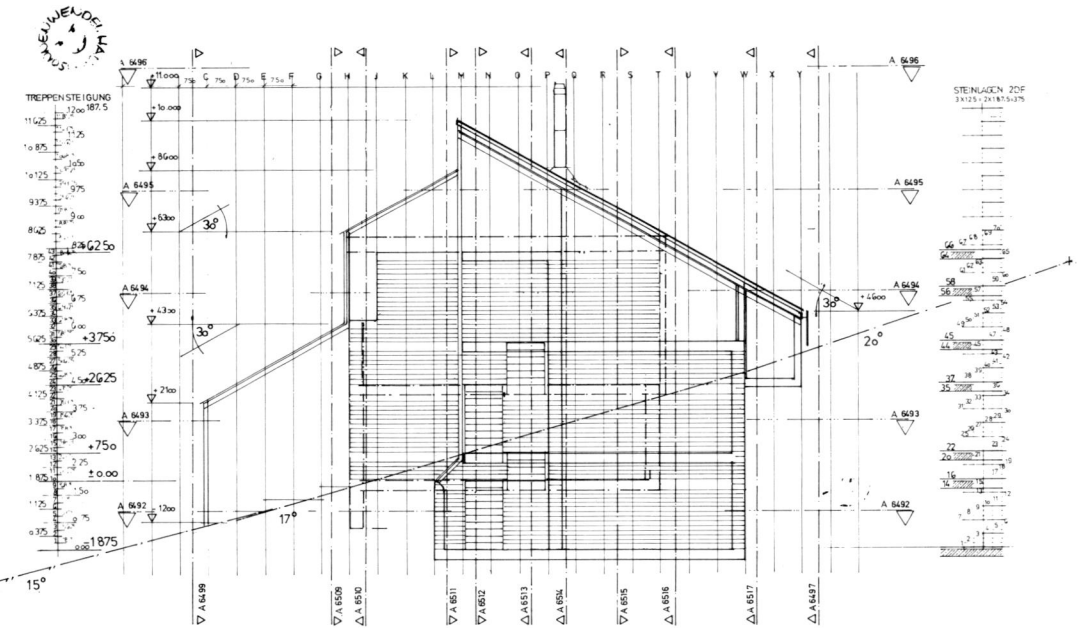

Bild 11.17: Schemaschnitt quer, M 1:200

wickelt und selbst hergestellt, der in Verbindung mit den bereits beim Hochmauern unsichtbar ins Mauerwerk eingelegten Kabeln und Leerrohren für ein ungestörtes Wandbild sorgt.

Energiekonzept
Je nach Temperatur und Jahreszeit wandert *das Wohnen* vom Garten über das Gewächshaus, die Veranden bis in den Rückzugsbereich des Kaminraums. Die große Masse des Kernhauses wirkt als thermischer Speicher und Puffer sowohl im Sommer als auch im Winter.

Heizung, Kühlung, Lüftung
Die Solarenergie erwärmt die ungedämmten Speichermassen des Kernhauses sowie die Luft im Gewächshaus. Die Lüftungsanlage im Dach zieht die aufsteigende Warmluft ab und verteilt sie in die rückwärtigen Räume des Kernhauses.

Ein Luft-Wasser-Wärmetauscher in der Lüftungsanlage kann das Haus beheizen, falls nicht genügend Sonnenwärme vorhanden ist, die dann als Warmluftheizung wirkt.

Der holzbefeuerte Kamin kann nicht nur den Wohnraum erwärmen, sondern über seinen eingebauten, wasserdurchströmten Wärmetauscher überschüssige Energie an einen Blockspeicher abgeben. Dieser Blockspeicher kann zusätzlich über einen kleinen Gasbrenner beheizt werden.

Das Treppenhaus dient als Rückluftschacht, die Steuerung für die verschiedenen Temperaturen erfolgt je nach Tag-, Nacht- bzw. Jahreszeit vollautomatisch über einen kleinen Prozeßrechner. Im Sommer kann die Lüftungsanlage umgekehrt zur Küh-

Bild 11.19: Schnitt H/J Süd, M 1:200

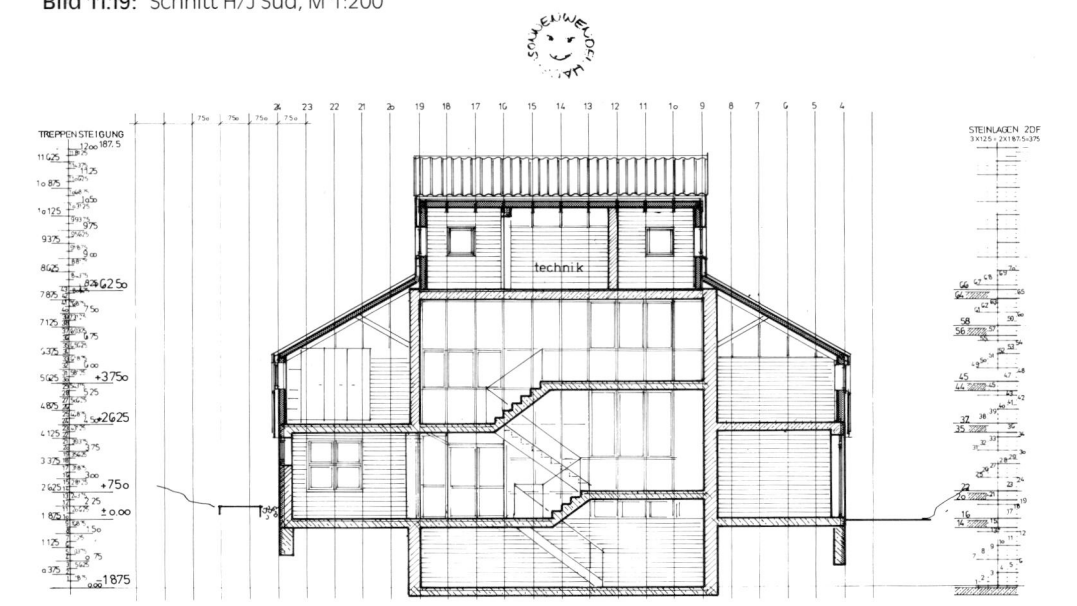

Bild 11.20: Schnitt O/P Süd, M 1:200

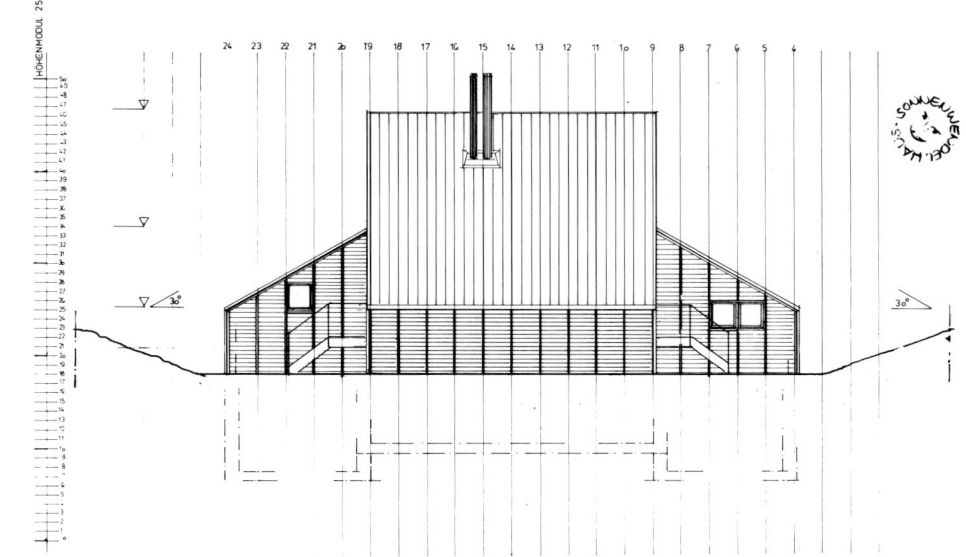

Bild 11.21: Schnitt W/X Süd, M 1:200

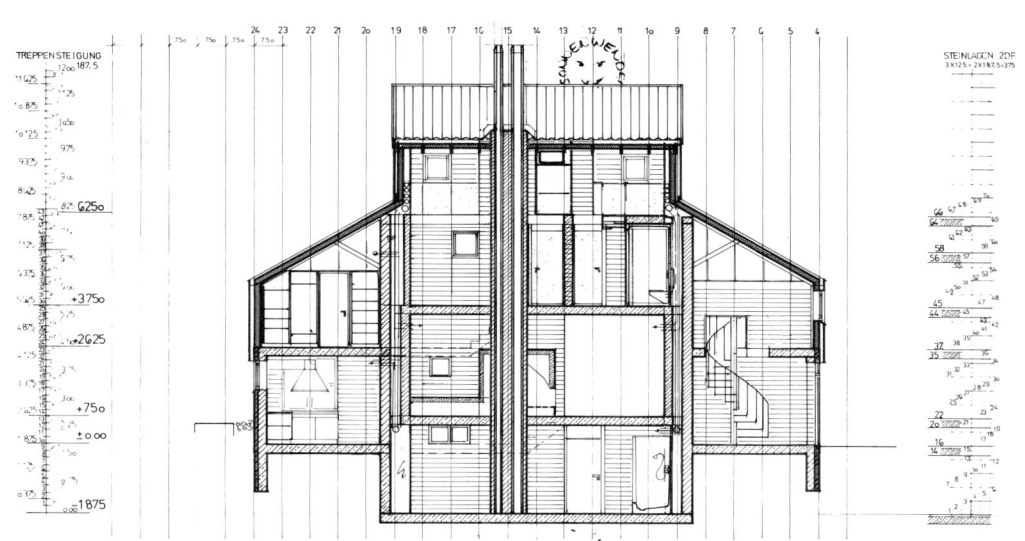

Bild 11.22: Schnitt P/Q Süd, M 1:200

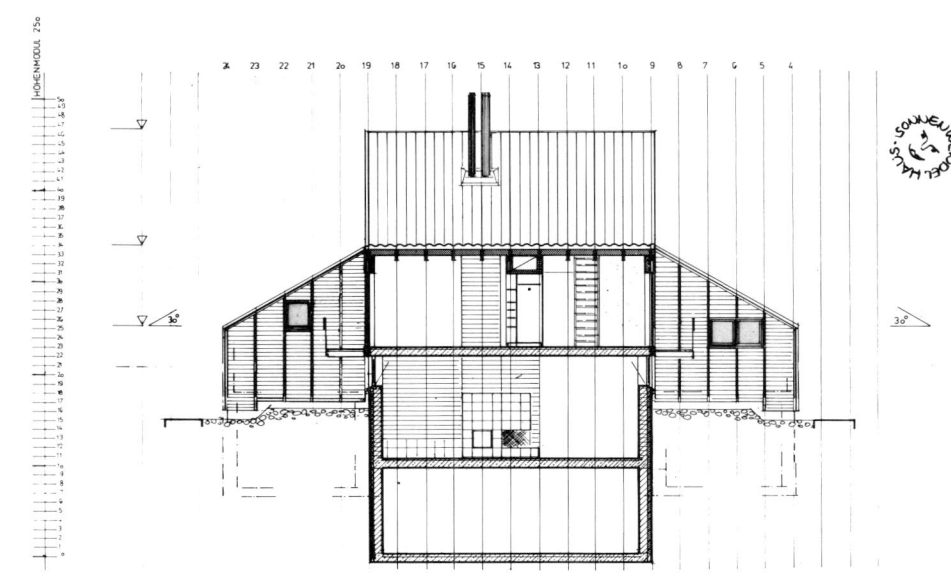

Bild 11.23: Schnitt T/U Süd, M 1:200

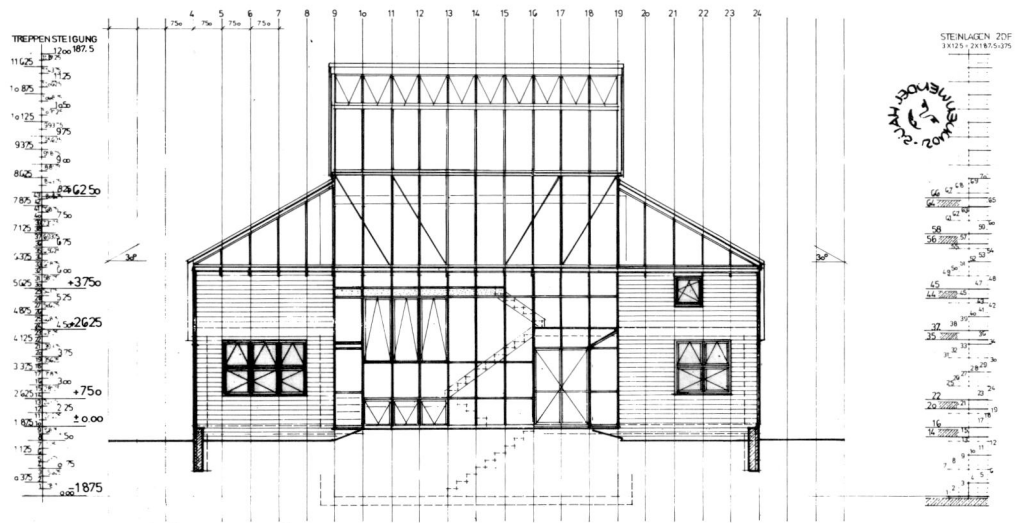

Bild 11.24: Schnitt G/H Nord, M 1:200

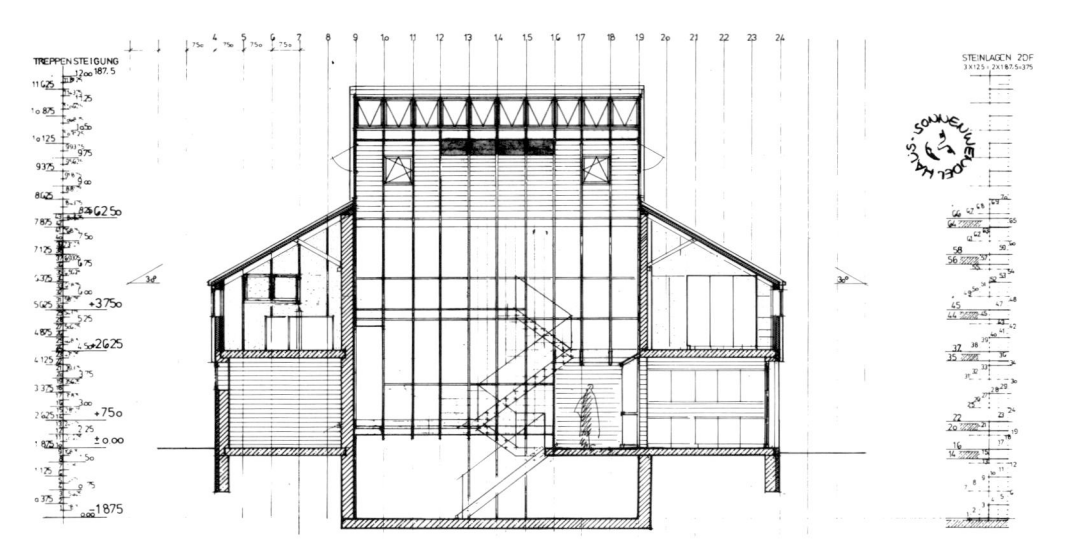

Bild 11.25: Schnitt L/M Nord, M 1:200

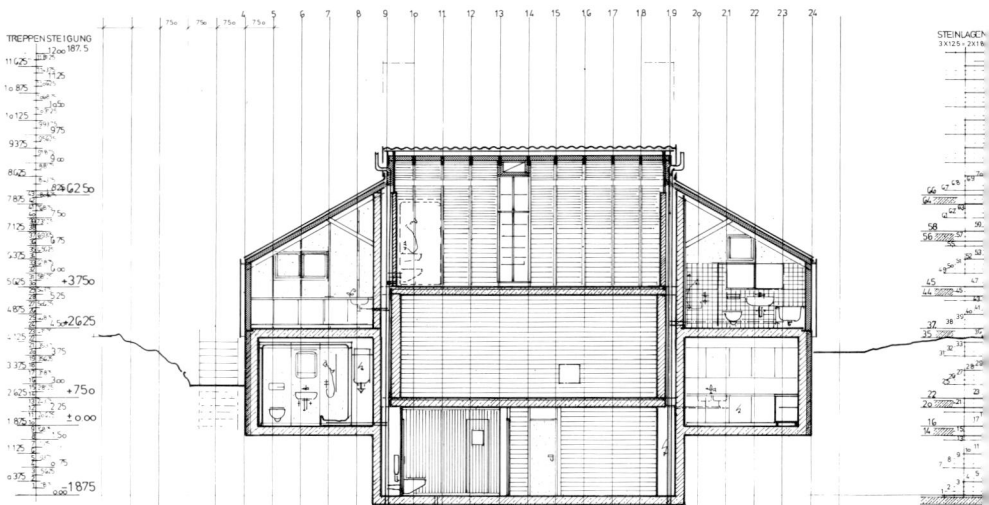

Bild 11.27: Schnitt R/S Nord, M 1:200

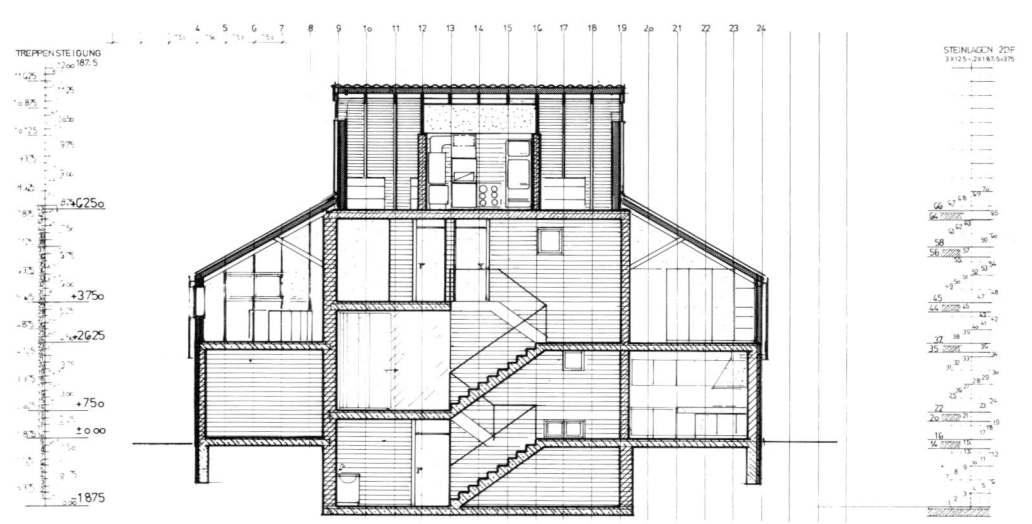

Bild 11.26: Schnitt M/N Nord, M 1:200

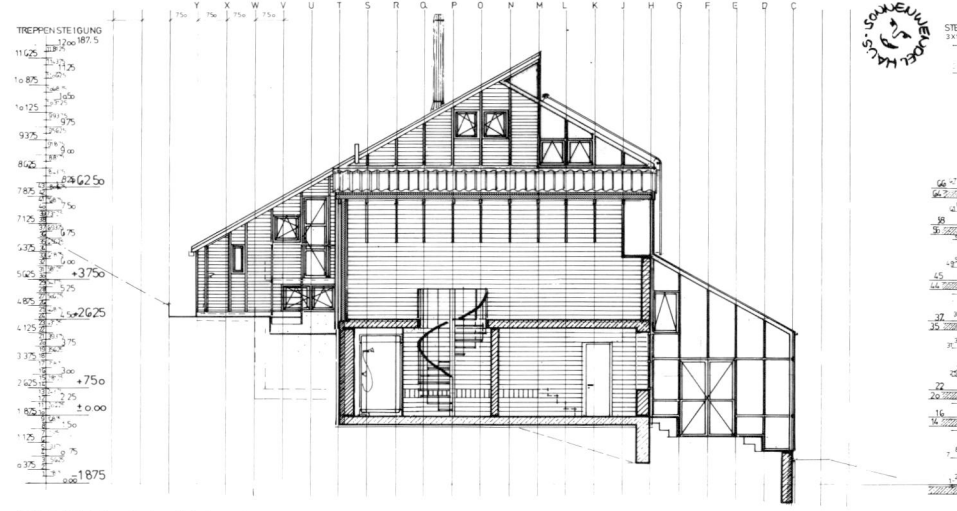

Bild 11.28: Schnitt 8 Ost, M 1:200

lung des Hauses dienen. Über einen Frischluftkanal wird von Norden kalte Luft angesaugt und verteilt. Im Sommer wird das Gewächshaus direkt entlüftet und mit innen bzw. außen angeordneten großblättrigen Pflanzen verschattet.

Architekt und Bauherr waren sich von Anfang an klar, daß sowohl die Investitions- als auch die Betriebskosten des Sonnenwendelhauses nicht durch Energieeinsparung gerechtfertigt sind, sondern daß der Betrieb eines mit subtropischen Gewächsen bepflanzten Gewächshauses Kosten verursacht, die hauptsächlich durch den *Lustgewinn* einer verlängerten Sommerzeit vertretbar sind.

Über den größten Zeitraum des Jahres ist das Gewächshaus eine Sonnenfalle, die tatsächlich einen hohen Energiegewinn für das gesamte Haus bedeutet. Im Jahr 1984 war jegliche Heizung von Ende März bis Mitte November abgestellt, und die Beheizung erfolgte ausschließlich durch die passive Nutzung der Sonneneinstrahlung.

Dieser Energiegewinn wird in extrem kalten Winternächten unter 5 °C zum Teil oder ganz aufgezehrt.

Der relativ geringe k-Wert des isolierverglasten Gewächshauses mit thermisch getrennten Sprossen bedeutet einen extremen Energieverlust bei Außentemperaturen wie z. B. − 26 °C am 6. Januar.

Um die Pflanzen vor dem Einfrieren zu schützen, muß das Gewächshaus auf + 5 °C temperiert werden, das bedeutet ein T von 31 K. In dieser extrem kalten Nacht, die sicher nur alle 20 Jahre vorkommt, wurden 78 m³ Gas verheizt, wobei das Kernhaus davon sicher nicht mehr als 10 % benötigte.

Etwa eine Stunde nach Sonnenaufgang bis Sonnen-

Bild 11.29: Schnitt 21/22 Ost, M 1:200

Bild 11.31: Schnitt 15/16 West, M 1:200

Bild 11.30: Schnitt 7 West, M 1:200

Bild 11.32: Schnitt 20/21 West, M 1:200

untergang benötigt das Gewächshaus keinerlei Zusatzheizung, da selbst bei bedecktem Himmel die Sonnenstrahlung für einen entsprechenden Energiegewinn sorgt. Bei klarem Himmel und $-12\,°C$ betrug der solare Gewinn um die Mittagszeit $350\,W/m^2$, was dazu führte, daß sich das Gewächshaus auf $22\,°C$ erwärmte und sogar Überschußenergie produzierte, die ins Kernhaus geleitet werden konnte.

Bei wirtschaftlicher Ausnutzung der passiven Solarenergie müßte auf die Bepflanzung des Gewächshauses verzichtet werden, da nur dann in den Nächten Frosttemperaturen im Gewächshaus tragbar wären.

In der extrem heißen Juli- und Augusthitze des Jahres 1984 traten keine Probleme auf. Durch die extreme Masse von 500 t bleiben die Temperaturen im Kernhaus stabil im Bereich von $20\,°$ bis maximal $24\,°$ bei Außentemperaturen von $32\,°C$ im Schatten und ganztägiger Sonneneinstrahlung im Bereich von 700 bis $800\,W/m^2$ maximal.

Die vorgesehene Kühlung über die Luftansaugung in der Nacht mußte bisher noch nicht eingeschaltet werden, obwohl im Gewächshaus die Pflanzen noch klein waren und die Außenberankung noch nicht ein schattiges Blätterdach gebildet hatte. Jedenfalls konnte auf eine zusätzliche Besegelung zur Verschattung des Gewächshauses verzichtet werden.

Fazit
Wer auf den Luxus eines ganzjährig bepflanzten Gewächshauses nicht verzichten will, sollte ihn nicht mit Energiesparen, sondern mit einer wesentlichen Erhöhung der Lebensqualität begründen.

Sonnenwendelhaus

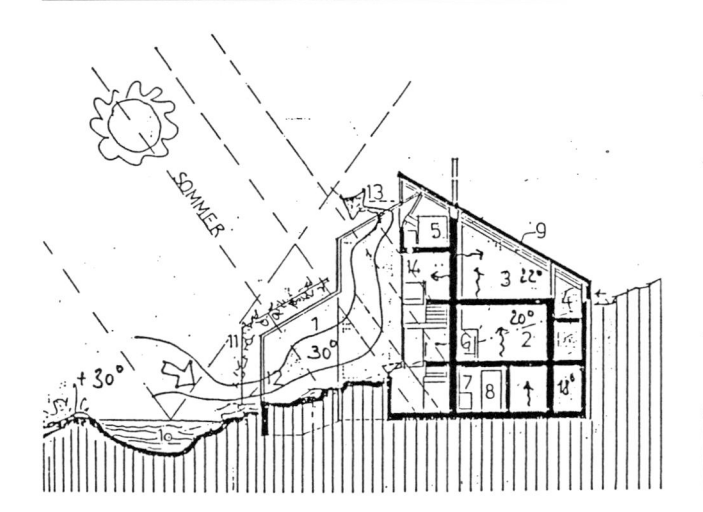

Sommertag: Die Verdunstungskühle der Pflanzen hält die Gewächshaustemperaturen relativ niedrig. Die überschüssige Energie wird durch thermischen Auftrieb über die Dachlüftungsklappen abgeführt. Die Innenfassade des Hauses bleibt geschlossen, die gespeicherte Nachtkühle temperiert die Räume.

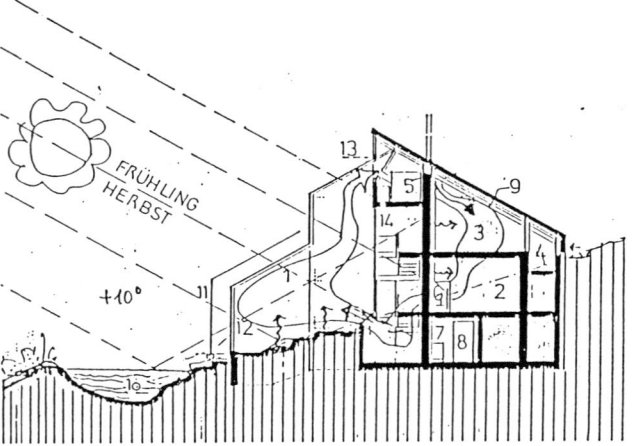

Frühjahrs-/Herbsttag: Die eingestrahlte Energie reicht zur Heizung des gesamten Gebäudes aus. Sowohl durch Einstrahlung als auch über die erwärmte Luft des Gewächshauses erfolgt eine gleichmäßige Erwärmung aller Räume. Die Fenster und Schiebetür in der Flurwand können je nach Bedarf geöffnet oder geschlossen sein.

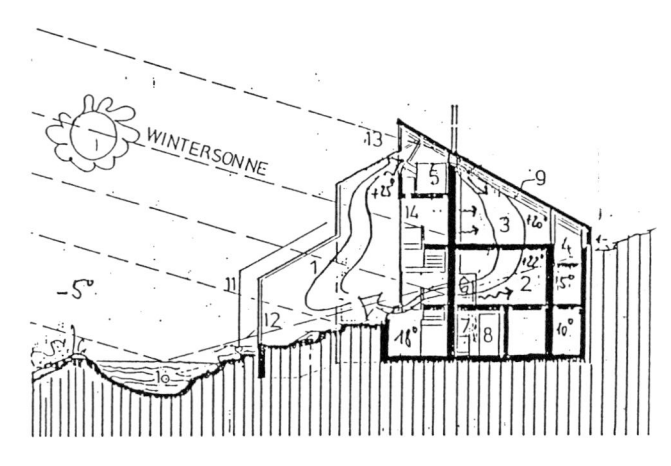

Sonniger Wintertag: Die Rückluft wird über das Gewächshaus geführt, erwärmt sich mit Hilfe der Solarenergie und wird direkt oben wieder in den Warmluftkreislauf eingespeist.
Reicht die Sonnenenergie nicht aus, wird die Rückluft über das Treppenhaus geführt und die Zusatzheizung springt an.

Sommernacht: Die Flurfassade und die Fenster sind geöffnet und lassen die Nachtkühle herein. Bei Bedarf kann zusätzlich die Lüftungsanlage Frischluft zur weiteren Abkühlung der Speichermasse ins Haus ziehen. Mehrjährige Messungen haben ergeben, daß die Temperatur der Speicherwände nie unter 9 Grad fällt bzw. über 24 Grad Celsius steigt.

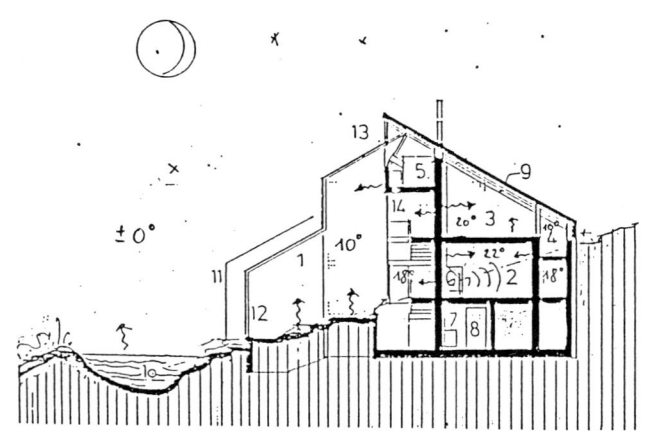

Frühjahrs-/Herbstnacht: Die eingestrahlte Energie wird über die Speichermassen langsam abgegeben und hält alle Räume warm. Eine Zusatzbeheizung erfolgt allenfalls über einen holzbeheizten Kamin, der mit dem Warmwasserspeicher und Wärmetauscher gekoppelt ist.

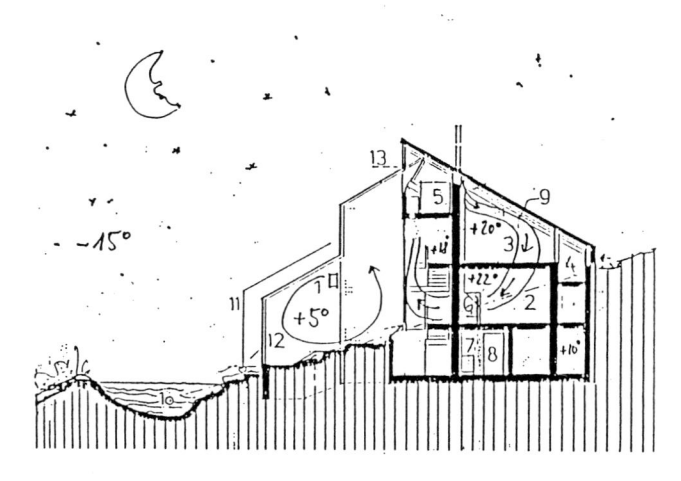

Klare Winternacht, Frost: Der innere Umluftkreislauf funktioniert ohne Gewächshaus. Die in Massen gespeicherte Energie erwärmt auch das Gewächshaus. Sollte sie nicht ausreichen (und bei Nachttemperaturen unter − 10 Grad) springt eine Warmluftzusatzheizung an und hält die Temperaturen im Gewächshaus auf + 5 Grad.

Bild 11.33: Raumklimata in verschiedenen Jahreszeiten

12 Kreuz-Grundriß

Bild 12.1: West-Ansicht, M 1:200

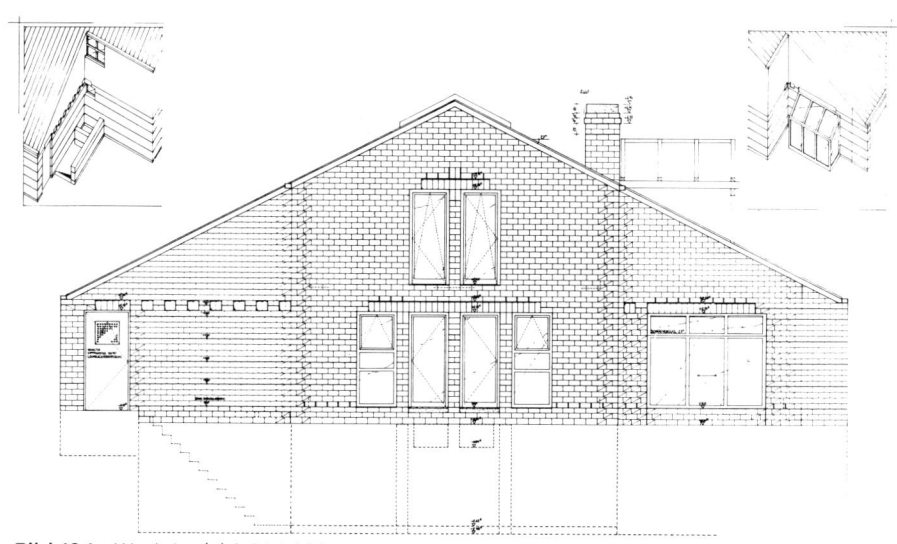

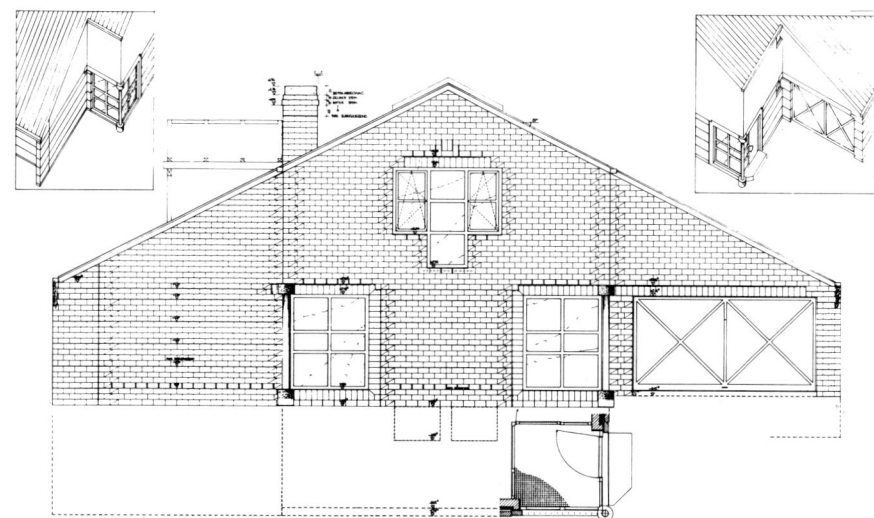

Bild 12.3: Ost-Ansicht, M 1:200

Steckbrief

Objekt:	Einfamilienhaus
Standort:	Aachen
Architekten:	FLENDER, HEYERS, MEIER, Aachen
Ingenieur:	WILFRIED KAISER, Aachen
Baujahr:	1986
Umbauter Raum:	1198 m³
Nutzfläche:	290 m²
Baukosten:	DM 485.000

Der Bauherr wünschte ein *pflegeleichtes* Haus, das aber baubiologischen Prinzipien gerecht wird. Deshalb fiel die Wahl auf Ziegel und Holz als Hauptbaustoffe.

Laut Bebauungsplan waren Dachgauben nicht möglich. Um den trotz der gegliederten Baumasse geschlossen wirkenden Baukörper aufzulockern, ihm Akzente zu verleihen, wurde frei vor die Terrasse eine giebelähnliche Holzkonstruktion gestellt. Nach Süden, über einer ins Dach geschnittenen Loggia, wurde eine ähnliche Holzkonstruktion errichtet, die mit Glas abgedeckt ist und mit Grün berankt werden soll. Die Konstruktionen bestehen aus lasiertem Fichtenholz, Fußböden und Geländer sind aus Afzelia.

Außenwände: 2schaliges Ziegelsichtmauerwerk, Luft, Dämmung, innen Putz, Naturharzdispersionsanstrich
Decken: KG Stahlbeton
EG Holzbalkendecke
Treppe: Holztreppe
Dach: Pfettendach mit Ziegeldeckung 27°
Türen, Fenster: Holz-Isolierverglasung

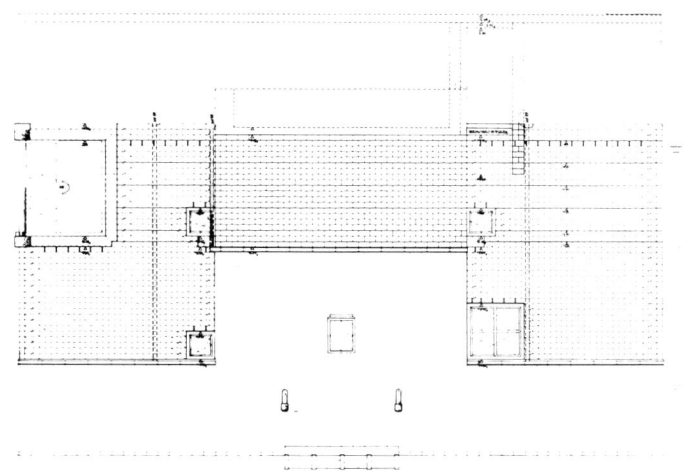

Bild 12.2: Nord-Ansicht, M 1:200

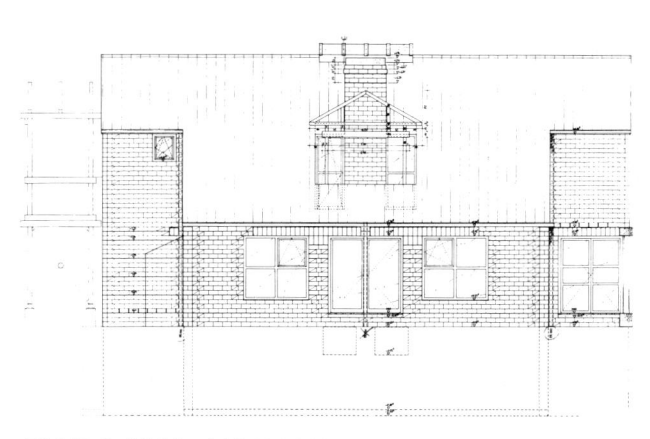

Bild 12.4: Süd-Ansicht, M 1:200

Kreuz-Grundriß

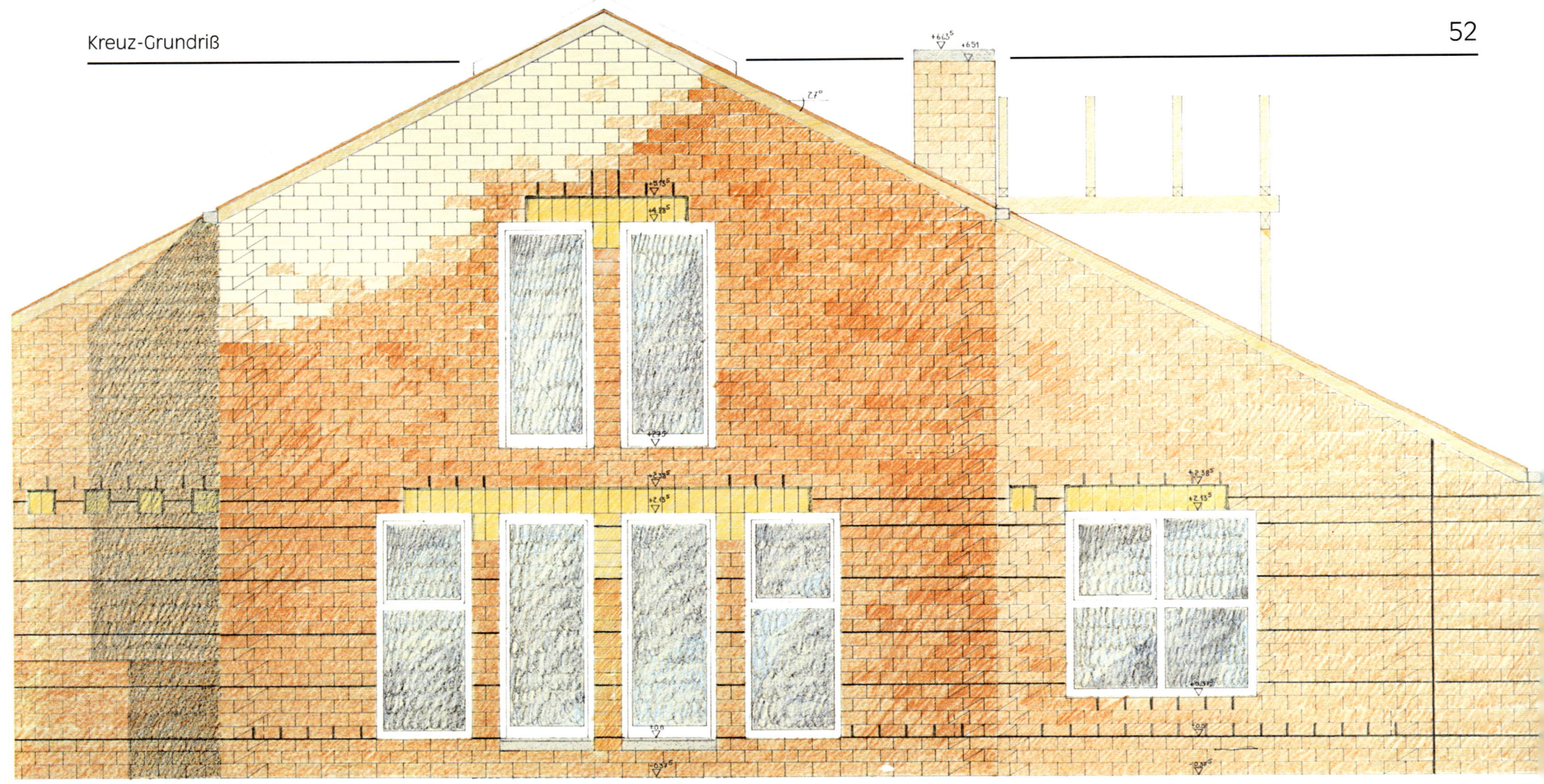

Bild 12.5: Westfassade, Ziegelmauerwerk, M 1:50

Fußboden: KG keramische Fliesen
EG Holzdielen
OG Holzbalkendecke
(schwere Ausführung)

Heizung: Gaszentralheizung mit Radiatoren

**Balkon,
Loggia:** Holzkonstruktion, Abdeckung
Drahtglas

Keine Kunststoffe im Innenausbau, Dämmung mit Korkplatten (Dach), Korkschüttung (Böden). Elektro mit abgeschirmten Leitungen, Holzschutz innen mit Borsalzen, Innenwandanstriche mit Naturharzdispersion auf Putz, Holzanstrich außen Naturharzöllasur.

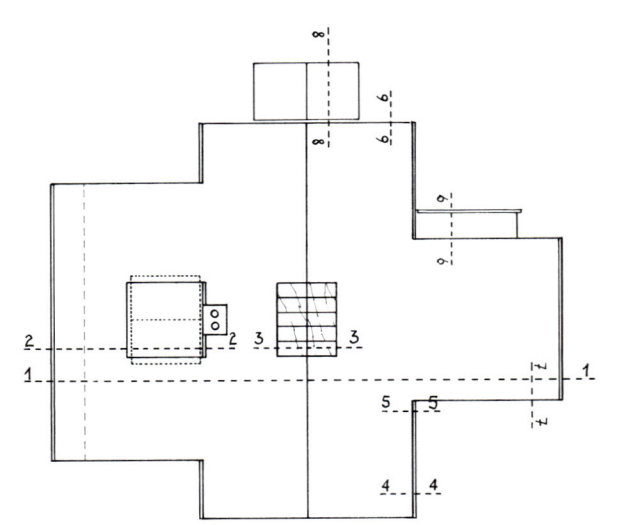

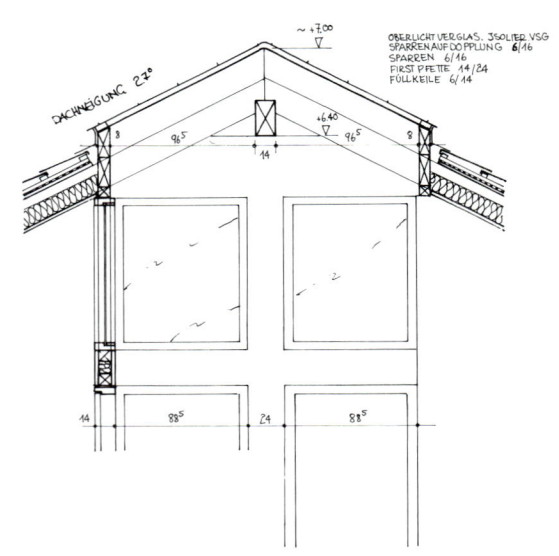

Bild 12.6: Grundriß mit Schnittübersicht

Bild 12.7: Schnitt 3 durch Firstoberlicht, M 1:50

Bild 12.8:
Südfassade, M 1:50

Bild 12.9: Südost-Ansicht

Bild 12.10: Balkon im Obergeschoß

Bild 12.12: Grundriß Erdgeschoß, M 1:100

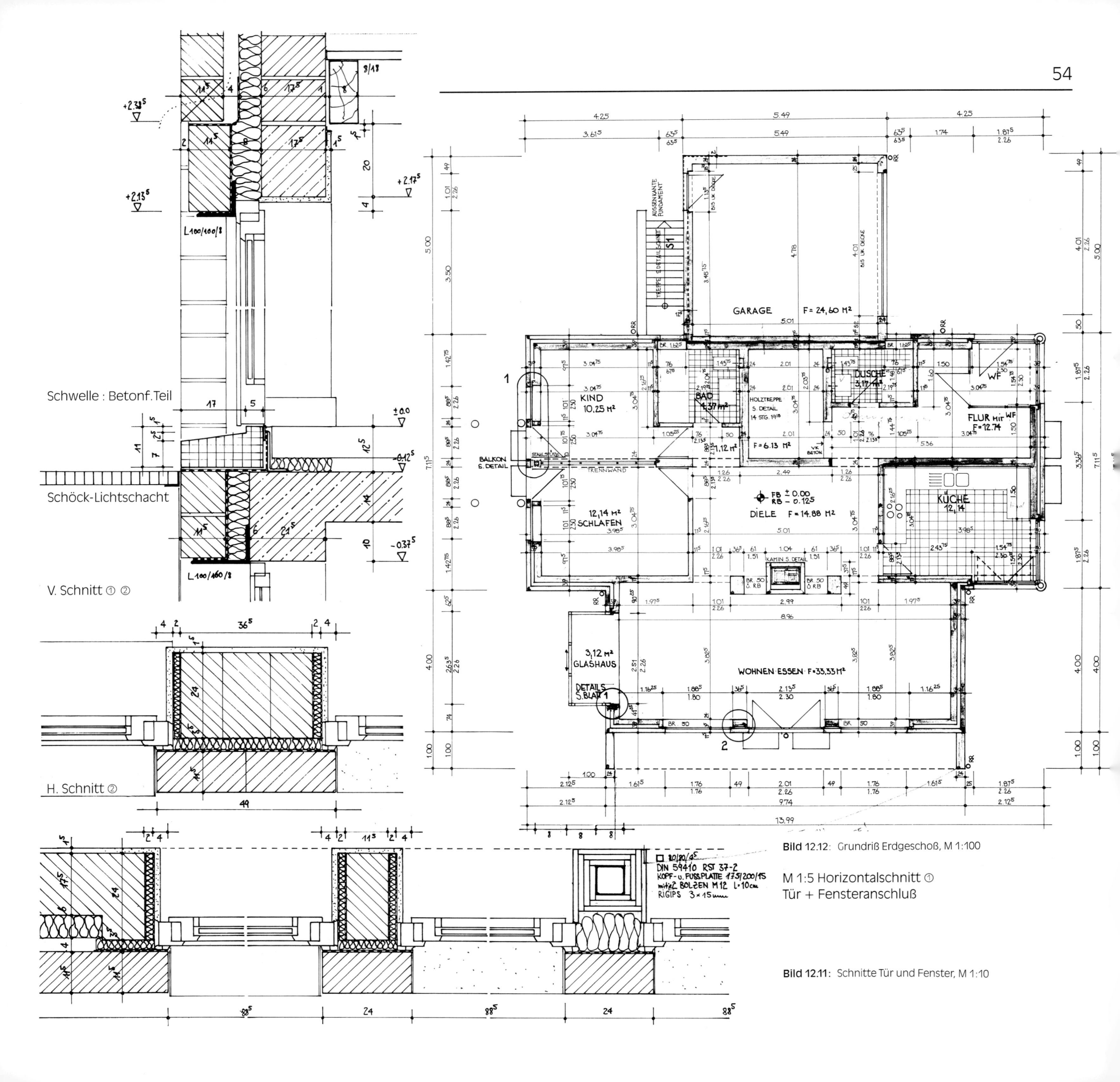

Bild 12.11: Schnitte Tür und Fenster, M 1:10

M 1:5 Horizontalschnitt ①
Tür + Fensteranschluß

55 Kreuz-Grundriß

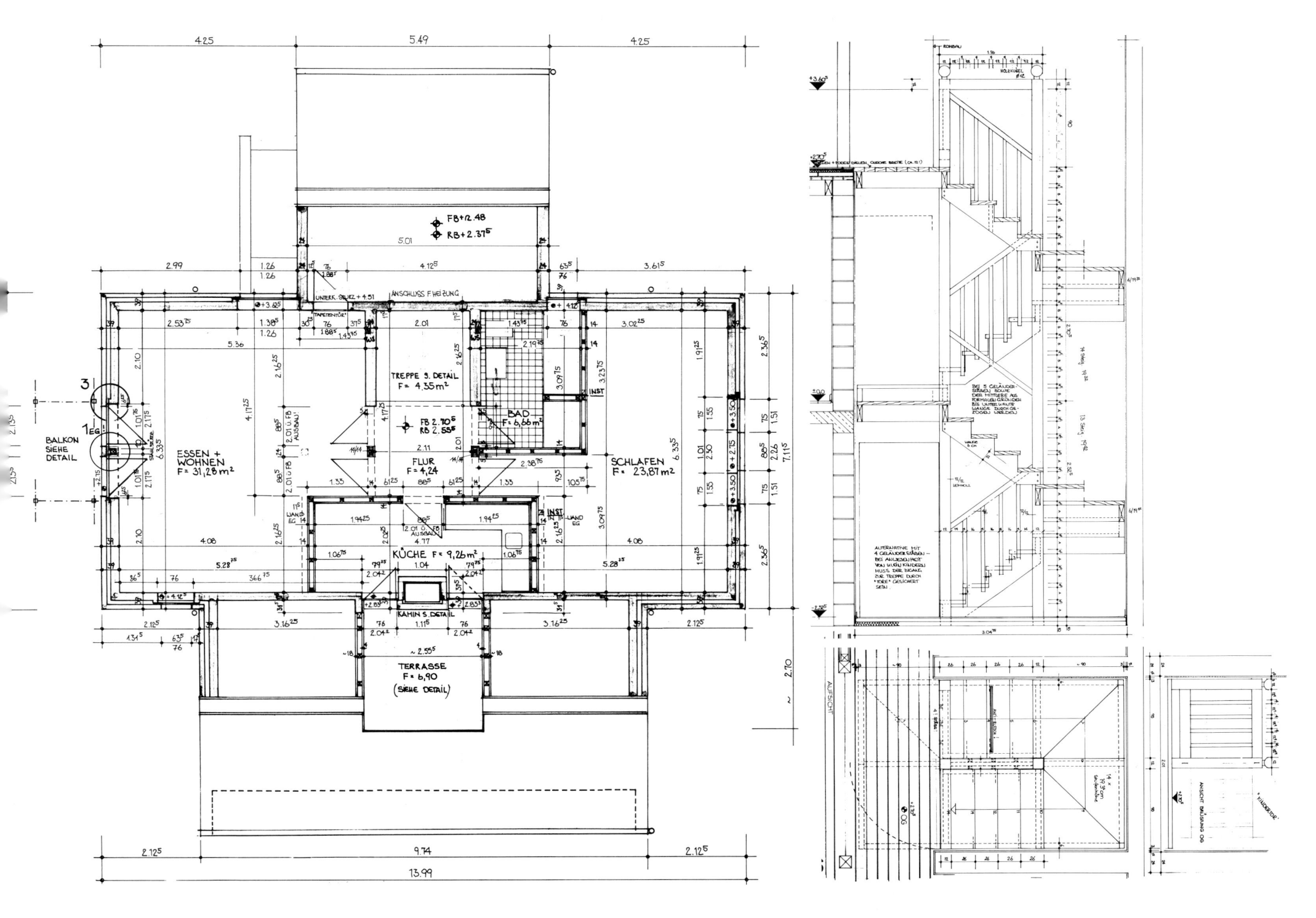

Bild 12.13: Grundriß Obergeschoß, M 1:100

Bild 12.14: Aufgesattelte Treppe, M 1:50

Kreuz-Grundriß

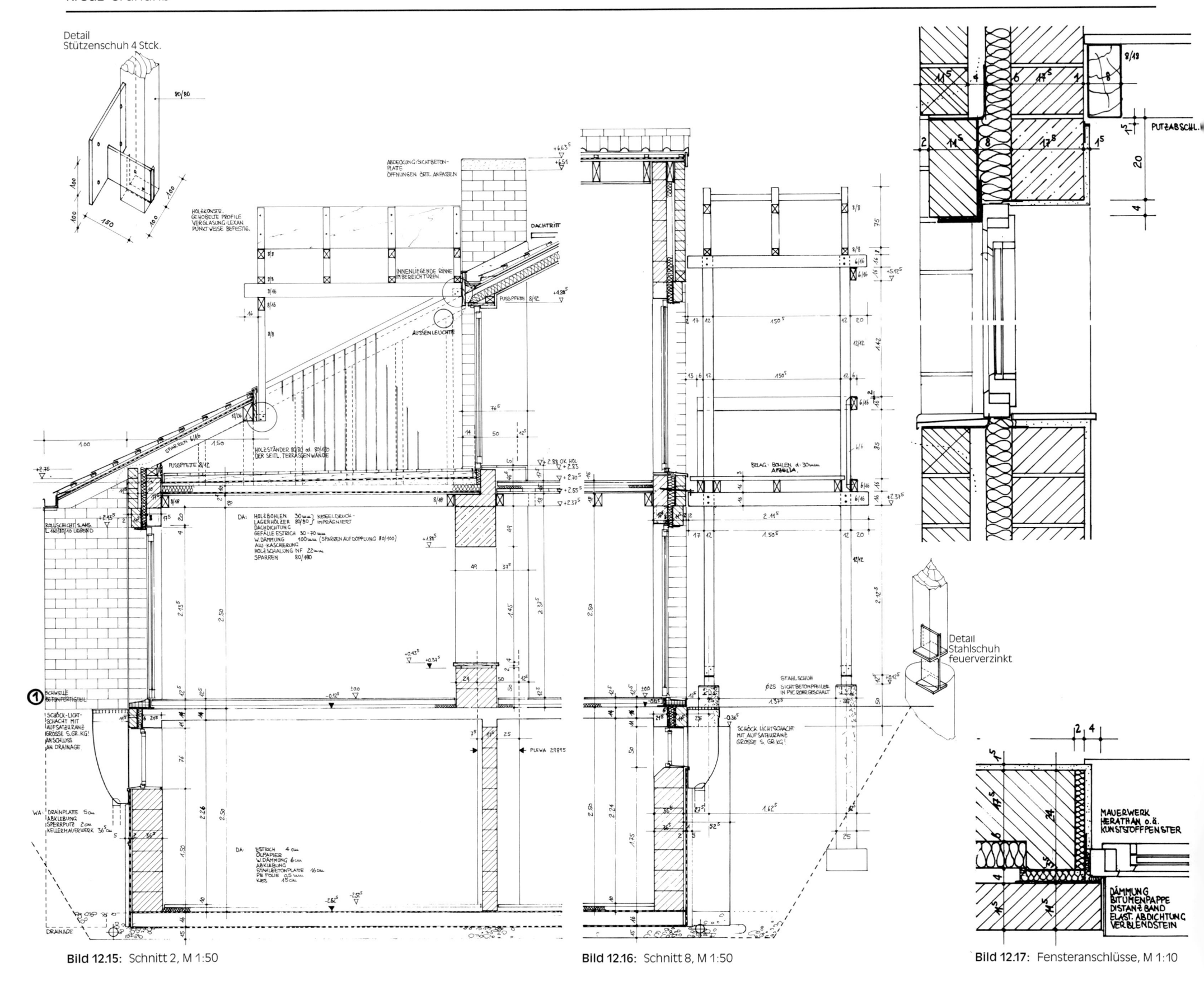

Bild 12.15: Schnitt 2, M 1:50

Bild 12.16: Schnitt 8, M 1:50

Bild 12.17: Fensteranschlüsse, M 1:10

13 Vreniken

Bild 13.1: Wohnbereiche im Freien

Bild 13.2: Tief heruntergezogener Wintergarten

Bild 13.3: Transparenz bei Nacht

Vreniken

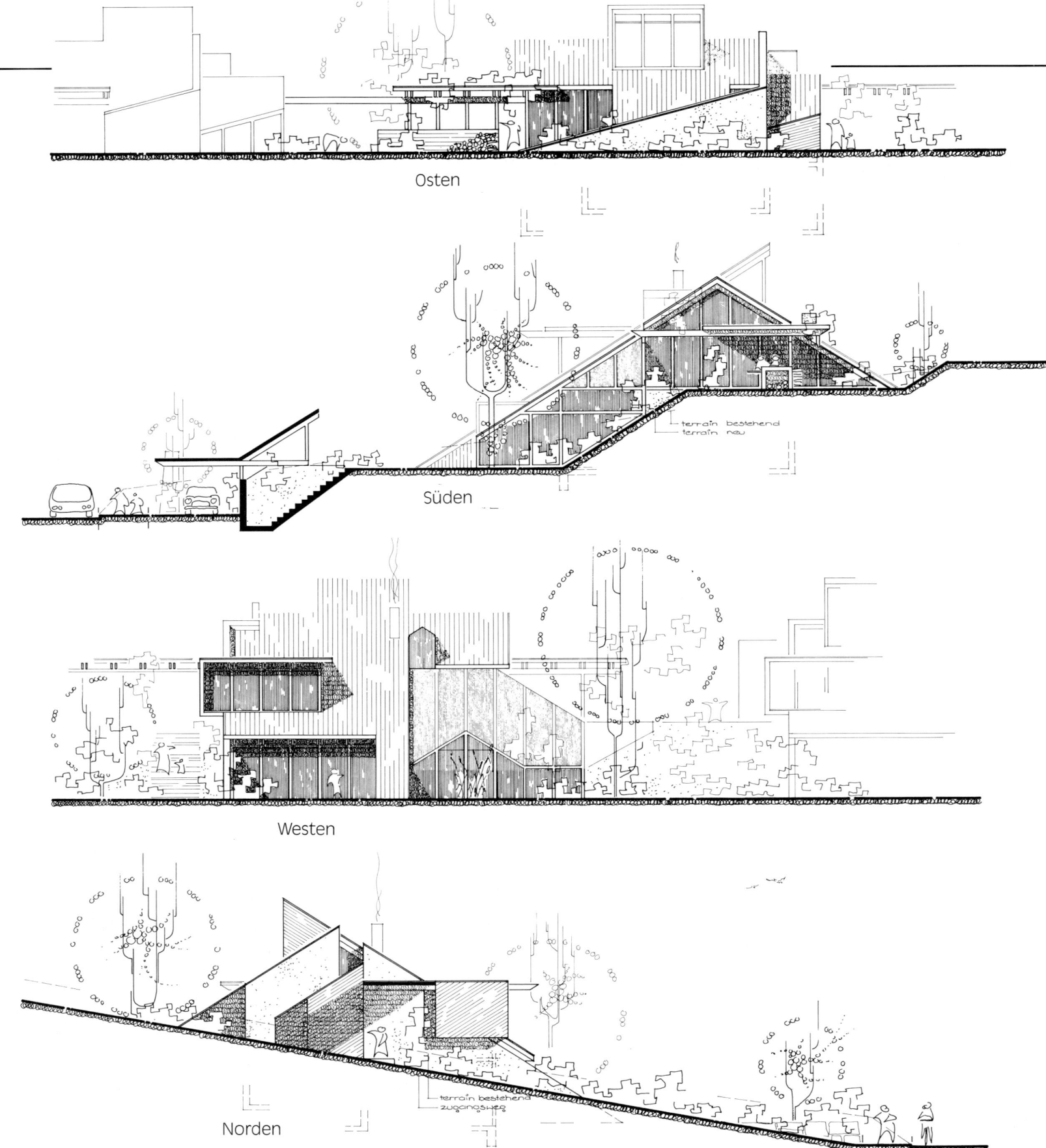

58

Osten

Süden

Westen

Norden

Bild 13.4:
Ansichten, M 1:200

Bild 13.5: Von der Natur vereinnahmt

Bild 13.6: Wohnen und Arbeiten

Steckbrief

Objekt:	Einfamilienhaus
Standort:	Bellikon/Schweiz
Architekt:	Felix Kühnis, Bellikon
Ingenieur:	Erwin Zurmühle, Weinigen
Baujahr:	1987
Umbauter Raum:	1450 m³
Nutzfläche:	280 m²
Baukosten:	Fr. 710.000

Bellikon: 900 Einwohner, 630 Meter über dem Meer, 500 Hektar groß, am Südwesthang des Rohrdorferberges. Herrliche Panoramasicht in Jura, Reußtal und Alpen. Gute Verkehrsverbindungen nach Baden (15 Autominuten), Bremgarten (10 Autominuten), Zürich (25 Autominuten).

Die Siedlung Vreniken liegt an unverbaubarer Aussichtslage und ist verkehrsfrei, also auch besonders kinderfreundlich. Die freistehenden Einfamilienhäuser stehen auf der Nord- und Ostseite auf der Parzellengrenze, so daß auf den Wohnseiten im Süden und Westen ein großzügiger Garten verfügbar ist. Abschirmung gegen die Straße durch gemeinsame Autoabstellplätze, Garagen, Luftschutzraum und Kinderspielhalle. Von hier aus sind die Häuser über Wege treppenfrei erreichbar.

Haus 4, 6 und 7   5-Zimmer-Häuser
Haus 5   7-Zimmer-Haus

Bild 13.7: Kochen und Essen

Vreniken

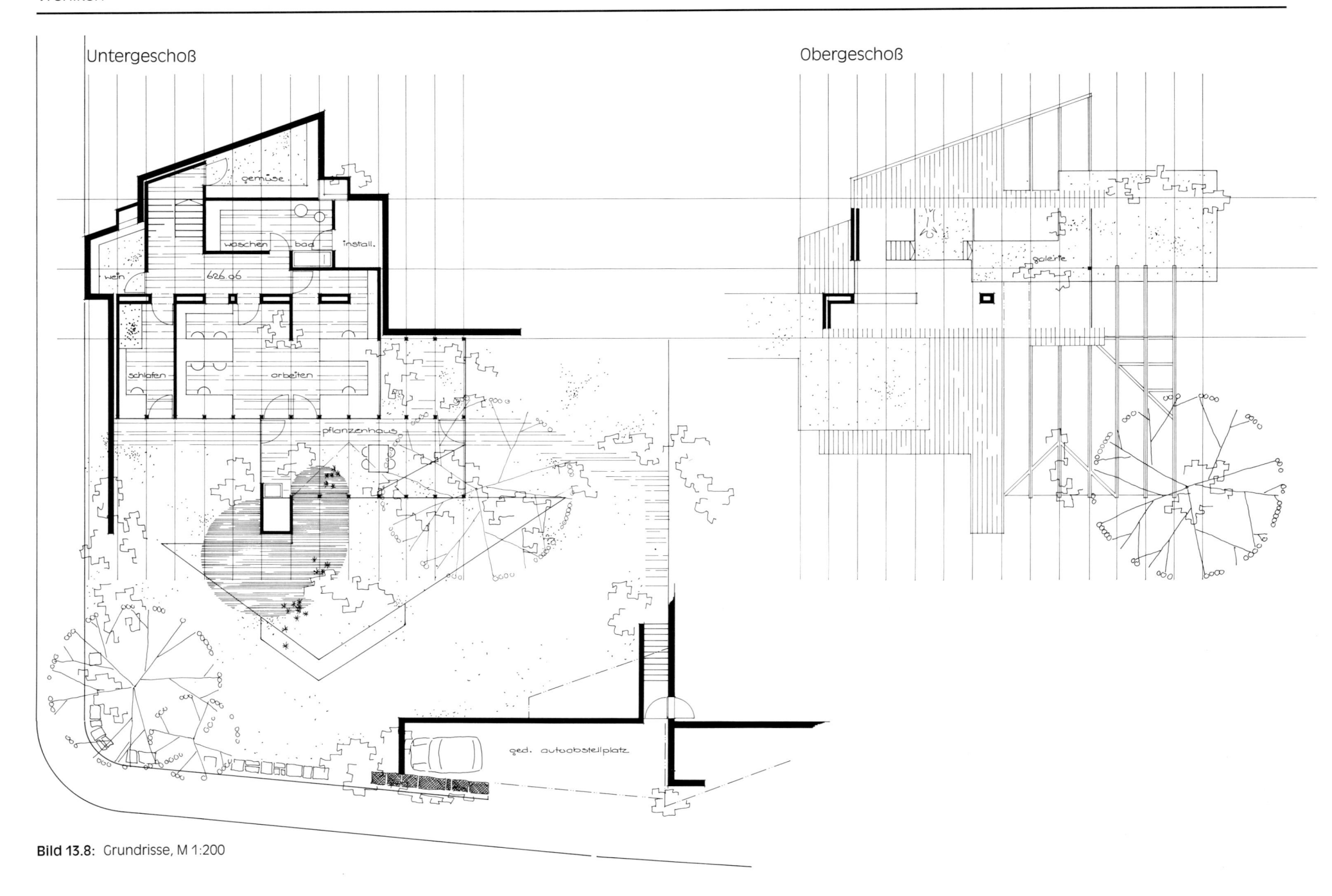

Untergeschoß   Obergeschoß

Bild 13.8: Grundrisse, M 1:200

Rohbau
- Eisenbetonfundamentplatte, teilweise Streifenfundamente
- Erdberührte Außenwände 25 cm Beton, bei ausgebauten Räumen Dampfsperre, 10 cm Heraklith und 12 cm Isolierstein. Sicht-Ziegelmauerwerk
- Außenwände über Terrain Zweischalenmauerwerk 12 cm Isolierstein mit 10 cm Heraklith-Isolation, 12 cm Isolierstein. Sicht-Ziegelmauerwerk
- Innere Tragwände 12 cm Isolierstein. Sicht-Ziegelmauerwerk
- Hypokaustenwand Vollziegel (Wärmespeicherung)
- Untergeschoßdecke Holzkonstruktion mit Zangen und Fastäfer Fasebretteruntersichten. Ganzes Haus Föhrenholz
- Dach über Erdgeschoß sichtbare Holzsparrenlage mit Holzschalung, Dachpappe, Heraklith-Isolation 12,5 cm, Pavatex-Unterdach hinterlüftet und Glattziegel aus gebranntem Ton
- Spenglerarbeiten in Kupferblech

Installationen
Sanitär
Ablauf- und Entlüftungsleitungen in Kunststoff, Kaltwasserleitungen, Warmwasserleitungen in isolierten Kupferröhren.

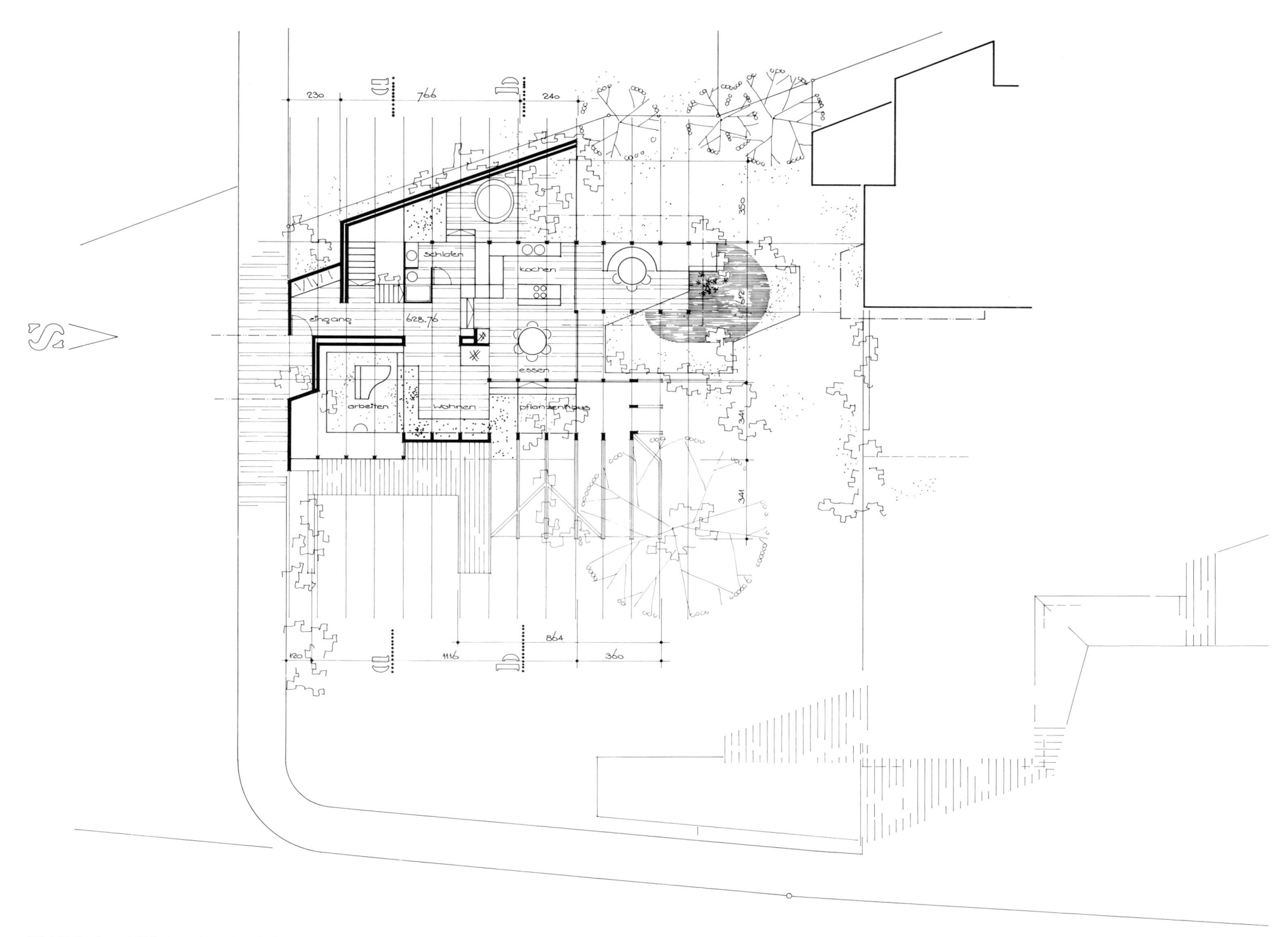

Bild 13.9: Grundriß Erdgeschoß, M 1:200

Vreniken

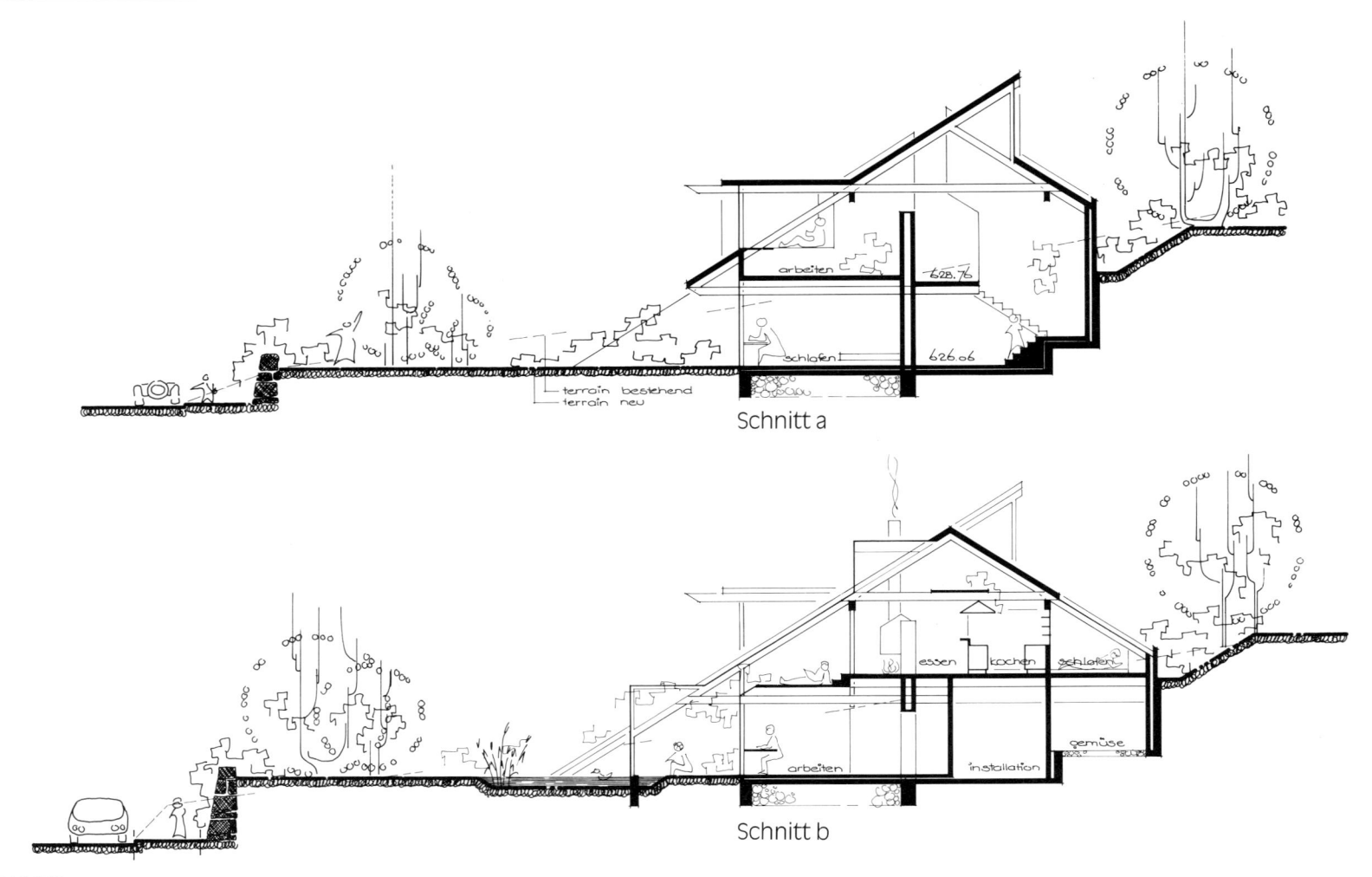

Schnitt a

Schnitt b

Bild 13.10: Schnitte, M 1:200

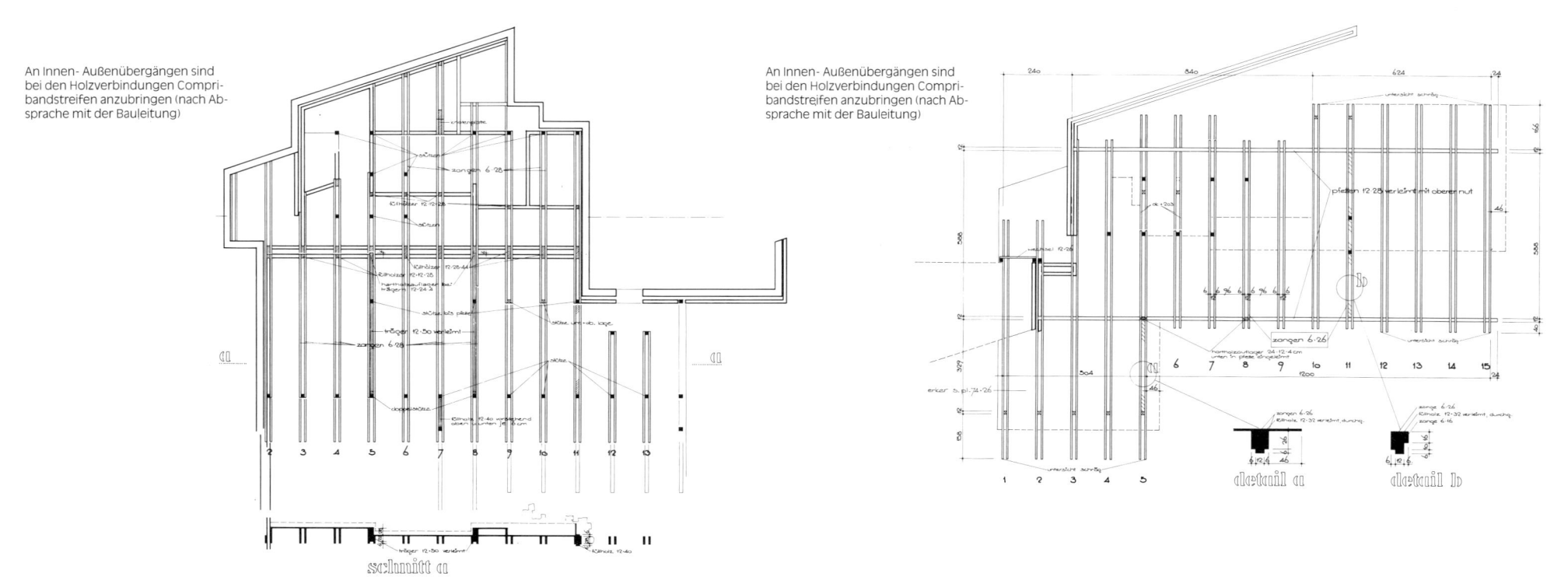

An Innen- Außenübergängen sind bei den Holzverbindungen Compribandstreifen anzubringen (nach Absprache mit der Bauleitung)

An Innen- Außenübergängen sind bei den Holzverbindungen Compribandstreifen anzubringen (nach Absprache mit der Bauleitung)

Bild 13.11: Balkenlage Untergeschoß, M 1:200

Bild 13.12: Balkenlage Erdgeschoß, M 1:200

Vreniken

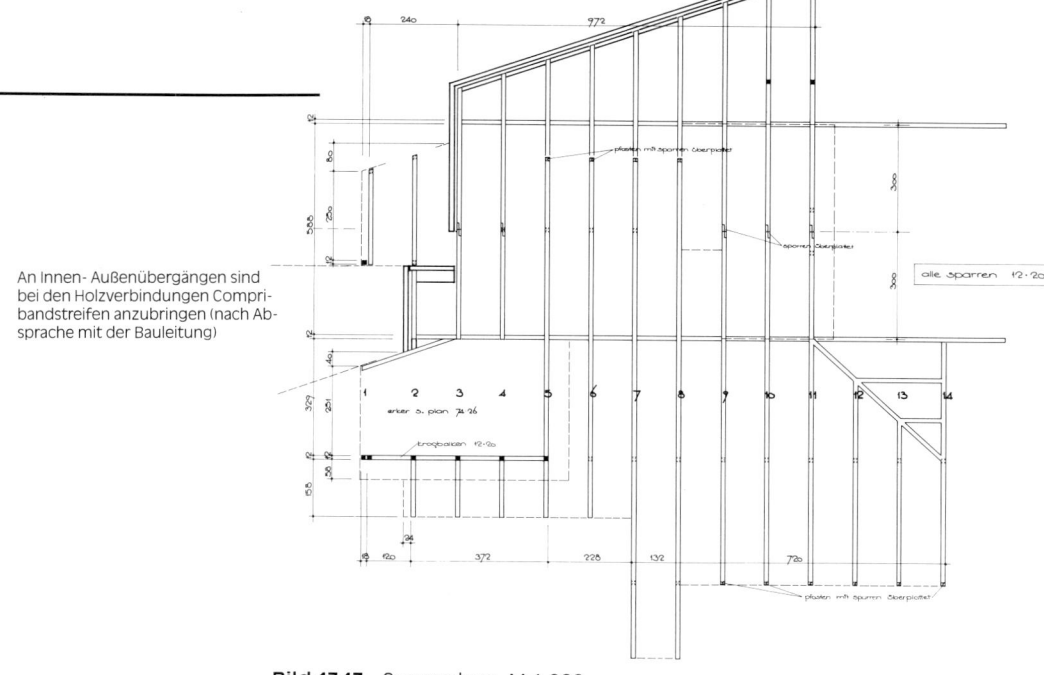

Bild 13.13: Sparrenlage, M 1:200

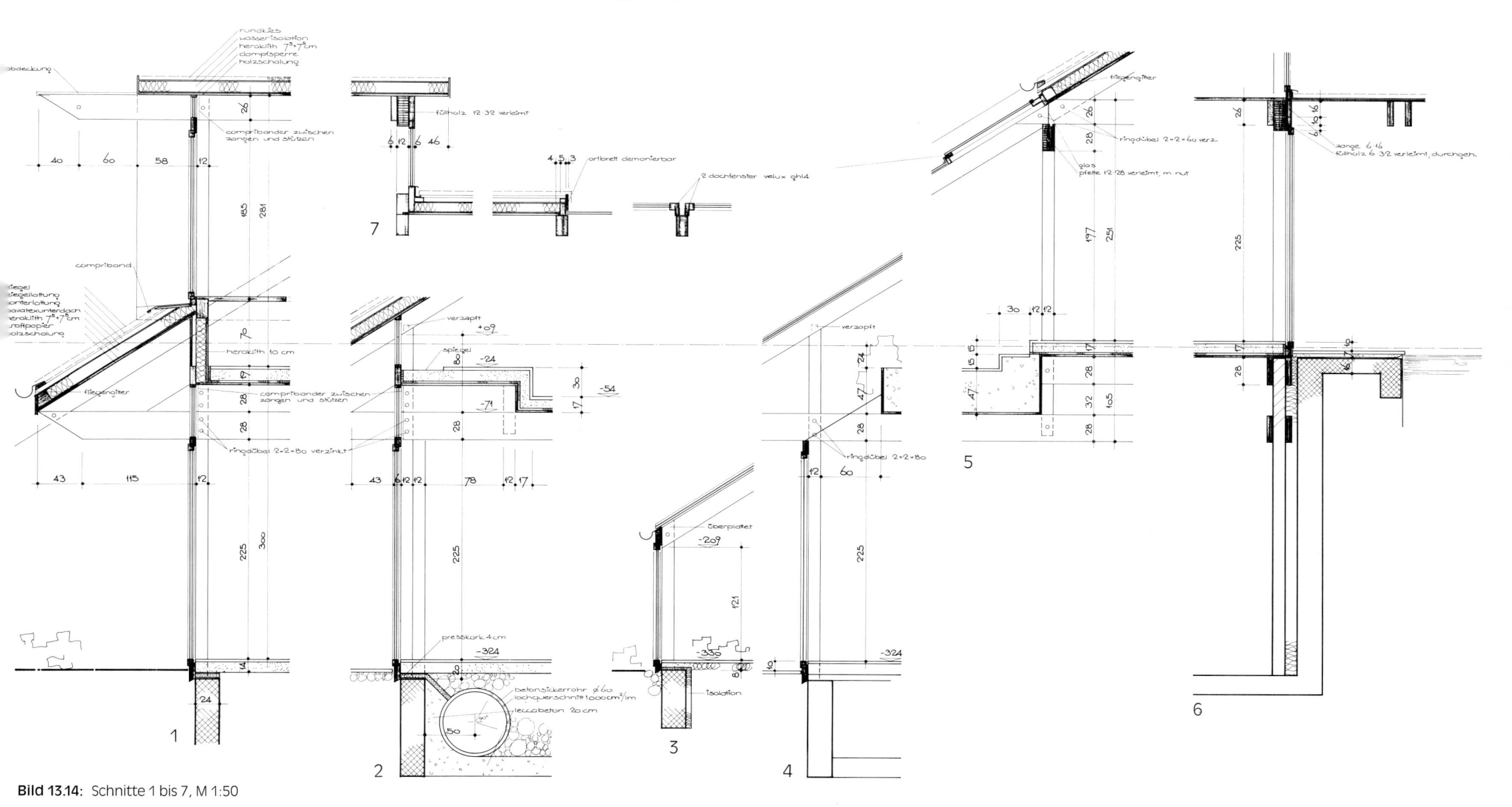

An Innen- Außenübergängen sind bei den Holzverbindungen Compribandstreifen anzubringen (nach Absprache mit der Bauleitung)

Bild 13.14: Schnitte 1 bis 7, M 1:50

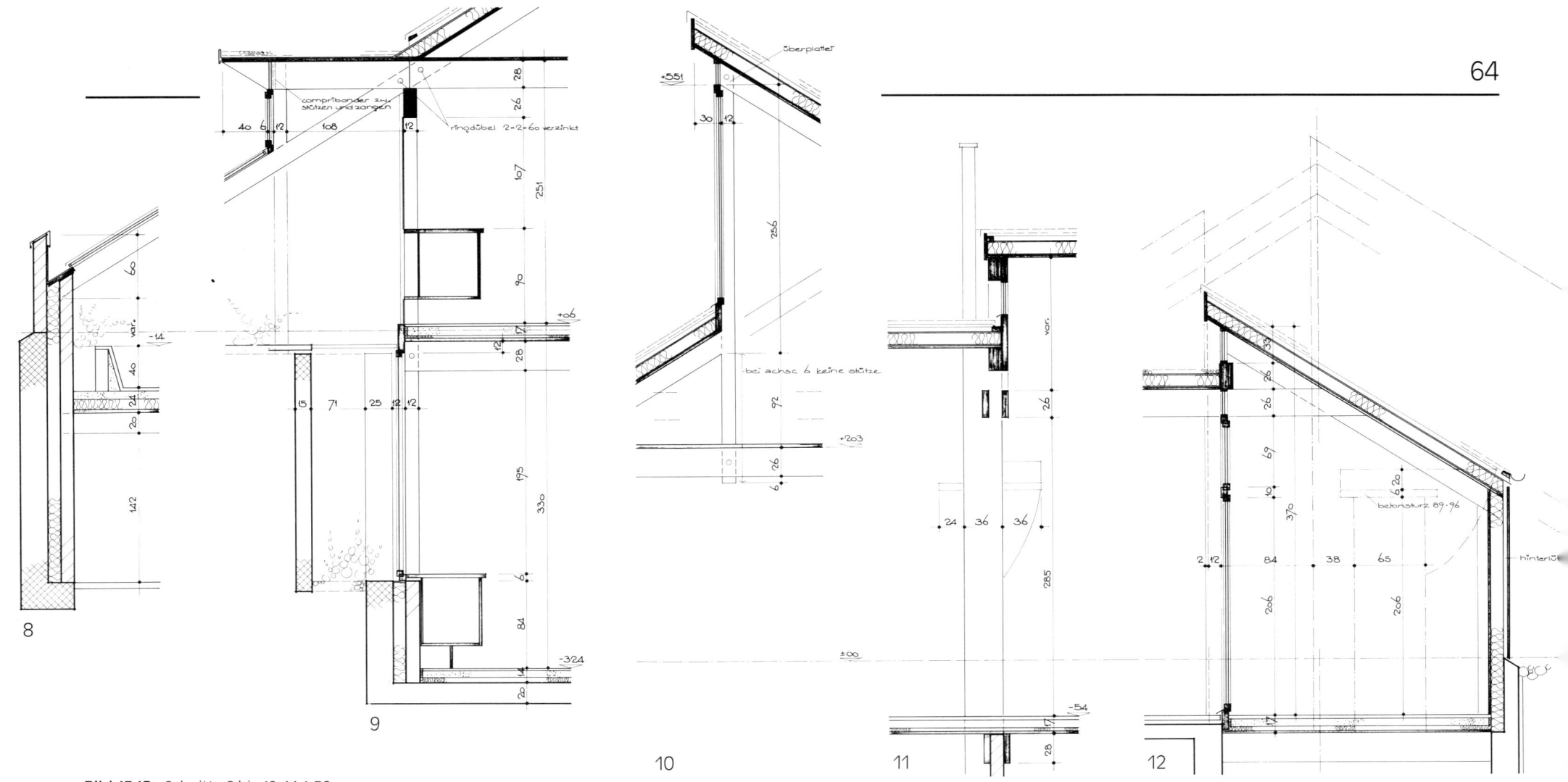

Bild 13.15: Schnitte 8 bis 12, M 1:50

Heizung
Wärmepumpen-Wärmerückgewinnung (ca. 50 % direkt eingestrahlte Lichtenergie, ca. 30 % Wärmerückgewinnung und ca. 20 % Primärenergie). Niedertemperatur-Fußbodenheizung mit integrierter Warmwasseraufbereitung. Abluft aus Bad und Küche, aus den anderen Räumen und dem Wintergarten wird sie nachgesogen (Luftwechsel ca. 0,7/h). Mit der im Untergeschoß installierten 2,5-kW-Wärmepumpe wird der Luft die Wärme (18 °C) entzogen und direkt der Fußboden-Heizung bzw. dem Brauchwasser zugeführt. Dank der konstanten, relativ hohen Wärmequelle arbeitet die Wärmepumpe mit einem günstigen Wirkungsgrad. Sämtliche im Haus produzierte Wärme (Licht, Kamin, Kochen usw.) wird zurückgewonnen. Durch das Lüftungssystem entsteht ein leichtes, nicht spürbares Vakuum. Dadurch kann keine Wärme durch undichte Stellen ins Freie entweichen. Lüftungsverluste werden vermieden. Diese Heizungsart funktioniert selbst bei diffuser Sonneneinstrahlung bis etwa −2 °C, wobei als 24-Stunden-Speicher (Tag/Nacht) die Gebäudemasse genügt. Sollte das Thermometer einmal für längere Zeit wesentlich tiefer sinken, werden die Temperaturspitzen mit der Cheminée-Feuerung bzw. dem Heizeinsatz 3,2 kW/h abgedeckt. In der Mitte der Gebäudehauptachse steht eine Vollziegel-Doppelhohlwand, durch welche die Cheminée-Warmluft geblasen wird (Wandhypokausten-Heizung). Sie grenzt an sämtliche Räume und heizt diese auf.

- Elektrische Installation: Lampenstellen, Schalter, Stecker usw. nach Vorschrift. Telefoninstallation für zwei Tischstationen. Kabelradio und -television. Leerverrohrung. Zur Vermeidung von elektrostatischen Wechselfeldern nicht wie gewohnt ringförmige, sondern sternförmige Raumverteilung. Möglichkeit, einen Netzfreischalter einzubauen.
- Steinspeicher, 80 cm hoch, unter dem Untergeschoß-Fußboden, beschickt mit Wintergarten-Luft.

Ausbau
- Unterlagsböden auf Kork, UG 6 cm, EG 2 cm
- Fenster in Föhrenholz, Iplus-Neutral-Isolierverglasung (k-Wert = 1,1)
- Bodenbeläge Tonplatten unbehandelt
- Schreinerarbeiten
  Küche: Fronten und sichtbare Seiten Föhre massiv
- Die Räume im Untergeschoß wurden nach individuellen Wünschen mit Alga-Gipswänden unterteilt, wobei spätere Änderungen jederzeit möglich sind. Die Wände sind mit Putz oder Tapete versehen.

14 Mit gläsernem Hut

Steckbrief

Objekt:	Einfamilienhaus mit Einliegerwohnung
Standort:	Leinfelden
Architekten:	LOG ID Dieter Schempp, Tübingen; Entwurf: Fred Möllring
Baujahr:	1985
Umbauter Raum:	1009 m³
Nutzfläche:	201 m²

Standort
Wohngebiet in der Stadtmitte.
Der Bebauungsplan läßt nur Flachdach zu. Für die Glashauspyramide wurde eine Sondergenehmigung erteilt.

Gestaltungsziele
Gebäudekonzeption
Der Neubau wurde in eine Baulücke geplant. Die Nachbarhäuser sind als Flachdachbungalows gebaut. Eine Anpassung an die bestehende Bebauung war notwendig.
Das Glashaus ist in das Gebäude gerückt worden, um im Winter eine Verschattung durch die Nachbarhäuser zu vermeiden.
Da die Umgebung nicht sehr attraktiv ist, wurden die Räume zum Glashaus orientiert und mit großen Glaswänden versehen, die zu öffnen sind. Das Haus liegt in der Abflugschneise des Flughafens. Deshalb bot sich neben ökologischen Gründen ein Grasdach zur Schalldämmung an.

Bauart
Keller: Massivbauweise in Beton.
EG: Kalksandstein, Wärmedämmung, hinterlüftete Holzfassade.
Decke als Holzdecke ausgeführt.

Glashaus
Feuerverzinkte Stahlkonstruktion, Verglasung Isolierglas, Pyramide Climaplus-N-Verglasung (k = 1,3). Abluft automatisch gesteuert über Lüftungsklappen.
Bepflanzung subtropisch im Erdreich.
Bewässerungsanlage automatisch über einen Regenwasserspeicher.

Heizungssystem
Passive Nutzung der Warmluft aus dem Gewächshaus durch Öffnen der Faltschiebetüren. Unterstützung durch Ventilatoren, die die Warmluft bei Abwesenheit ins Wohnhaus blasen. Als Zusatzheizung Niedertemperaturwarmwasserheizung.

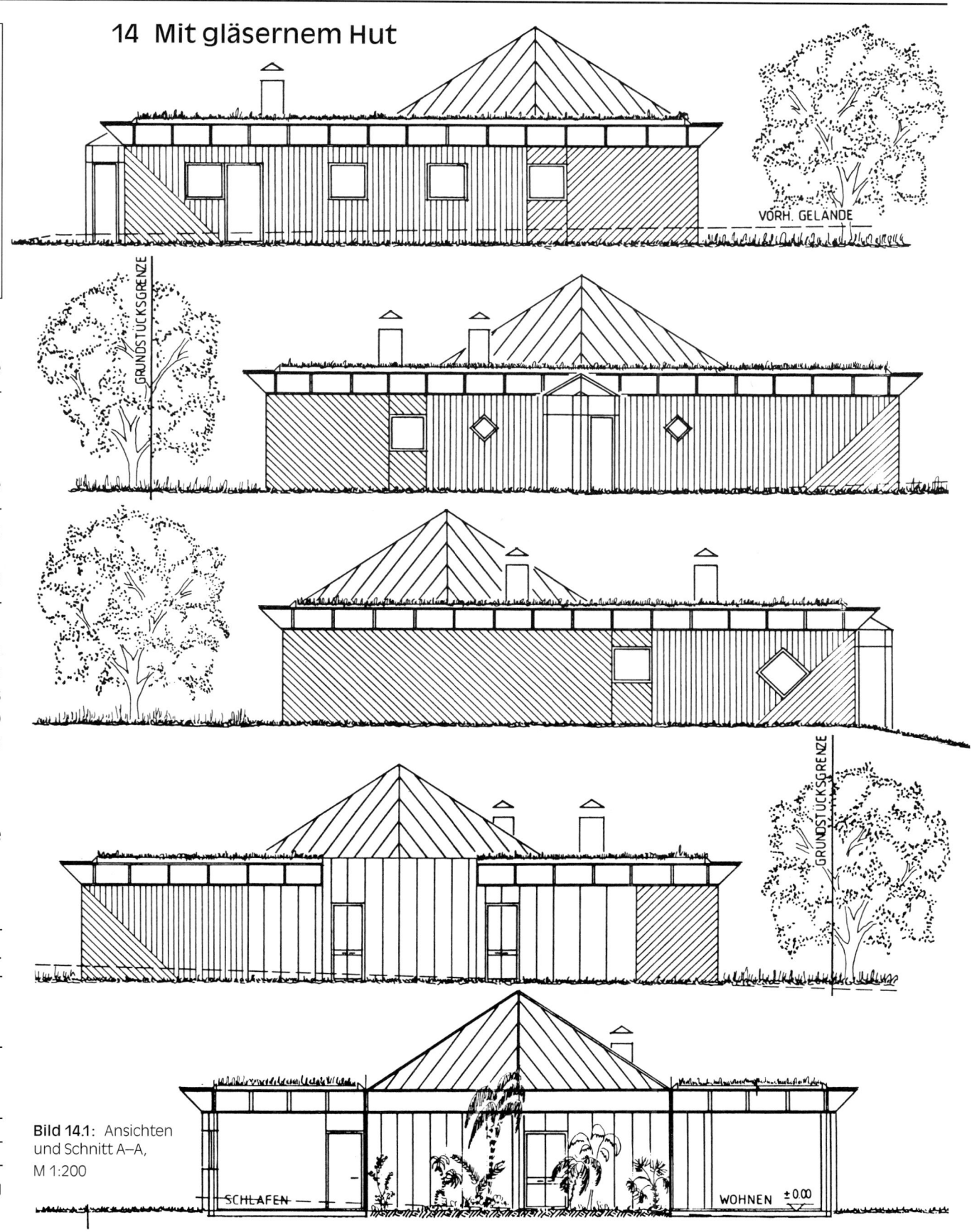

Bild 14.1: Ansichten und Schnitt A–A, M 1:200

Mit gläsernem Hut

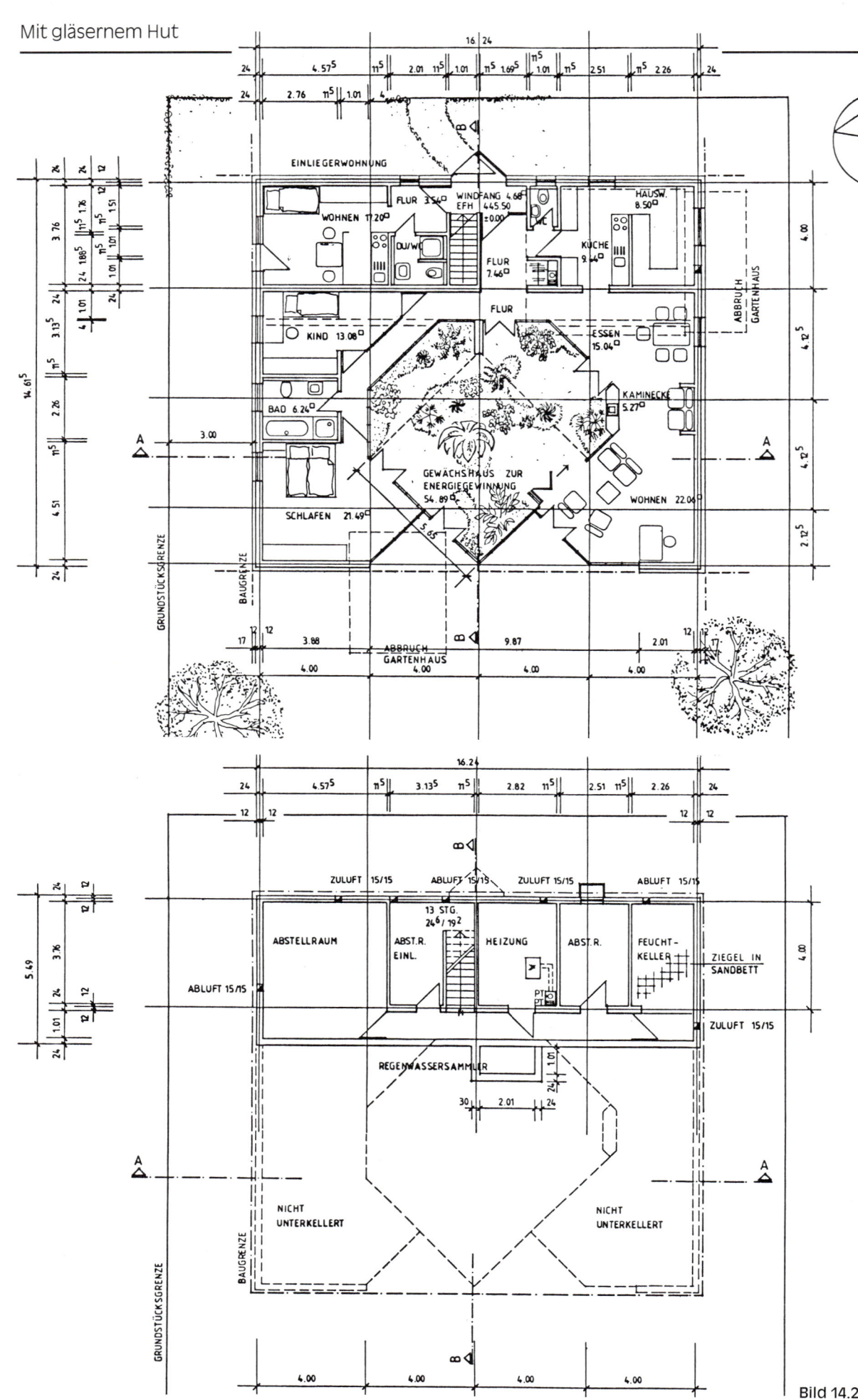

Bild 14.3: Grasdach

Bild 14.4: Lüftungsöffnungen

Bild 14.5: Glashaus mit Glashaube

Bild 14.2: Grundrisse Unter- und Erdgeschoß, M 1:200

Mit gläsernem Hut

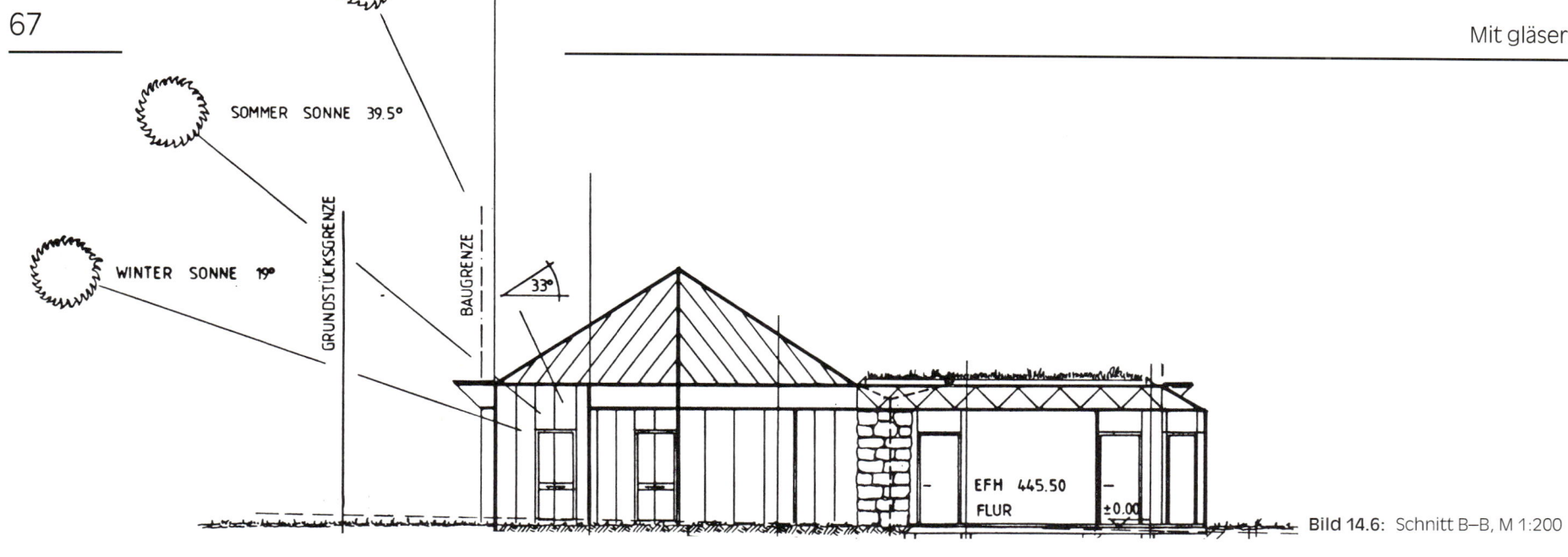

SOMMER SONNE 65°
SOMMER SONNE 39.5°
WINTER SONNE 19°
GRUNDSTÜCKSGRENZE
BAUGRENZE
33°
EFH 445.50
FLUR
±0.00

Bild 14.6: Schnitt B–B, M 1:200

Bild 14.7: Wohnraum zum Wintergarten

Bild 14.8: Schlafbereich

Bild 14.9 Im Grünen wohnen

15 Umbau und Erweiterung

Bild 15.1: Vorher – Konfektionsarchitektur der 60er Jahre

Steckbrief

Objekt:	Winkelbungalow-Umbau
Standort:	Köln
Architekt:	Heiko Keune, Köln
Baujahr:	60er Jahre, Umbau 1987
Baukosten:	DM 300.000

Bild 15.2: Ost-Ansicht, M 1:200

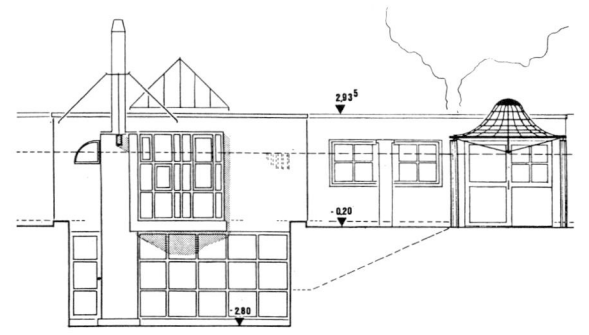

Bild 15.3: West-Ansicht, M 1:200

Bild 15.4: Mit zeitgemäßem Ziegelkleid

Der Winkelbungalow aus den 60er Jahren sollte den Bedürfnissen der neuen Besitzer Rechnung tragen und technisch-architektonisch überarbeitet werden. Dazu waren folgende Maßnahmen erforderlich:

1. An der rechten Seite wurde eine Küche mit Abstellraum angebaut.
2. Vor der neuen Küche entstand ein offener Sitzplatz, der von der Straße durch eine Sichtschutzwand abgetrennt ist.
3. Eine Erweiterung des Kinderzimmers und Abstellräume wurden durch die Umnutzung der Garage gewonnen. Davor wurde ein offener Stellplatz eingerichtet.
4. Der ursprüngliche Hobbyraum im Kellergeschoß wurde in einen Arbeitsraum umgewandelt und über eine interne Wendeltreppe in den erdgeschossigen Wohnbereich einbezogen.
5. Es wurden zusätzliche Belichtungen durch Dachverglasung und Erkerfenster geschaffen.
6. An der Westseite wurde ein zusätzlicher Schornstein für einen geschlossenen Ofen im Erdgeschoß errichtet.
7. Es wurden zusätzliche Wärmedämmaßnahmen an den Außenwänden getroffen, gleichzeitig erhielt das Haus eine neue hinterlüftete Verblendung (2. Schale). In diesem Zug wurde auch die vorhandene umlaufende Holzattika durch eine, die neue Verblendung überdeckende einfache Zinkabkantung ersetzt.
8. An Stelle des Vordachs am Eingang wurde ein neues Glasdach in Sattelform errichtet.

Alle neuen Fenster sind isolierverglast, Fensterprofile in Holz bzw. thermisch getrenntes Aluminium. Verblendung in Klinker oder mit großformatigen (60/60) keramischen Platten in Oberfläche und Farb-

Umbau und Erweiterung

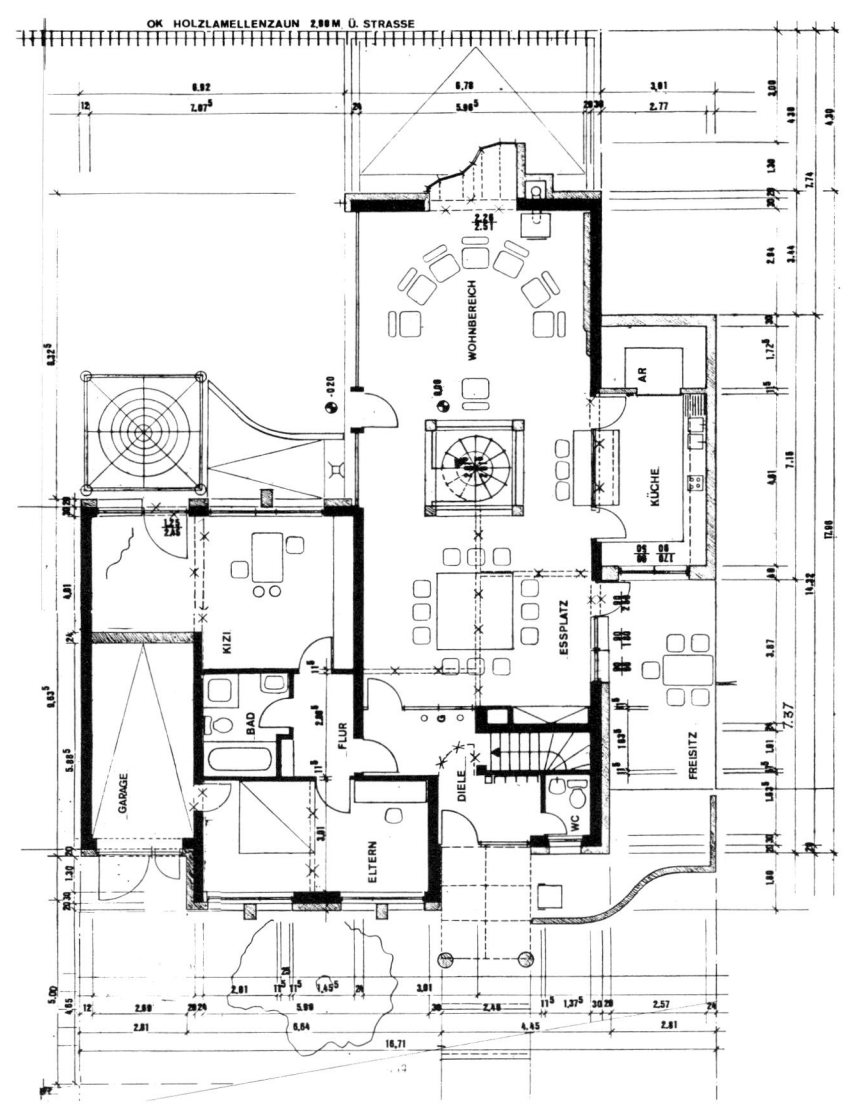

Bild 15.5: Grundriß, M 1:200

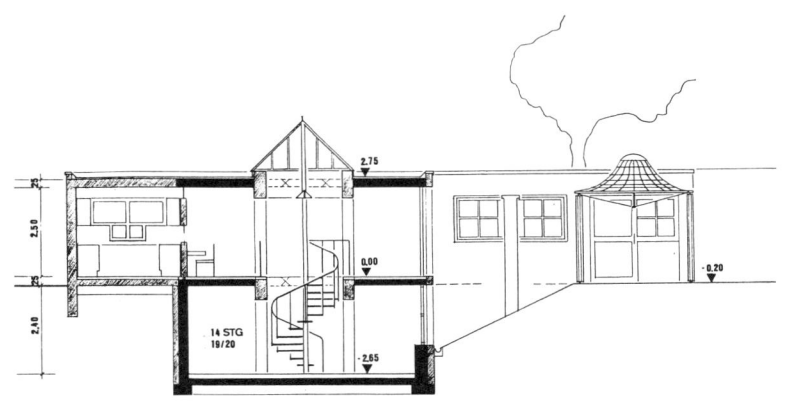

Bild 15.6: Schnitt, M 1:200

Bild 15.7: Detail Vordach

ton des Klinkers. Im neuen Arbeitsraum im Untergeschoß wurde eine Fußbodenheizung installiert.
Die neue Außenschale wurde dazu benutzt, den vorgefundenen Baukörper und die Fassaden der sechziger Jahre architektonisch zu korrigieren.

Bild 15.8: Zentrum mit Oberlicht

16 Sokrates' Spuren

Bild 16.1: Teil der Ostfassade

Bild 16.2: Verglaster Gang zum Bad

Bild 16.4: Der Anbau paßt sich wie selbstverständlich an den Altbau an
Bild 16.3: Eingang zum Büro

Steckbrief

Objekt:	Umbau eines Bauernhauses zu einem Wohnhaus mit Atelier
Standort:	Castellina Marittima/ Toskana
Architekten:	Peter Stürzebecher, Berlin/ München, mit Karin und Jonas Merkl, Castellina Marittima

Castellina Marittima ist ein kleines toskanisches Bergdorf, das ungefähr 30 Kilometer landeinwärts von Cecina, dem Industriehafen an der Westküste Italiens südlich von Livorno, liegt.

Von dem kleinen Ort aus kann man aus achthundert Metern Höhe weit bis nach Pisa im Norden oder bis nach Elba am Horizont des Meeres blicken. Die Geschichte verbindet mit der *Maremma* die Landschaft, die dort als Sumpfgebiet bekannt war und in einer grandiosen Anstrengung trockengelegt wurde, um danach als ertragreiches landwirtschaftliches Gebiet für Prosperität zu sorgen.

Die Nähe zu Pisa, Florenz, Siena, Volterra oder San Gimignano einerseits und zu den Industriezentren Livorno, Genua und Cecina andererseits waren Anlaß für eine Familie mit drei Kindern, dort mit Lust am Außergewöhnlichen und vertrauend auf eine berufliche Perspektive sich anzusiedeln.

Das einfache Bauernhaus, den kalten Winden des Tramontana in der einen Jahreshälfte und der heißen Sonne und dem Meerwind in der anderen Jahreshälfte ausgesetzt, war Ausgangspunkt des Experimentes. Mit architektonischer Beratung und mit dem außergewöhnlichen handwerklichen Anspruch und Geschick der Bauleute (Malerin und Fotograf) wurde die Casa vecchia zur vielseitig nutzbaren Unterkunft.

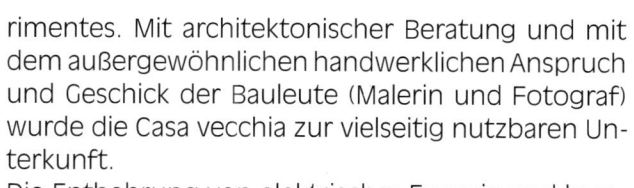

Die Entbehrung von elektrischer Energie und kommunaler Wasserversorgung verwandelte das steinige und verkarstete (von den dort ansässigen Bauern verlassene) Grundstück zum Versuchsfeld.

Die Windkraftanlage, entsprechend dem alten

Bild 16.5: Toskana, bodenständig . . .

Bild 16.6 bis 16.11: Eingänge, Ausgänge, Durchgänge

Bild 16.7

Bild 16.8

Bild 16.9

Bild 16.10

Bild 16.11

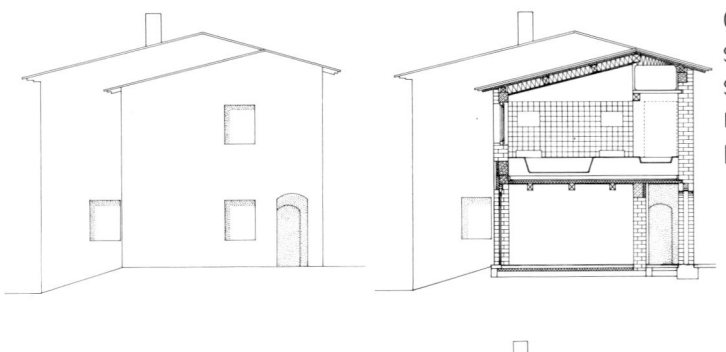

Grundprinzip der Windmühle, wurde mit einfachsten Mitteln dort erstellt: Studenten der Technischen Universität Berlin aus verschiedenen Fachbereichen, dazu der technisch ambitionierte und kompetente Bauherr und der Architekt ließen einen Prototyp entstehen, der sich hauptsächlich aus dem zusammensetzte, was der Autoschrottplatz und speziell ein DAF-Fahrzeug mit Hinterachse, Lichtmaschine und Getriebe hergaben. Der Stahlrohrmast, zwölf Meter hoch, mit Wartungsplattform und an

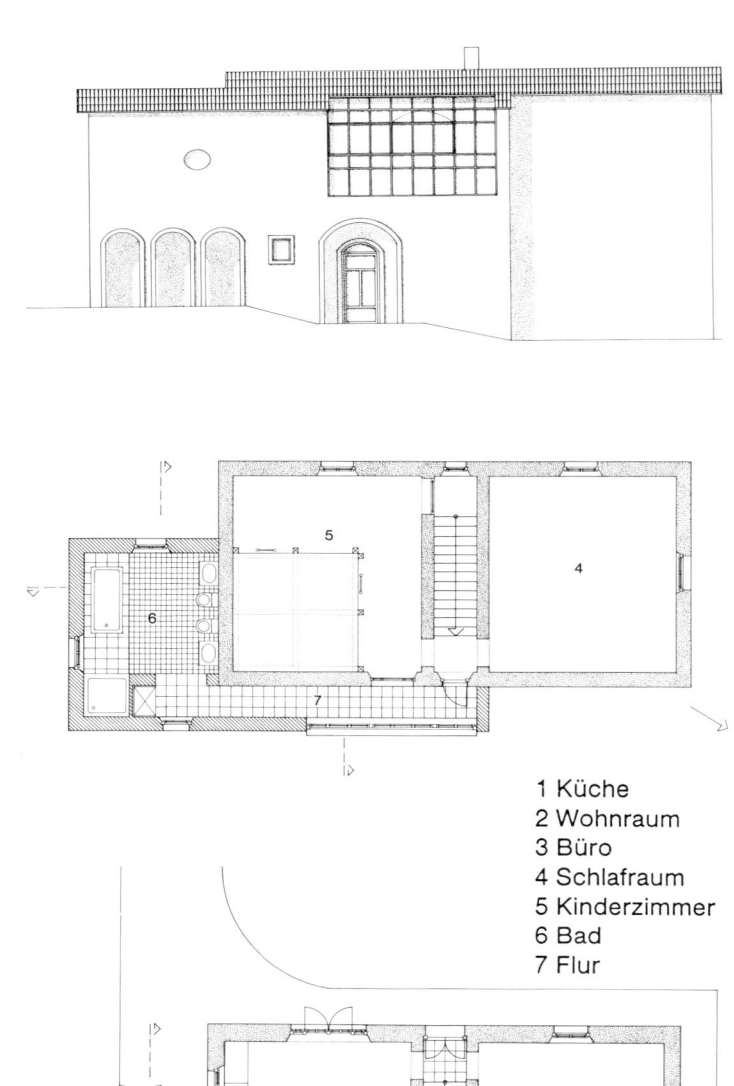

1 Küche
2 Wohnraum
3 Büro
4 Schlafraum
5 Kinderzimmer
6 Bad
7 Flur

Bild 16.12: Süd-Ansicht, Querschnitt, Ost-Ansicht, Grundrisse Ober- und Erdgeschoß, M 1:200

Bild 16.13: Isometrische Darstellung des Gesamtprojekts, M 1:200. Das Glashaus wirkt als wind- und regendichtes, wärmesammelndes Außenhaus über dem Kernhaus (massive Lehm-Tuffstein-Konstruktion). Zwischen Kernhaus und Außenhaus das *Grünhaus* zur Abkühlung im Sommer.

Stahlseilen im Boden verankert, trägt nunmehr das farbig lackierte Kleinkraftwerk. Inzwischen führten dieses anfängliche Experiment, sein Erfolg sowie seine Mißerfolge zum Aufbau einer Firma, die nun in Berlin die modernen Technologien der Bereiche Luftfahrzeugbau, Maschinenbau und Elektronik einsetzt, um Windkraftanlagen in kleiner Serie bis zu 7,5 kW Leistung herzustellen. Der Firmenname *SÜDWIND* erinnert noch an das einstige Versuchsgelände.

Die pionierhafte Unternehmung erhält ihre eigentliche Begründung aus dem Bau eines neuen Gebäudes, dessen wichtigste Ziele die berufliche Existenzsicherung (Atelier für Industriefotografie und Maleratelier) und die räumliche Entfaltung der Landwirtschaft und der fünfköpfigen Familie darstellen.

Die Entwicklung einer neuartigen Solar-Architektur wurde angesichts der klimatischen (Wärme)- und topografischen (Wind)verhältnisse und des Mangels an kommunaler Versorgung zur Herausforderung. Mit dem Neubau sollte in der Kombination von

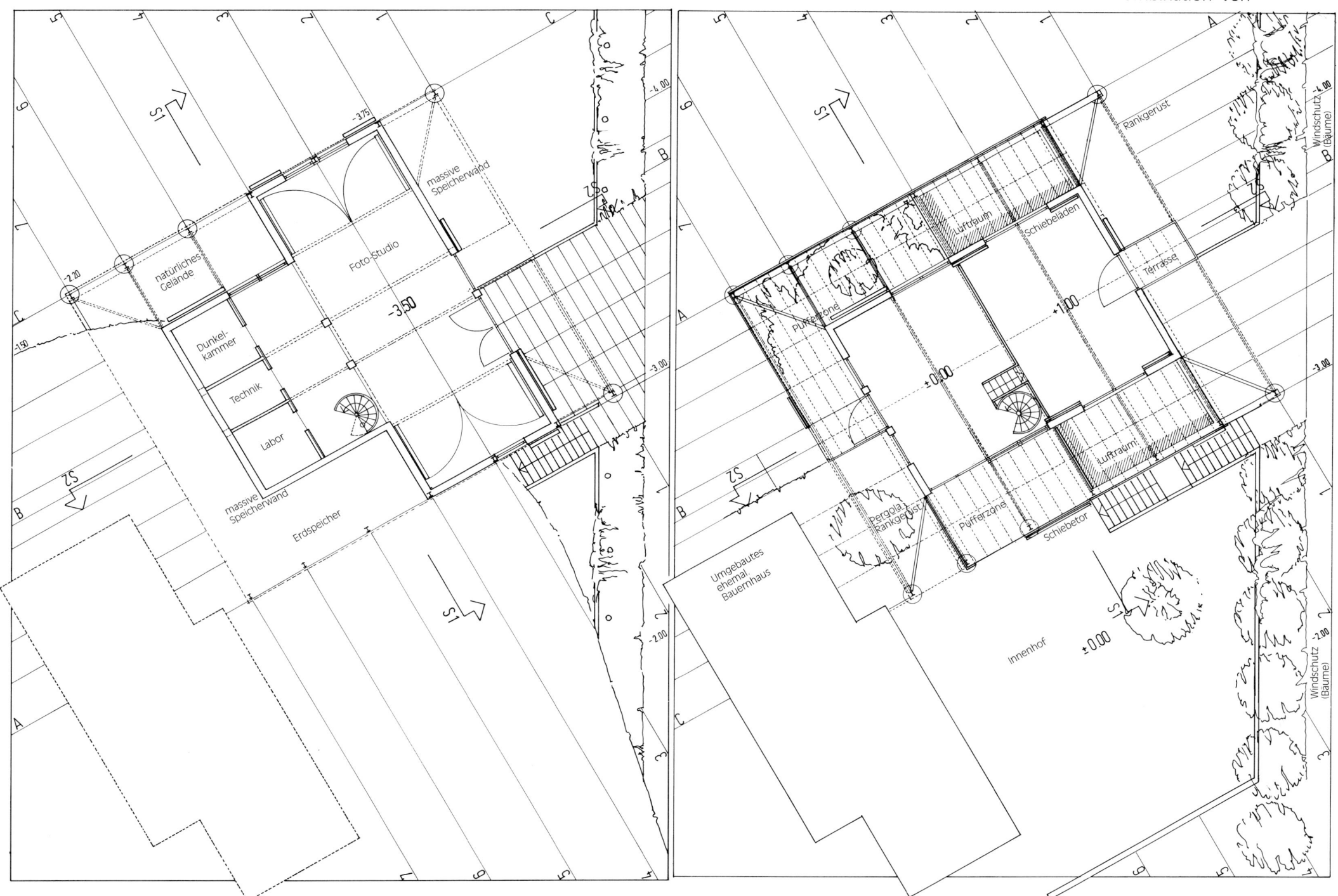

Bild 16.14: Grundriß Untergeschoß *Haus im Haus*, M 1:200

Bild 16.15: Grundriß Erdgeschoß, M 1:200

Bild 16.16: Ost-Ansicht des Glashausgebäudes

Bild 16.17: Querschnitt, M 1:200

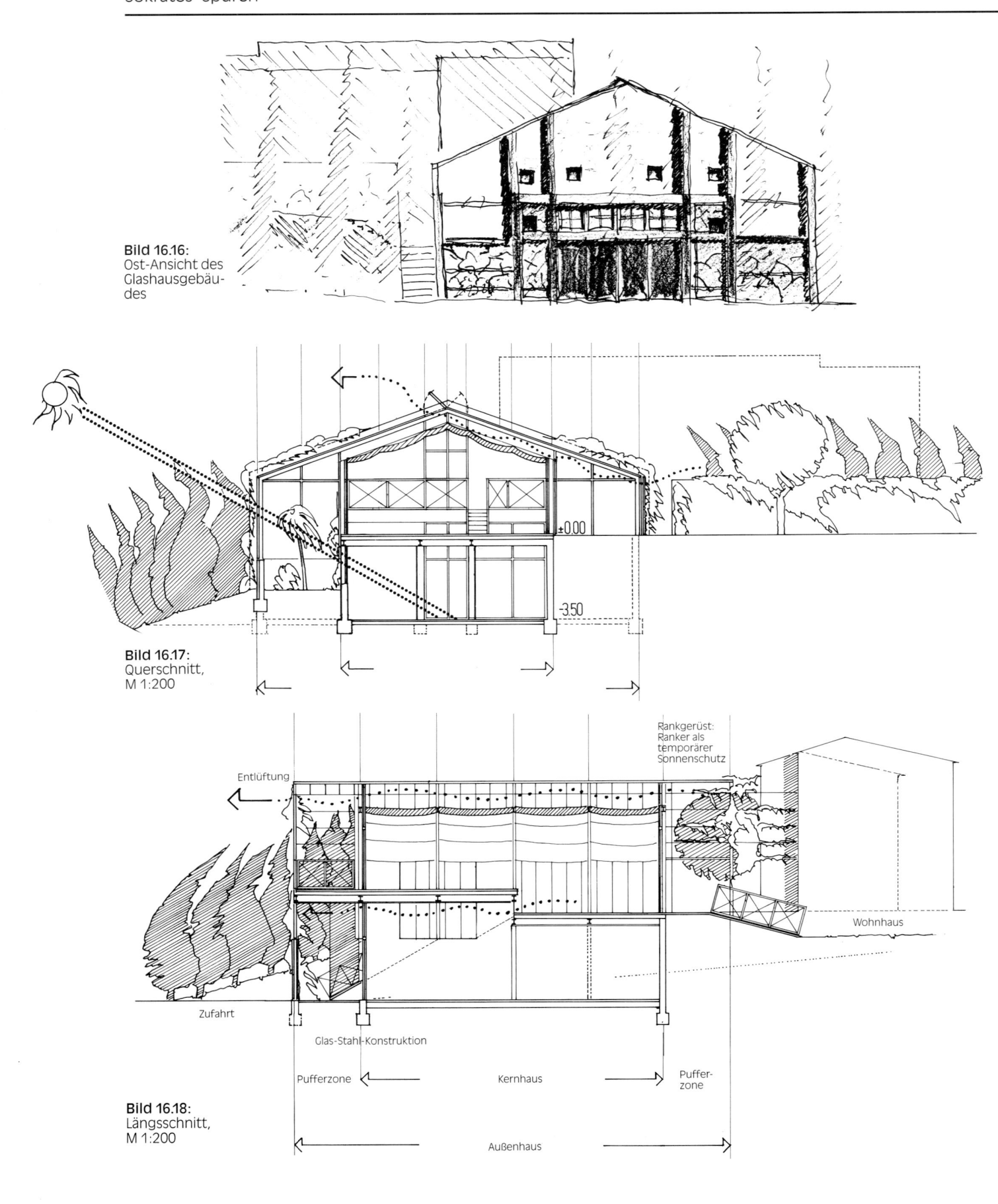

Bild 16.18: Längsschnitt, M 1:200

Hausorganisation und Solarsystem, von innerer Gliederung und technisch minimaler Ausstattung drei Anforderungen entsprochen werden:

1. Nutzung oder Einschränkung der Sonnenenergie,
2. Umsetzung in eine energiesparende (und sich daraus begründende) Architektur, auf unterschiedliche Weise technisch und ästhetisch innovativ,
3. Auswirkung auf Wohnqualität und -nutzung.

Für den Architekten scheint der Versuch neuen architektonischen Denkens tatsächlich sehr hoch gegriffen, wenn man ihn auch noch überlagert mit den abenteuerlich knappen Finanzmitteln der Bauleute.

Lehmhaus, Glashaus, Grünhaus

An viele alte, noch wirksame oder in Vergessenheit geratene Praktiken erinnernd, doch auch in Bezug gesetzt zu UNGERS' *Haus-im-Haus-Konzept* für Landstuhl im Pfälzer Wald, entstand die eigentlich einfache Bauidee:
Über ein massives Lehmhaus werden zwei Raumzonen gestülpt: das Glashaus als Pufferzone und darüber das Grünhaus, das weitgehend aus Kletterpflanzen gebildet wird.
Das Lehmhaus speichert Wärme im Winter oder Kühle im Sommer. Lehm, der Temperaturen nur zögernd leitet, kühlt (im Sommer) am Tage und wärmt nachts. Das Glashaus wirkt wie eine Veranda, wie der uns vertraute Wintergarten oder die nordamerikanische *porch* als Klimapuffer. Das Grünhaus aus pergolaartiger und schattenspendender Berankung im Sommer ist im Winter weitgehend wirkungslos, dann, wenn die Sonneneinstrahlung erwünscht ist. Als Schutz gegen Wind und Wetter von Nordosten wird das Gebäude durch eine massive haushohe Wand abgeschlossen.

Bau & Selbstbau, kooperatives Bauen und Hochschullabor

Im Frühjahr 1983 war die mit den damaligen Studenten der TU Berlin entwickelte Windkraftmaschine betriebsbereit. Ab Sommer 1983, nachdem das einfache Bauernhaus als Wohnhaus und Arbeitsplatz umgeplant, umgebaut und erweitert (Anbau für

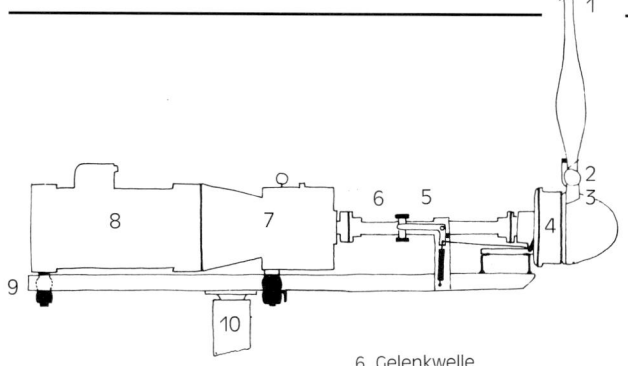

1 Rotorblatt
2 Schlaggelenk mit Feder
3 Stahlnabe mit Flügellagerung
4 Trommelbremse
5 Sicherheitssystem
6 Gelenkwelle
7 zweistufiges Stirnradgetriebe
8 bürstenloser Drehstromgenerator
9 Maschinenträger
10 Turmlager

Bild 16.19: Schemaschnitt der Windkraftanlage

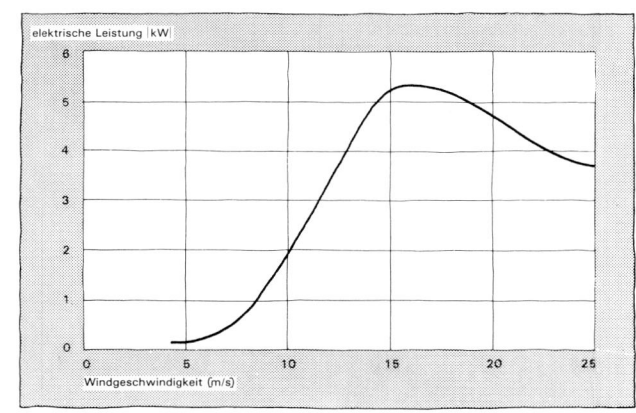

Bild 16.20: Leistungskennlinie

Bad und Werkstatt) war, konnte mit dem Neubau, dem *Haus im Haus* begonnen werden.

Ein großes Gewächshaus, fünfzehn Meter Spannweite und vierzig Meter Länge, feuerverzinkt und sechs Jahre alt, das der Bundesgartenschau 1985 Berlin weichen mußte, wurde von Studenten der Hochschule für bildende Künste in Hamburg innerhalb einer Woche demontiert, verpackt und verladen. Das Gewächshaus, inzwischen auf dem Baugelände in Italien, ist Ausgangspunkt für die Planung und gleichzeitig finanzieller Rettungsanker für das Vorhaben.

Im Kontrast zum Bild des Nordeuropäers über das toskanische Leben des Dolcefarniente begann im Sommer 1983 die eigentliche Bauarbeit: ein eingeschossiges Haus als Magazin und Arbeitshaus aus Feldsteinen, Ziegeln und Restmaterialien wurde so-

Bild 16.21: Das in Berlin nutzlos gewordene Glashaus wurde von Studenten der Hochschule der Künste, Hamburg, demontiert, verpackt und nach Italien transportiert, um dort wieder aufgebaut zu werden.

zusagen als *Einstand* von Studenten, Praktikanten der Fachhochschule Rosenheim gebaut. Der damals dort wohnende ortsansässige Kleinbauer, Handwerker und Maurer leitete an und übernahm die anfänglich schwierigeren handwerklichen Arbeiten.

Das große Haus wurde zur gleichen Zeit von den Studenten der Hochschule begonnen, diesmal als *kooperative Bauarbeit,* also mit den Bauleuten unter Anleitung des Architekten. Unter den Bedingungen der Praktikantenausbildung ging es auch noch darum, durch Transparenz Information und durch Mitentscheidung Motivation herzustellen.

Das Bauen wird noch lange nicht abgeschlossen sein. Die Prozedur der Erteilung der Baugenehmigung im erdbebengefährdeten Gebiet verlängert den Zeitrahmen, doch auch die elementaren Existenzzwänge der Bauleute, die zu Unterbrechungen der Bauarbeit immer wieder führen, machen aus dem Projekt das, was man als *ständige Baustelle* bezeichnet.

Es ist nicht das legendäre Sonnenhaus des Sokrates, das mit seinem Pultdach die steilen Strahlen der Sommersonne abschirmt, die flachen Strahlen der Wintersonne hingegen tief einläßt. Ist das Haus des Sokrates – so MANFRED SACK – nicht ein überaus deutlicher Wink dafür, daß die Zukunft des energiesparenden Bauens wohl weniger im Unerforschten als im Vergessenen liegt?

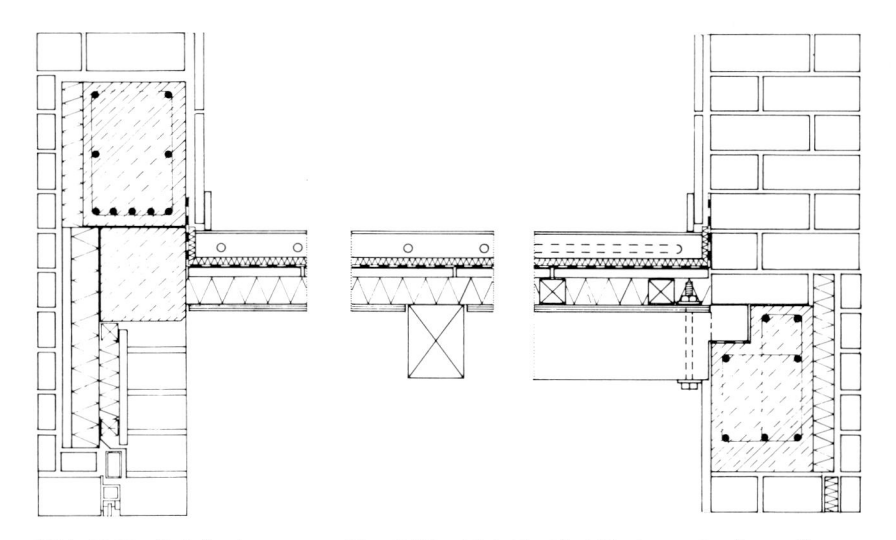

Bild 16.22: Details der neuen Wandhülle, M 1:20. Die Wände wurden saniert, gedämmt und vorgemauert.
Geschoßweise Stahlbetonringanker 270/400 mm,
Sichtmauerwerk aus Mauerziegeln
im traditionellen Großformat, innen teilweise gefliest,
Natursteinmauer des Altbaus sichtbar belassen,
Öffnungen der Türen, Fenster und im Arkadengang
in traditioneller Wölbetechnik.

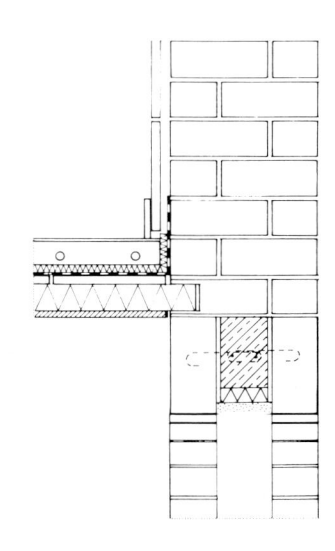

Deckenaufbau:
Fliesen (Großformat) im Mörtelbett
Kupferrohre für Fußbodenheizung im Estrich 70 mm,
Warmwasser über Sonnenkollektoren
oder Windkraft-Anlage
Trittschalldämmung 20 mm
doppellagige Dichtungsbahn und Kalt-Bitumen-Anstrich
Hohlziegel 30 mm
Nebenträger 70/70 mm
zwischenliegende Wärmedämmung 70 mm
Hauptträger 150/200 mm,
mit zwischenliegender Schalung 24 mm

17 Am Hang

Bild 17.1: Nordwest-Ansicht

Bild 17.2: Süd-Ansicht

Steckbrief

Objekt:	Einfamilienhaus mit Einliegerwohnung
Standort:	Heubach-Lautern
Architekten:	MERZ + MERZ, Aalen
Ingenieur:	KONRAD SAUR, Aalen
Baujahr:	1986
Umbauter Raum:	1010 m³
Nutzfläche:	165 m²
Baukosten:	DM 370.000

Das Einfamilienwohnhaus mit Einliegerwohnung steht auf einem am Hang (Westhang) gelegenen Baugrundstück.

Die Holzskelettkonstruktion aus resorcinharzverleimten Brettschichtträgern wurde auf ein massives Kellergeschoß gestellt.

Die Außenwände im Osten (hangseitig) wurden bis Unterkante Träger massiv ausgeführt (Poroton-Leichtbauziegel 30 cm).

Die Wände nach Süden und Westen sind zum Teil als Holzleichtbauwände, zum Teil als großflächige Glaskonstruktion gebaut.

Das Raumprogramm beinhaltet im Erdgeschoß (Eingangsgeschoß) zum Teil die Einliegerwohnung, zum anderen Teil die Hauptwohnung mit Diele, Gäste-WC, Koch- und Eßbereich sowie den 50 cm hoch versetzten Wohnbereich.

Im 1. Obergeschoß befinden sich 2 Kinderzimmer, 1 Schlafraum sowie ein großzügiges Badezimmer, ebenfalls ein Arbeitsplatz im Galeriebereich für den Bauherrn.

Im Kernbereich des Hauses steht ein massiver Kachelofen, der vor allem in der Übergangszeit ein angenehmes Raumklima im ganzen Haus ergibt.

Die nach Südwest ausgerichteten Wohnräume erhalten durch die großflächige Verglasung und Schrägverglasung eine stets optimale Beleuchtung zu allen Jahreszeiten.

Die Trennwände im Innenbereich sind zur Einliegerwohnung massiv gemauert, ansonsten als Leichtbautrennwände ausgeführt.

Die tragende Konstruktion der Wintergärten wurde in die Skelettkonstruktion mit eingebaut und damit auch mit lamellenverleimten Hölzern ausgeführt.

Anschlüsse und Abdeckungen erhielten Aluminium-Klemmprofile (Fabrikat Gutmann).

Die Verglasung erfolgte in Wärmeschutzglas (Thermoplusglas) mit der in der Schräge notwendigen ESG- bzw. VSG-Verglasung.

Die Glaselemente wurden in der Schräge und an der Seite mit normalen Fensterrahmenprofilen, 68 mm stark, gefertigt.

Das Holz wurde zweimal tauchimprägniert und danach zweimal vom Maler offenporig mit einer Holzschutzlasur (Kieferpigmentur) behandelt.

Innenseitig zweimal Naturtauchimprägnierung mit einmaligem offenporigem Anstrich.

Bild 17.3: Wintergarten auf der Südseite

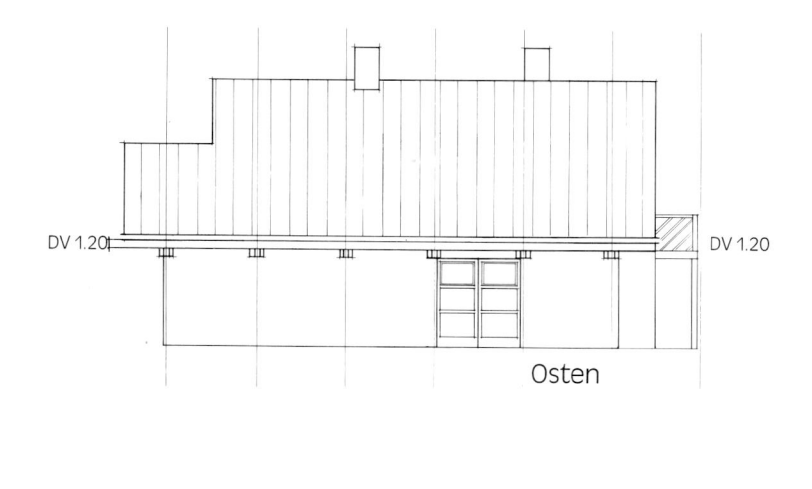

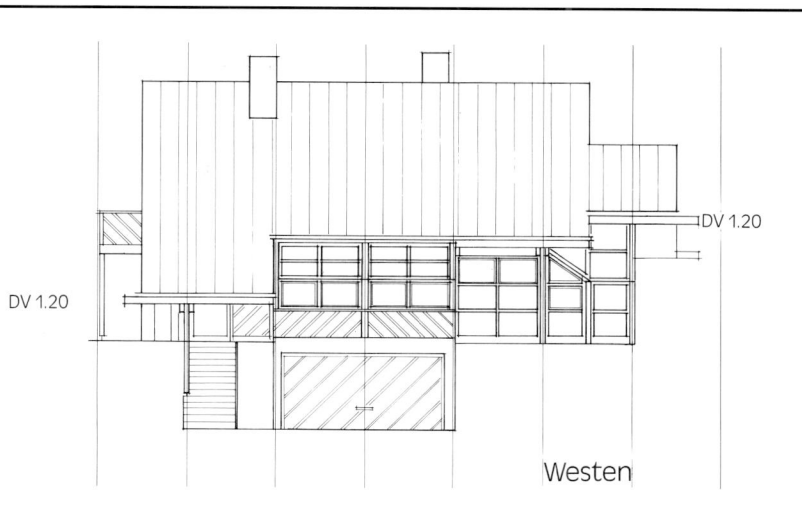

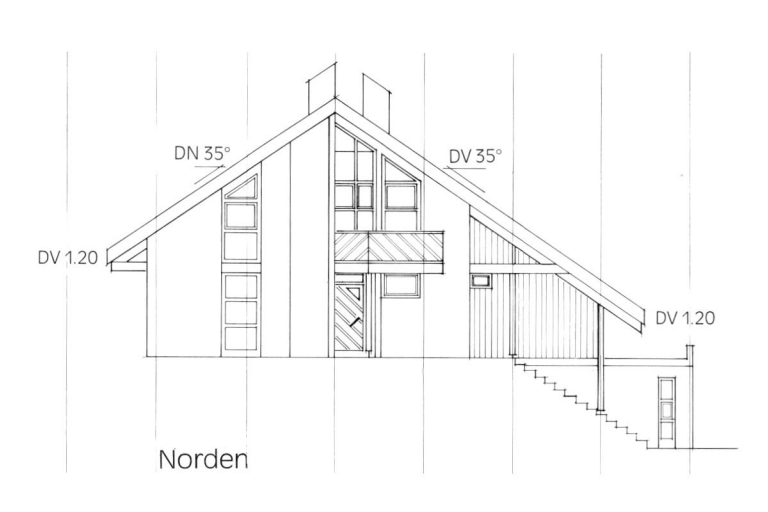

Bild 17.4: Ansichten, M 1:200

Bild 17.5: Offenes Wohnen

Bild 17.6: Zentraler Kachelofen

Bild 17.7: Holz-Glas-Trennwand mit Tür

Am Hang

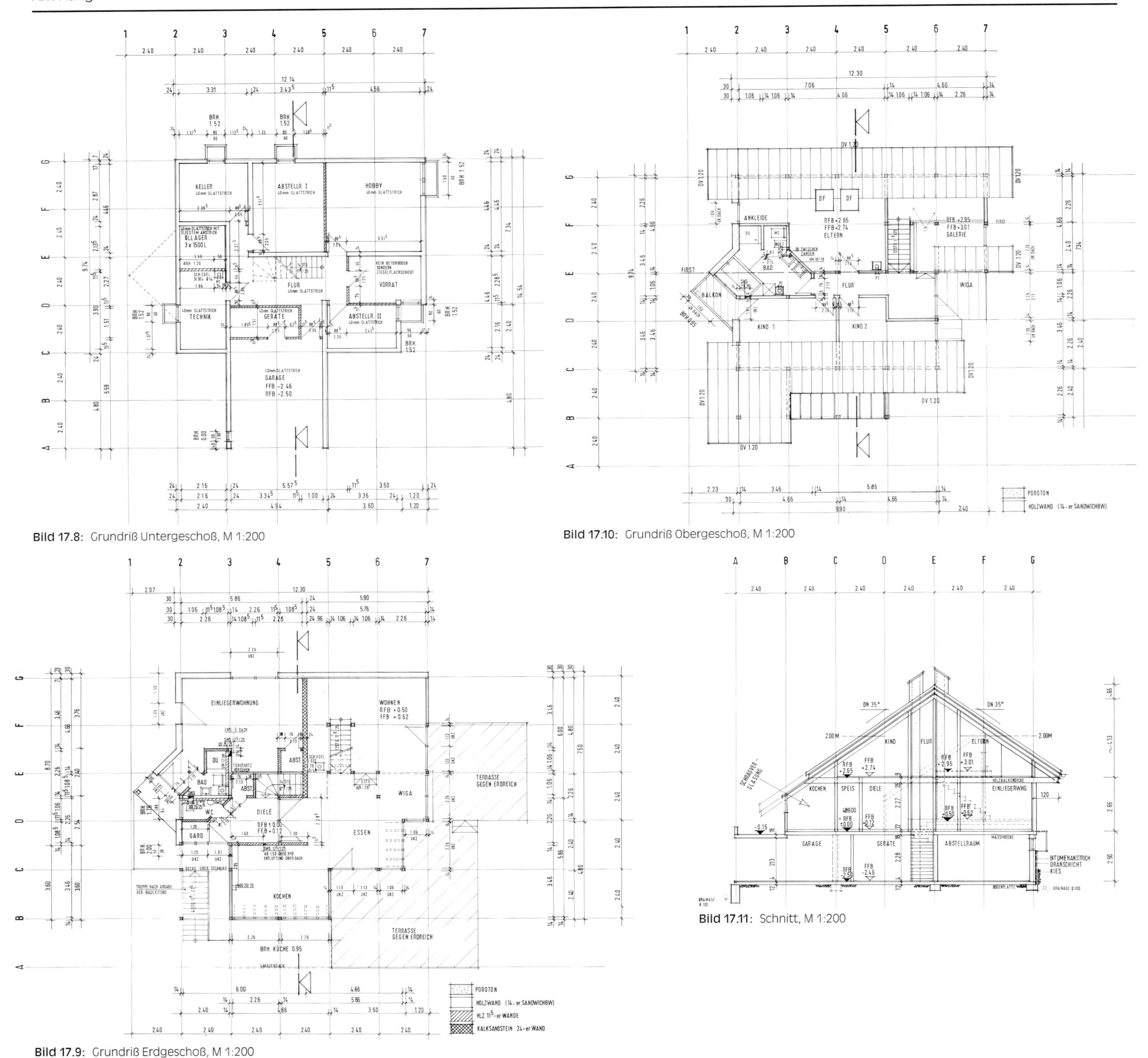

Bild 17.8: Grundriß Untergeschoß, M 1:200

Bild 17.9: Grundriß Erdgeschoß, M 1:200

Bild 17.10: Grundriß Obergeschoß, M 1:200

Bild 17.11: Schnitt, M 1:200

18 Prägnanter Wintergarten

Bild 18.1: Gartenseite

Bild 18.2: Wintergarten in Holz-Glas-Konstruktion

Bild 18.3: Wohnraum mit Blick zum Wintergarten

Bild 18.4: Ansichten, M 1:200

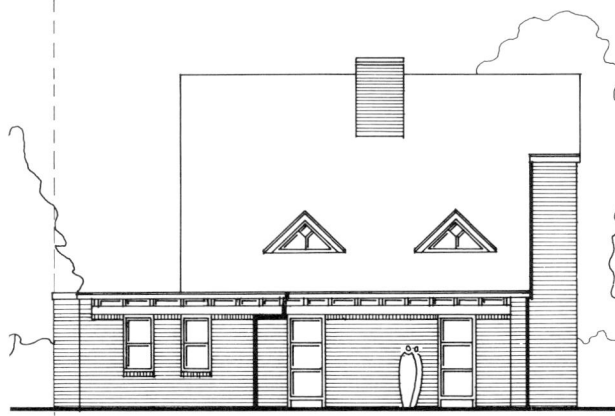

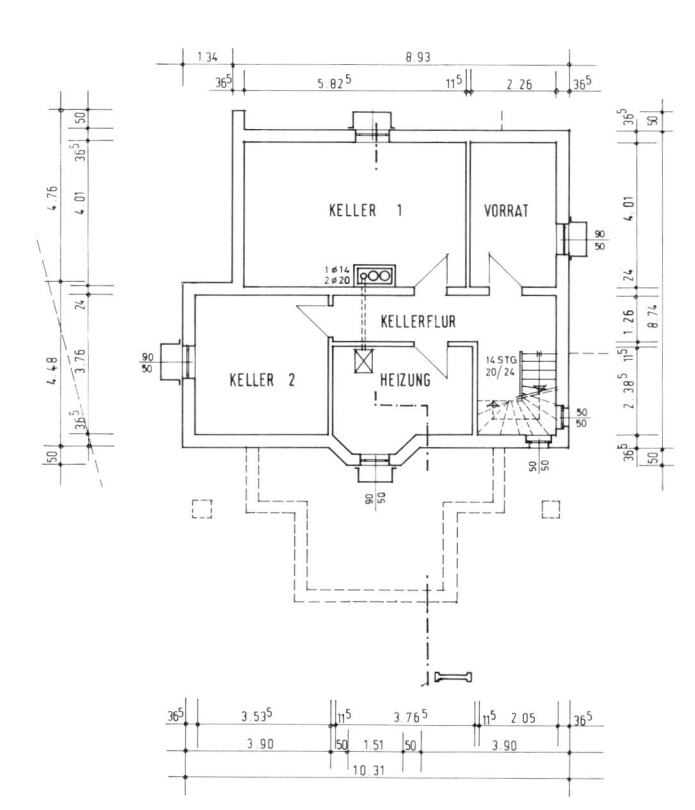

Bild 18.5: Grundriß Kellergeschoß, M 1:200

Bild 18.6: Grundriß Erdgeschoß, M 1:200

Bild 18.7: Grundriß Obergeschoß, M 1:200

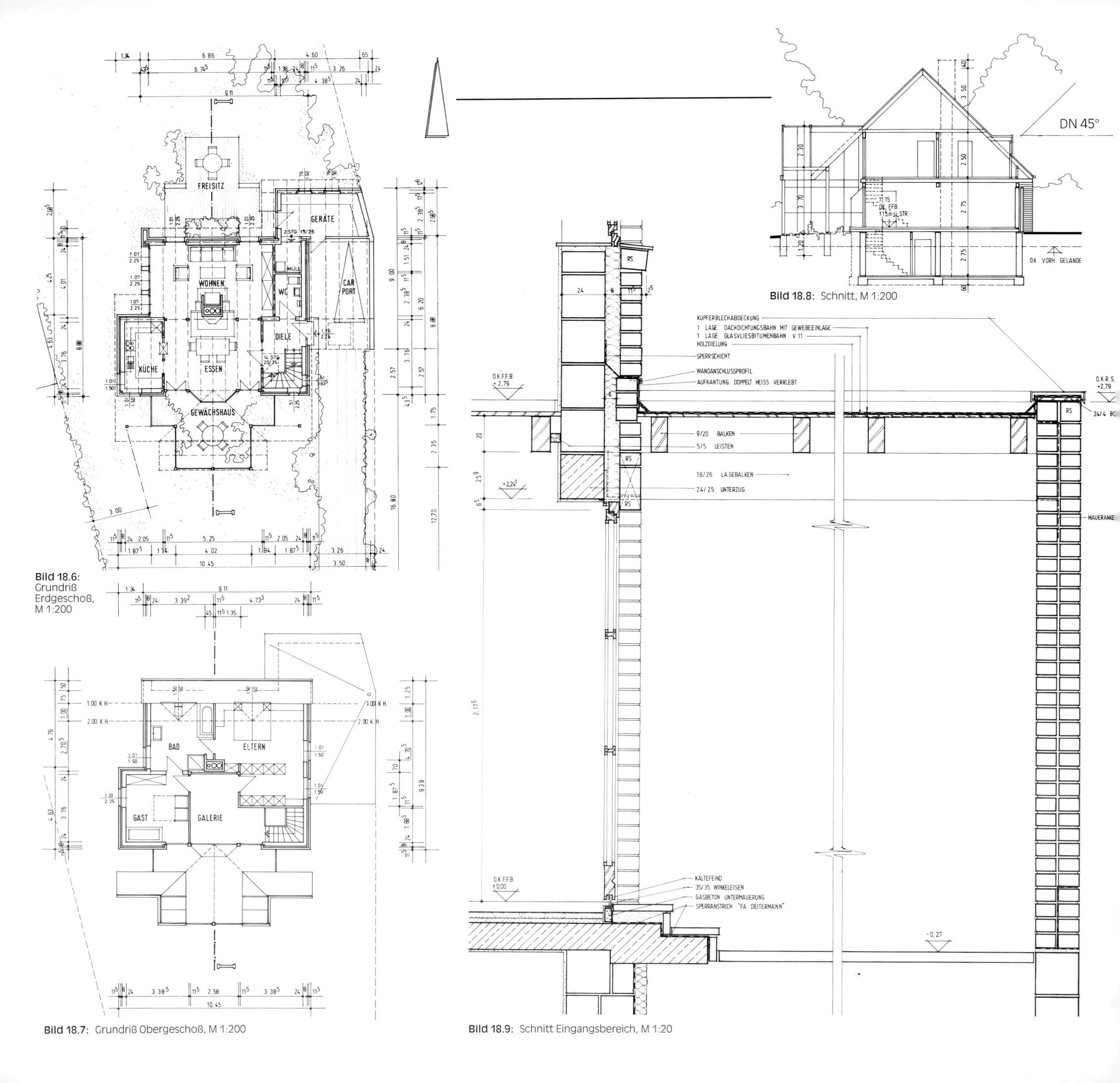

Bild 18.8: Schnitt, M 1:200

Bild 18.9: Schnitt Eingangsbereich, M 1:20

Bild 18.10: Detail Ortgang, M 1:10

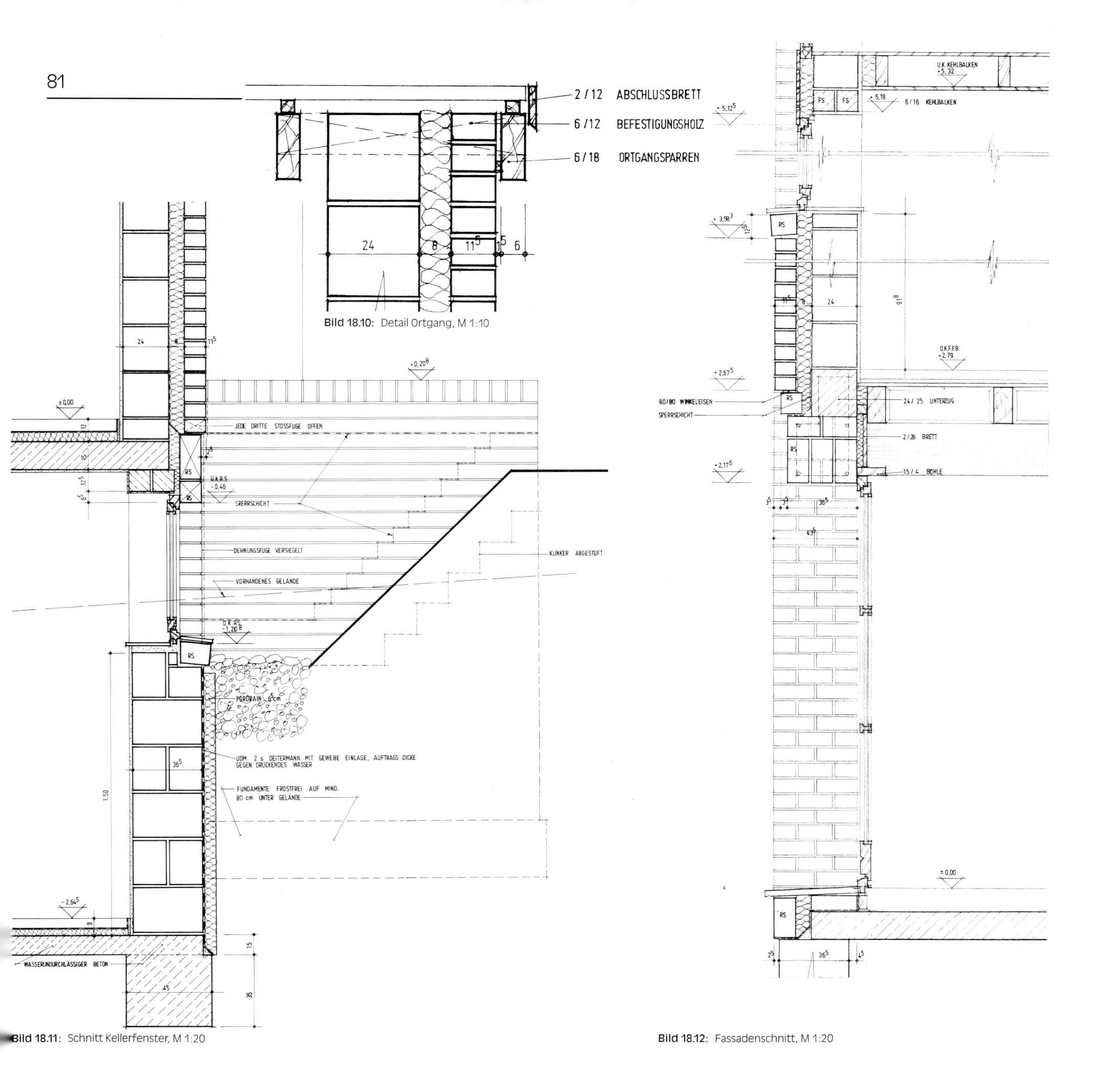

- 2/12 ABSCHLUSSBRETT
- 6/12 BEFESTIGUNGSHOLZ
- 6/18 ORTGANGSPARREN

Bild 18.11: Schnitt Kellerfenster, M 1:20

Bild 18.12: Fassadenschnitt, M 1:20

Steckbrief

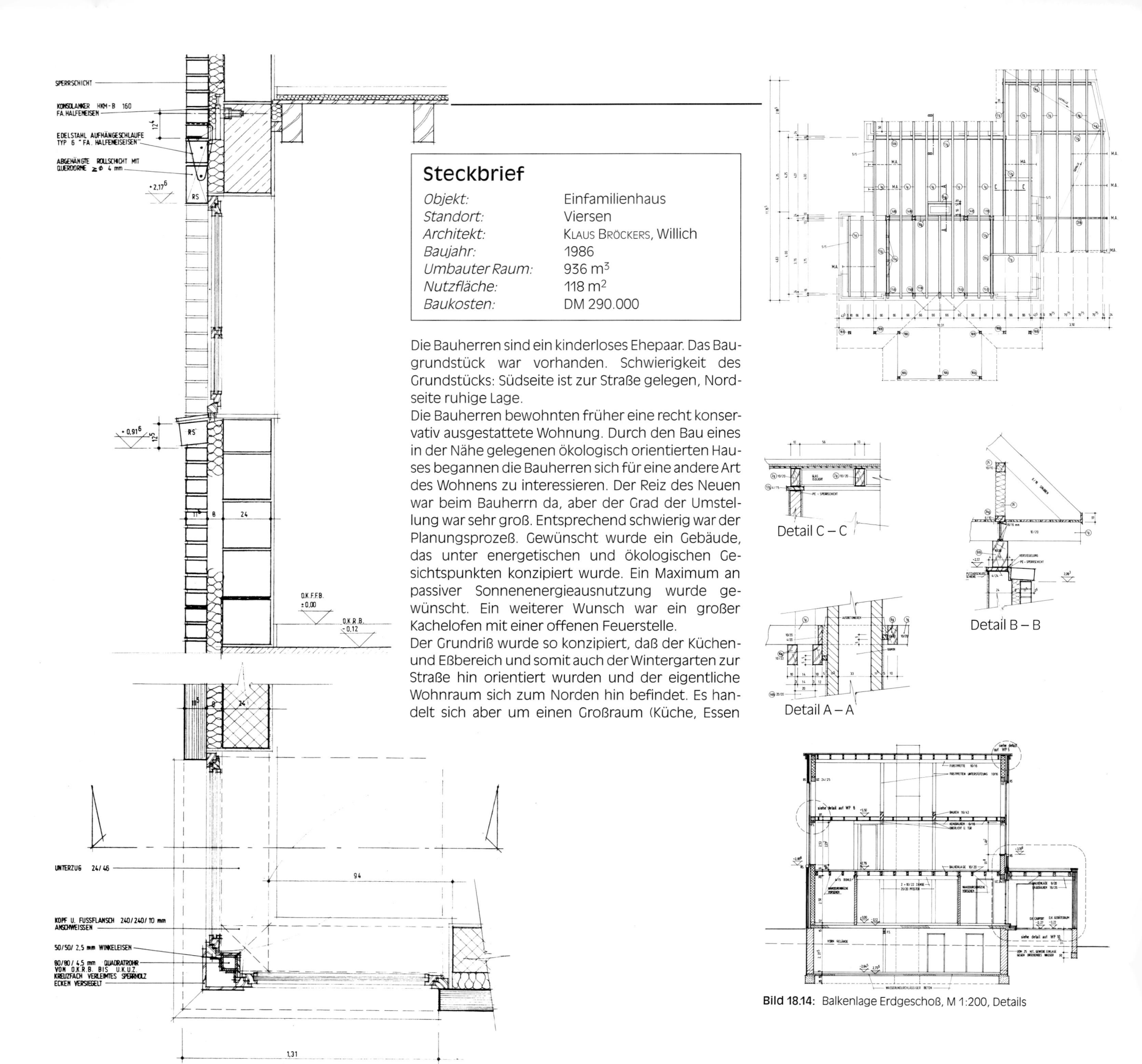

Objekt: Einfamilienhaus
Standort: Viersen
Architekt: Klaus Bröckers, Willich
Baujahr: 1986
Umbauter Raum: 936 m³
Nutzfläche: 118 m²
Baukosten: DM 290.000

Die Bauherren sind ein kinderloses Ehepaar. Das Baugrundstück war vorhanden. Schwierigkeit des Grundstücks: Südseite ist zur Straße gelegen, Nordseite ruhige Lage.

Die Bauherren bewohnten früher eine recht konservativ ausgestattete Wohnung. Durch den Bau eines in der Nähe gelegenen ökologisch orientierten Hauses begannen die Bauherren sich für eine andere Art des Wohnens zu interessieren. Der Reiz des Neuen war beim Bauherrn da, aber der Grad der Umstellung war sehr groß. Entsprechend schwierig war der Planungsprozeß. Gewünscht wurde ein Gebäude, das unter energetischen und ökologischen Gesichtspunkten konzipiert wurde. Ein Maximum an passiver Sonnenenergieausnutzung wurde gewünscht. Ein weiterer Wunsch war ein großer Kachelofen mit einer offenen Feuerstelle.

Der Grundriß wurde so konzipiert, daß der Küchen- und Eßbereich und somit auch der Wintergarten zur Straße hin orientiert wurden und der eigentliche Wohnraum sich zum Norden hin befindet. Es handelt sich aber um einen Großraum (Küche, Essen

Bild 18.13: Detail Eckfenster, M 1:20

Bild 18.14: Balkenlage Erdgeschoß, M 1:200, Details

und Wohnen sind lediglich durch eine kleine Brüstung voneinander getrennt), der einen großen Kachelofen zum Mittelpunkt hat mit zum Wohnzimmer hin orientiertem offenen Kamin.

Im Dachgeschoß befinden sich lediglich ein Schlafzimmer und ein Gästezimmer, die jeweils Zugang haben zu dem Bad. Mitten im Bad ist die Dusche, die zeichnerisch in den Plänen nicht erfaßt ist. Das Treppenhaus wurde nicht in den Wohnraum integriert, sondern befindet sich im Dielenbereich und endet oben in einem großen Flur, der wiederum zum Wintergarten hin orientiert ist.

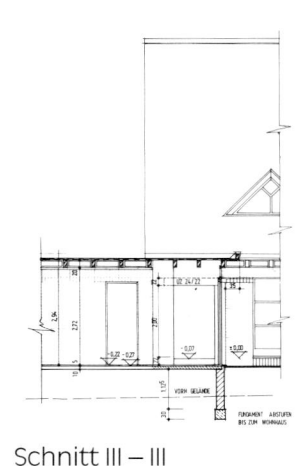

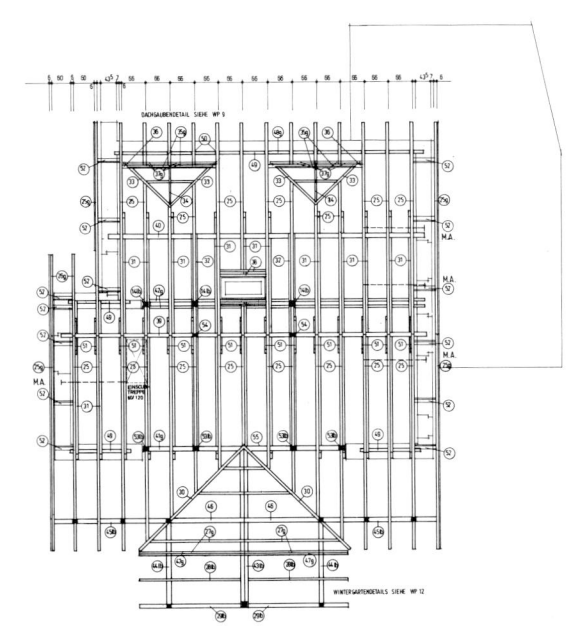

Schnitt III – III

Bild 18.15: Sparrenplan, M 1:200

Der Keller wurde fast komplett ausgebaut (u. a. ein Musikzimmer für den Bauherrn, welches durch einen abgesenkten Lichtschachtbereich belichtet wird).

Das gesamte Mobiliar wurde passend zum Grundriß ausgesucht.

Eine Garage war nicht gewünscht, dafür ein offener Stellplatz, welcher gleichzeitig eine Eingangsüberdachung darstellt. Hinter dem offenen Stellplatz wurde ein Gerätetrakt für Gartengeräte und -möbel etc. errichtet. Die Verglasung des Gebäudes wurde mit Thermo-Plus-Gläsern vorgenommen (k-Wert von 1,3), Gläser zum Gewächshaus als normale Isolierverglasung. Oberhalb der sichtbaren Holzbalkenkonstruktion, die im gesamten Erdgeschoß sichtbar ausgeführt wurde, befindet sich ein schwimmender Estrich.

35/30 mm Trittschalldämmung aus Mineralwolle, 6 cm Estrich.

Die Außenwände wurden bewußt wegen des Raumklimas massiv ausgebildet, Poroton mit 8 cm Kerndämmung und 11,5 cm Verblendung, um eine Masse von Mauerwerk zu haben, welche eine ausgleichende Wirkung auf das Raumklima bei Temperaturschwankungen ausübt. Innerhalb des Gebäudes befinden sich keine tragenden Wände, sondern die gesamte Holzkonstruktion ist ab Erdgeschoß so ausgebildet, daß Holzstützen die vertikalen Lasten übernehmen.

Die Trennwände im Erdgeschoß wurden in 11,5 cm KS bzw. Poroton ausgeführt. Im Dachgeschoß befinden sich Gipskarton-Ständerwände. Die Wandoberflächen wurden mit einem Gipsputz versehen, der etwas aufgerauht ist und mit einer Leinölfarbe auf Naturbasis behandelt wurde.

Der im Verhältnis zum Haus recht groß proportionierte Wintergarten befindet sich in reiner Südlage und ist aufgrund seiner Größe und Höhe gerade dazu prädestiniert, die Sonnenenergie passiv auszunutzen. Unterstützt von einer Klima-Luftheizung mit kontrollierter Be- und Entlüftungsanlage, die in der Lage ist, eine vorher berechnete Menge von Frischluft permanent in das Gebäude zu blasen, hat man hier ein sehr zuverlässiges Heizungssystem, welches reaktionsschnell ist, gerade im Hinblick auf passive Sonnenenergieausnutzung und damit möglicherweise verbundene Überhitzung der Räume während der Heizperiode. Die Menge von Frischluft, die ins Gebäude geblasen wird, wird in geruchsintensiven Räumen abgesaugt und geht über eine Wärmerückgewinnungsanlage, so daß die angesaugte Frischluft automatisch durch die ausgeblasene Abluft erwärmt wird. Man erhält so eine optimale Luftqualität innerhalb des Gebäudes, so daß man im Grunde genommen während der Heizperiode ein Öffnen der Fenster unterlassen kann und somit unkontrollierte Lüftungsverluste minimiert. Dieses Heizungssystem wurde vom Architekten schon viele Male nachweislich erfolgreich eingesetzt, gerade im Hinblick auf die passive Sonnenenergie-Ausnutzung.

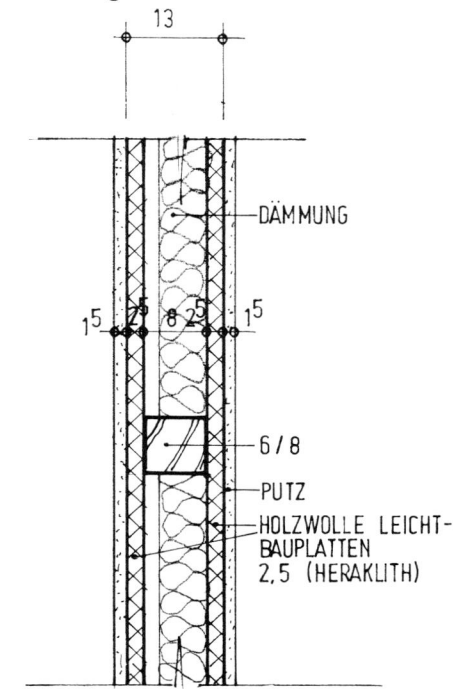

Bild 18.16: Schnitt Trennwand, M 1:10

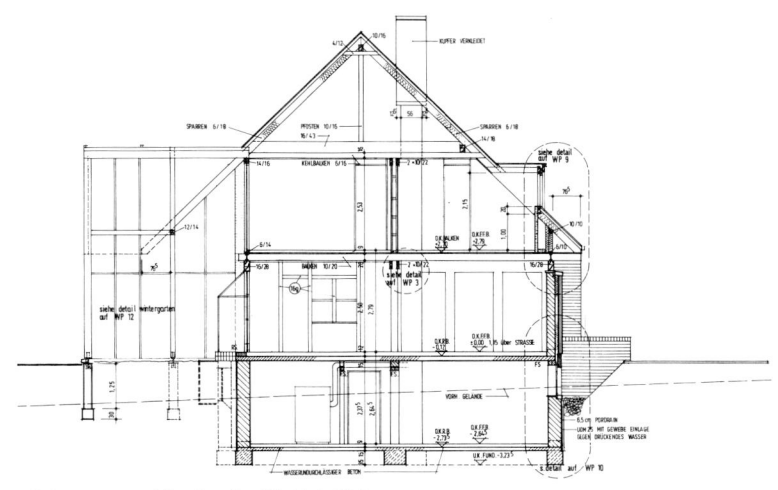

Bild 18.17: Gebäudeschnitt, M 1:200

Prägnanter Wintergarten 84

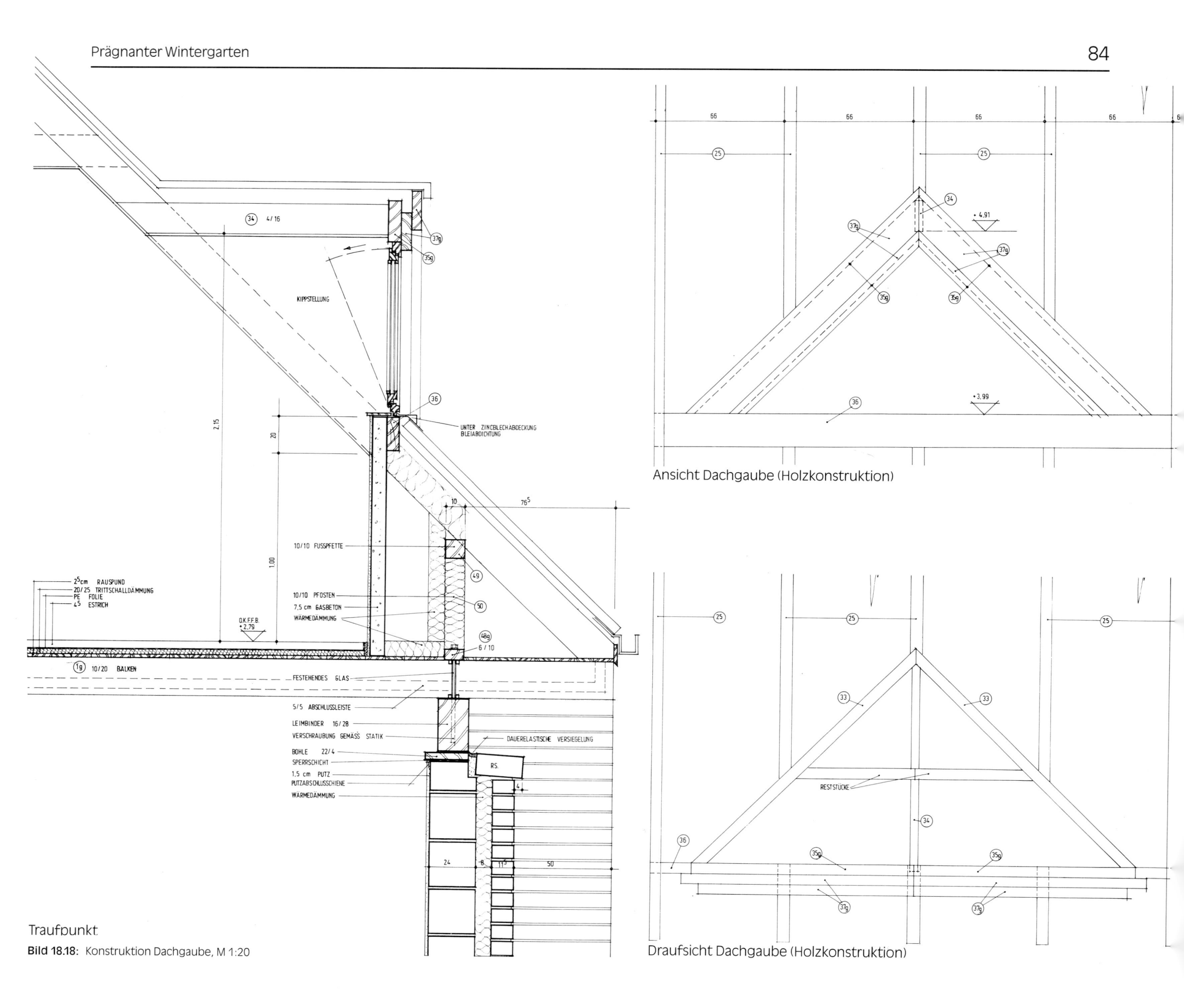

Ansicht Dachgaube (Holzkonstruktion)

Draufsicht Dachgaube (Holzkonstruktion)

Traufpunkt
Bild 18.18: Konstruktion Dachgaube, M 1:20

19 Massagepraxis

Bild 19.1 und 19.2: Rundgezogen, das Glashaus

Bild 19.2

Steckbrief

Objekt:	Wohnhaus mit Massagepraxis
Standort:	Altenstadt
Architekten:	LOG ID Dieter Schempp, Tübingen; Planung: Fred Möllring; Pflanzung: Jürgen Frantz
Ingenieure	Statik: Serwatzky; Lüftung: Hesslinger, Stuttgart
Baujahr:	1984
Umbauter Raum:	1313 m³
Nutzfläche:	293 m²

Bild 19.3 und 19.4: Empfang im Wintergarten

Bild 19.4

Gestaltungsziele
Gebäudekonzeption verschiedene Stufen der Offenheit

- Glashaus als transparenter offener Bereich, der das Kernhaus formal als rundes Element an einer Seite umfaßt
- Eingangsbereich, Fruchtsaftbar und Gymnastikräume als halboffene Bereiche, als Übergangszone vom Gewächshaus zum Kernhaus
- Kernhaus als geschlossener Bereich mit introvertierten Räumen (z.B. Massagekabinen), die zusätzlich ihre Betonung durch die relativ kleine und ausgefallene Fenstergestaltung erhalten
- Neue Nutzungskonzeption für grüne Solararchitektur:
- Kombination aus Gewächshaus, Sauna und Massagepraxis

Massagepraxis

Heizsystem
Passive und aktive Nutzung der Warmluft aus dem Glashaus

Solarhaus
Funktion
- Passive Nutzung der Sonnenenergie zur Unterstützung der geplanten Heizanlage
- Ausnützung der Sauerstoffproduktion der Pflanzen im Gewächshaus zur Verbesserung der Raumluft (Lüftung ins Gewächshaus – energieeinsparend)
- Verbesserung der Lebensqualität durch grüne Pflanzen über das ganze Jahr (subtropische Nutzpflanzen, z.B. Feigen, Zitrusfrüchte, Kiwi usw.)

Ausführung
- Tragkonstruktion: Brettschichtholz
  Profile: feuerverzinkte Stahlkonstruktion
- 2-Scheiben-Isolierverglasung Blankglas
  über Kopf: *Gerrix top Therm*,
  2-Scheiben-Isolierglas – 1 x Blankglas, 1 x VS-Glas (Verbundsicherheitsglas)
- Betonsockel 30 cm hoch, Betonstreifenfundamente
- Automatische Zu- und Abluftanlage für das Gewächshaus

Bild 19.6 und 19.7: Eingangsbereich mit Windfang

Bild 19.7
Bild 19.5: Ansichten, M 1:200

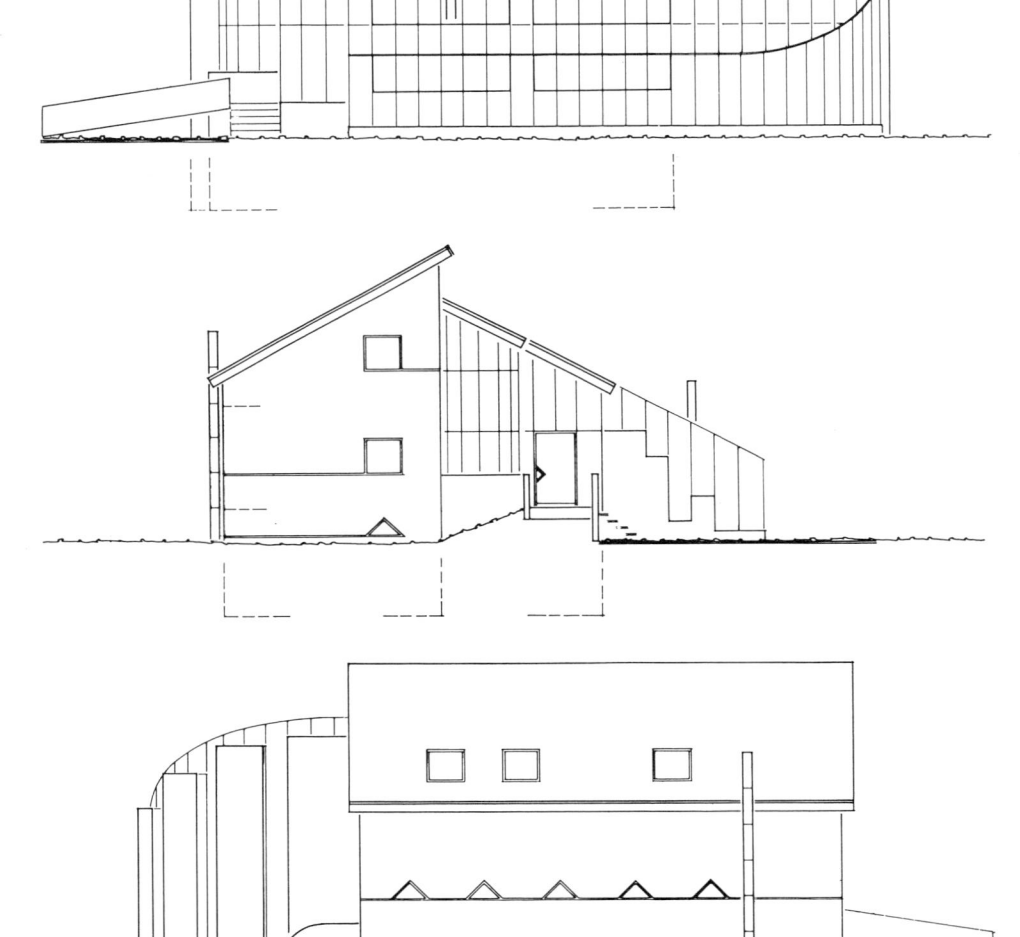

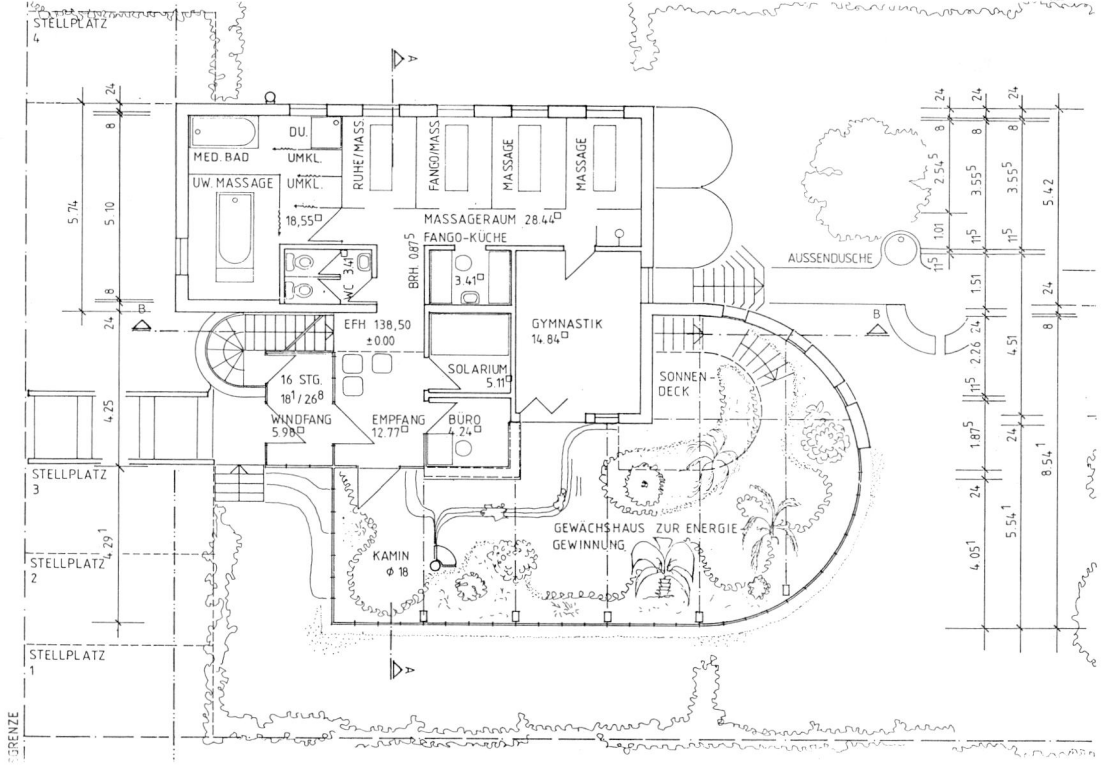

Bild 19.8: Grundriß Erdgeschoß, M 1:200

Bild 19.10: Grundriß Obergeschoß, M 1:200

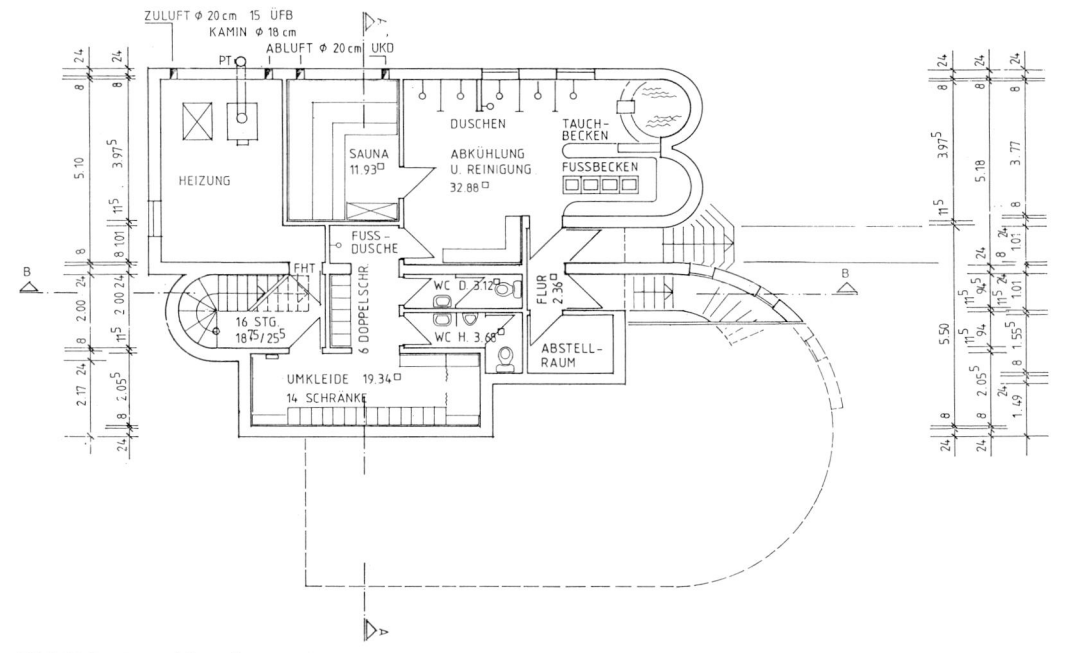

Bild 19.9: Grundriß Kellergeschoß, M 1:200

- Subtropische Bepflanzung im gewachsenen Boden mit automatischer Bewässerungsanlage
- Speicherbodenfläche: Ziegelsteine lose im Sandbett verlegt
- Beheizung erfolgt solar – lediglich bei Temperaturabfall unter 5 °C Anschluß an Hausbeheizung.

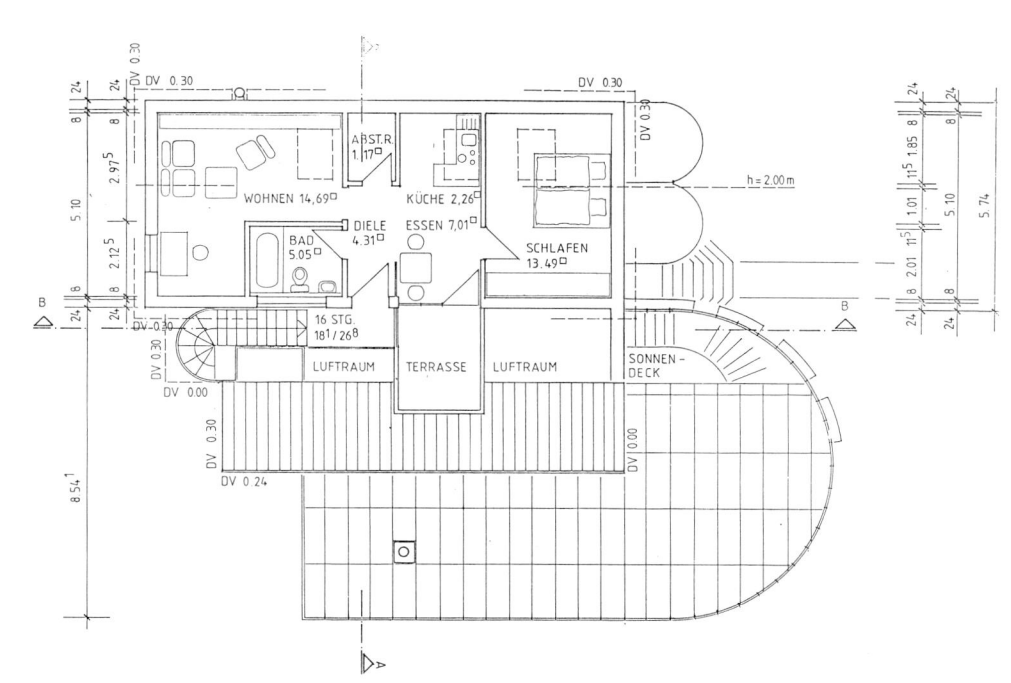

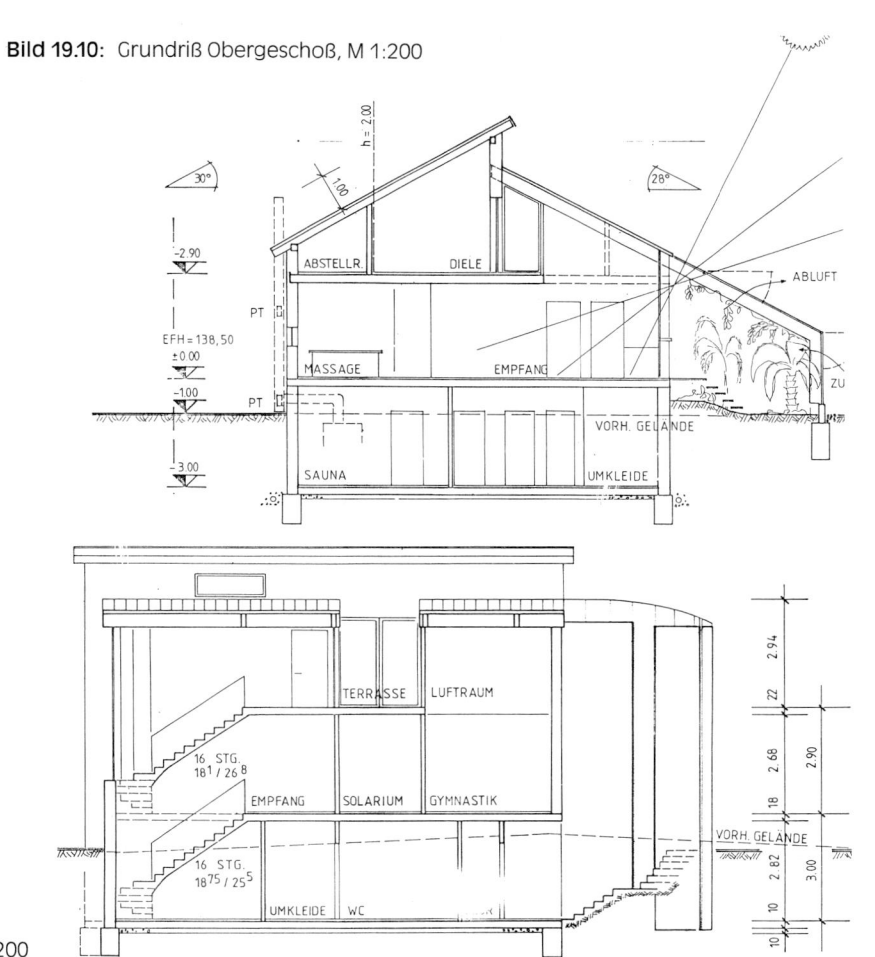

Bild 19.11: Schnitte, M 1:200

20 Kalksandstein-Basilika

Bild 20.1: Süd-Ansicht

Bild 20.2: Nordwest-Ansicht

Steckbrief
Objekt: Einfamilienhaus
Standort: Aldenhoven
Architekten: Maria Feldhaus + Andrea Berndgen, Aachen
Ingenieur: Jürgen Hillebrand, Aachen
Baujahr: 1987
Umbauter Raum: 613 m³
Nutzfläche: 138 m²
Baukosten: DM 200.000

Baubeschreibung

Außenwände
- 24 cm KS-Sichtmauerwerk
- 8 cm Kerndämmung
- 11,5 cm KS-Verblendmauerwerk weiß geschlämmt

Tragende Innenwände
- 24 cm KS-Sichtmauerwerk bzw.
- 17,5 cm KS-Sichtmauerwerk

Nichttragende Innenwände
- 11,5 cm KS-Sichtmauerwerk bzw.
- 21 cm Leichtbauwand, bestehend aus 2 x 6/6-cm-Holzstützen mit Schwellen, Rähm und Riegeln, allseitig Filzunterlage
  1 cm Zwischenraum
  2,5 cm Bekleidung mit Heraklith-platten beidseitig
  1,5 cm Putz beidseitig
  13 cm innenliegende Dämmung aus »Isoflock«-Zellulose-Schüttung

Fußbodenaufbau EG
nichtunterkellert
- 15 cm Kies
  Trennfolie
- 12 cm Bodenplatte, Beton
  Isolierung gegen Feuchtigkeit, Schweißbahn
- 6,5 cm Leichtestrich
- 4 cm Korkschüttung zwischen Kanthölzern 4/6 cm
- 1,9 cm Hobeldielen, Fi/Ta
  Wasserlack, transparent bzw.
- 15 cm Kies
  Trennfolie

12	cm	Bodenplatte, Beton
		Isolierung gegen Feuchtigkeit, Schweißbahn
6	cm	Korkplatten
6,5	cm	Estrich und Fliesen

Fußbodenaufbau Wintergarten

30	cm	Kies, kapillarbrechend
25	cm	Blähtonschüttung, kapillarbrechend, wärmedämmend
		Trennfolie
15	cm	Betonbodenplatte, wärmespeichernd
4	cm	Tonplatten in Mörtelbett

Decke über EG

1,5	cm	Putz mit Gewebeeinlage
20	cm	Ziegeldeckensteine zwischen Holzbalken, Brettschichtholz 10/20 cm
		Rieselschutzpapier
6	cm	Staubex-Schüttung zwischen Kanthölzern 6/8 cm (auf Filzstreifen)
1,9	cm	Hobeldielen
		Wasserlack, transparent
bzw. 1,5	cm	Putz mit Gewebeeinlage
20	cm	Ziegeldeckensteine zwischen Holzbalken, Brettschichtholz 10/20 cm
2	cm	Korkdämmplatten
6	cm	Estrich mit Gewebeeinlage
3	cm	Fliesen in Mörtelbett

Decke über OG

1,5	cm	Putz mit Gewebeeinlage
2,5	cm	Heraklith unter
4/6	cm	Lattung unter
2 x 3/18	cm	Kehlbalkenlage
2,4	cm	Hobeldielen
20	cm	Wärmedämmung zwischen Kehlbalken und Lattung aus *Isoflock*-Zellulose-Schüttung auf Rieselschutzpapier

Dach, gedämmt (über Anbauten)

1	cm	Gipskartonplatten
		Dampfbremse
2,4/4,8	cm	Lattung unter
6/12	cm	Sparren
0,5	cm	Hartfaserplatte
4,6	cm	Lattung parallel zu Sparren und Hinterlüftung
		Unterspannbahn
2,4/4,8	cm	Konterlattung und Hinterlüftung
2,4/4,8	cm	Dachlattung
		Ton-Dachziegel (Hohlfalzpfanne)

Bild 20.3: Detail Giebel

Bild 20.4: Zentrales Treppenhaus

Bild 20.5: Raum-Ecke

Bild 20.6 und 20.7: Deckenkonstruktion mit Ziegelelementen

Bild 20.7

Kalksandstein-Basilika

Südost-Ansicht

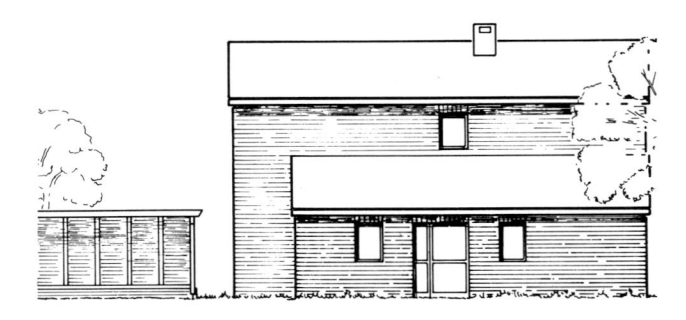

Nordost-Ansicht
Bild 20.8 und 20.9: Ansichten und Schnitte, M 1:200

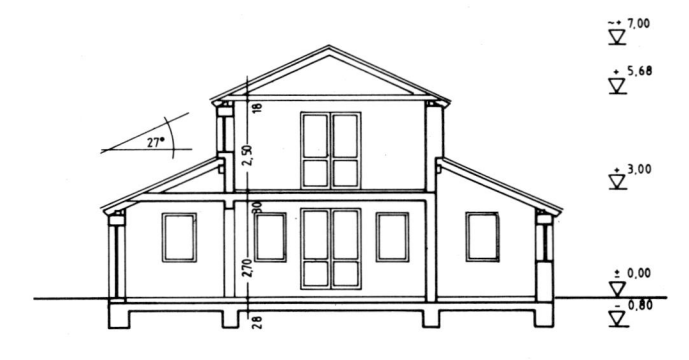

Schnitt A – A
Bild 20.9

14,5 cm Dämmung zwischen Sparren und Lattung
aus *Isoflock*-Zellulose-Schüttung

Dach, ungedämmt
6/14 cm Sparren
Unterspannbahn
2,4/4,8 cm Konterlattung
2,4/4,8 cm Dachlattung
Ton-Dachziegel
(Hohlfalzpfannen)

Fenster
Holzfenster, Kiefernholz
Oberfläche deckend gestrichen mit Ventilationslack
Isolierverglasung
Wintergartendach
Sicherheitsisolierverglasung auf Sparren
Wintergartenaußenwände
Stützen aus KS-Mauerwerk, massiv
Holzfenster mit Isolierverglasung
Heizung
Gas-Zentralheizung mit Röhrenradiatoren

Ökologisches Konzept

Verwendung schadstofffreier bzw. schadstoffarmer Baustoffe

Dämmstoffe
Kork, Isoflock
Leichtbauplatten
Gipskarton, Heraklith
keine Spanplatten
Bodenbeläge
Fliesen in Mörtelbett (keine Kleber), Holzdielen mit Wasserlack (keine lösemittelhaltigen Lacke)
Außen- und Innenanstriche
mineralisch, ohne Lösungsmittel und Kunstharze
Decken
verringerter Einsatz von Stahlbeton
Decke über EG als Holz-Ziegeldecke
Decke über OG als Holzdecke
Fenster
Verwendung heimischer Hölzer statt Tropenholz bzw. Kunststoff

Energie

- Energieeinsparung durch gute Wärmedämmung
- Energieeinsparung durch Wintergarten als Pufferraum, unbeheizt, isolierverglast, hohe Speichermasse
- Angenehmes Raumklima durch Wärmespeicherung
  (Verwendung speicherfähiger Baustoffe wie KS und Heraklith) und Strahlungsheizkörper (Röhrenradiatoren)

Südwest-Ansicht

Nordwest-Ansicht

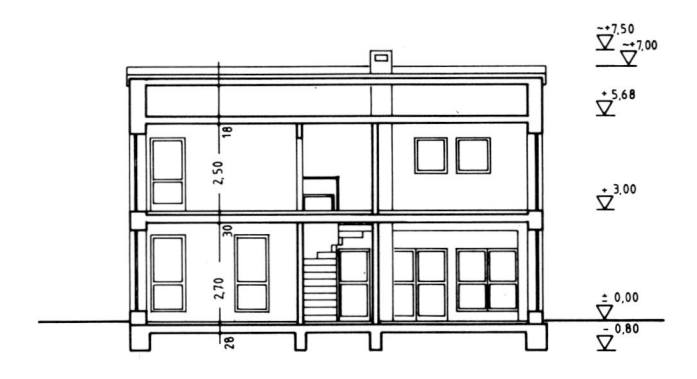

Schnitt B – B

- Zonierung des Gebäudes nach Himmelsrichtung,
  Eingang und Abstellraum im Norden, Wintergarten im Süden

Wasser

- Regenwasserzisterne für Regenwassernutzung in WC und Waschmaschine
- Wassersparamaturen

Kalksandstein-Basilika

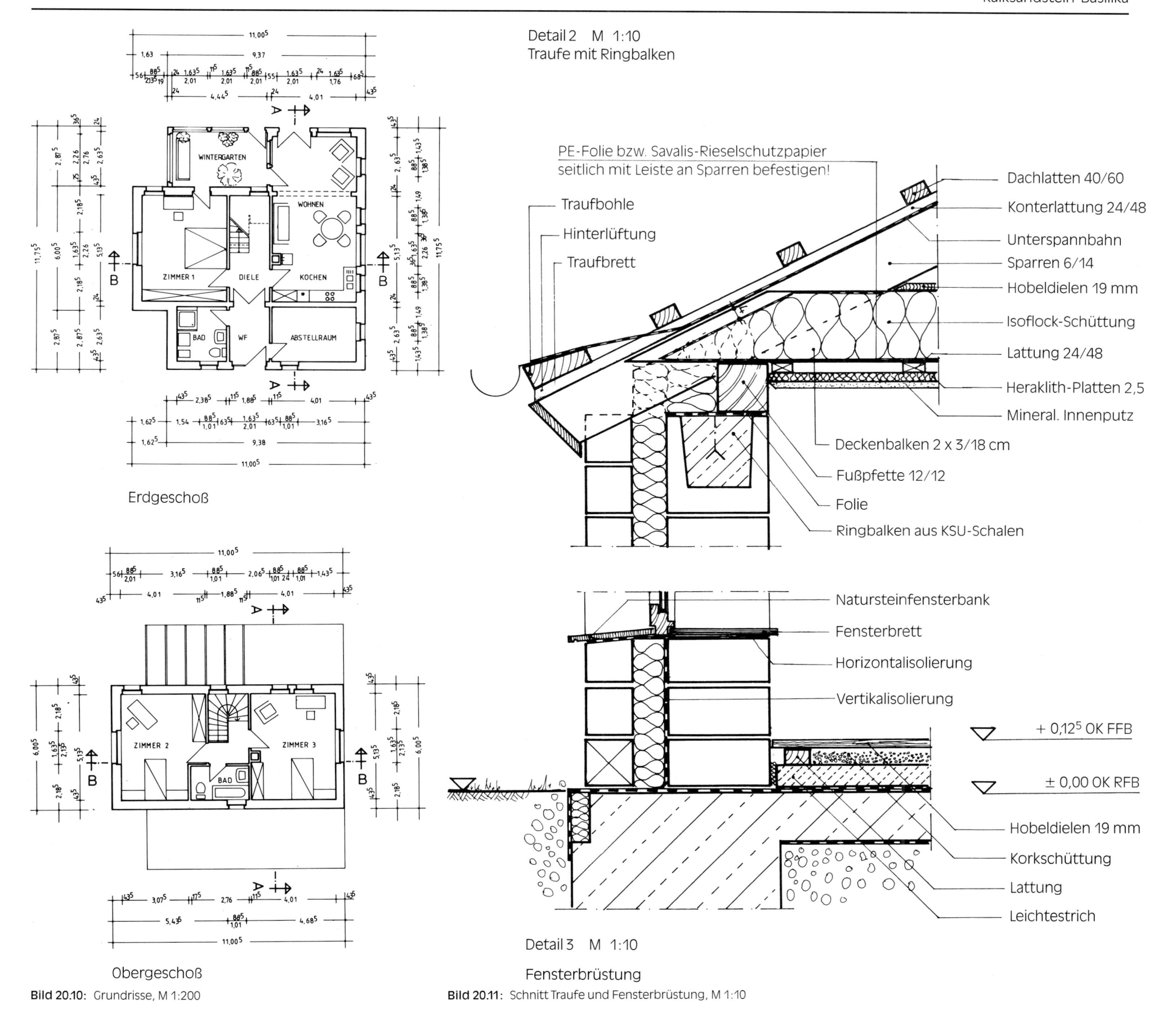

Detail 2   M 1:10
Traufe mit Ringbalken

PE-Folie bzw. Savalis-Rieselschutzpapier
seitlich mit Leiste an Sparren befestigen!

- Traufbohle
- Hinterlüftung
- Traufbrett
- Dachlatten 40/60
- Konterlattung 24/48
- Unterspannbahn
- Sparren 6/14
- Hobeldielen 19 mm
- Isoflock-Schüttung
- Lattung 24/48
- Heraklith-Platten 2,5
- Mineral. Innenputz
- Deckenbalken 2 x 3/18 cm
- Fußpfette 12/12
- Folie
- Ringbalken aus KSU-Schalen

- Natursteinfensterbank
- Fensterbrett
- Horizontalisolierung
- Vertikalisolierung

▽ + 0,12⁵ OK FFB
▽ ± 0,00 OK RFB

- Hobeldielen 19 mm
- Korkschüttung
- Lattung
- Leichtestrich

Detail 3   M 1:10
Fensterbrüstung

Erdgeschoß

Obergeschoß

Bild 20.10: Grundrisse, M 1:200

Bild 20.11: Schnitt Traufe und Fensterbrüstung, M 1:10

21 Vom Umfeld abgesetzt

Bild 21.1: Straßenseite

Bild 21.2: Südost-Ansicht

Steckbrief

Objekt:	Einfamilienhaus
Standort:	Rottenburg
Architekten:	LUDWIG + LERCHE, Baumhaus, Kirchentellinsfurt
Ingenieur:	NORBERT NEBGEN, Reutlingen
Baujahr:	1986
Umbauter Raum:	933 m³
Nutzfläche:	221 m²
Baukosten:	DM 320.000 + Eigenleistungen

Planungsvorgaben

Die Rahmenbedingungen für die Planung waren nicht ideal. Das Grundstück befindet sich an einem Nordosthang, direkt am Waldrand. Die umgebende Bebauung geht bis auf die 70er Jahre zurück. Bad Niedernau, eine Landgemeinde im Neckartal, besitzt eine gewachsene Ortsstruktur mit nur geringen Neubaugebieten.

Da, wie meistens in Bebauungsplänen, nicht im geringsten die ökologischen Belange unserer Zeit aufgenommen wurden, war auch hier eine intensive Zusammen- und Informationsarbeit bei der Gemeinde, der Stadt und den Nachbarn nötig. Der Ortschaftsrat ließ sich erst nach mehreren Gesprächen und einer Grasdachbesichtigungsfahrt vom Nutzen und der Optik eines Grasdaches überzeugen.

Planungsziel war die optimale Ausnutzung der einfallenden Südsonne in möglichst viele Wohnbereiche. Eine Forderung der Baufrau war, den Eingangsbereich so freundlich und einladend wie möglich zu gestalten. Ebenfalls wurden klare Individualbereiche für Kinder, Frau und Mann mit Arbeitsplätzen gewünscht – als Gegenpol zum großzügig angelegten Wohnbereich.

Entwurfsziel war ein Gebäude, das sich von seiner baulichen Umgebung absetzt, in die natürlichen Kreisläufe integriert wird und gleichzeitig sichtbare Zeichen eines großen ökologischen Bewußtseins der Bewohner nach außen hin setzt. Es fand eine ideale Verknüpfung der Wünsche der Bauherrschaft und der Zielsetzung des Architekturbüros statt.

Baukonstruktion

Der massive Hausteil (er dient als Wärmespeicher) ist aus 30 cm porosierten Ziegelwänden im Außenbereich und 19 cm Ziegeldecken erstellt. Die Kelleraußenwände bestehen aus wasserundurchlässigem Beton. Vorteil: Der Verzicht auf eine Drainage be-

Bild 21.3: Wintergarten

wirkt, daß nicht unnötig sauberes Grundwasser in die Kanalisation geleitet wird.

Wie es sich bei der Holzbauweise geradezu anbietet, ist auch dieses Haus in einer Rasterbauweise geplant. Der transparente, leichte Hausteil ist als hochwärmegedämmte Holzskelettkonstruktion mit innenliegender Gipsfaserplatte erstellt. Die Wärmedämmung besteht aus Isofloc, einem 100%igen Recyclingmaterial aus Papierabfällen mit einer WLZ von 0,45. Bei 14 cm Wärmedämmung erreichen wir hier einen k-Wert von 0,27. Der k-Wert der Massivbauwände liegt bei ca. 0,6. Durch den hohen Anteil an hochwärmegedämmter Fassade und die passive Nutzung der Sonnenenergie wird der Jahresenergieverbrauch um über 30 % gesenkt.

Die Holzverschalung (Nadelholz der Güteklasse II) wurde mit Leinölfirnis gestrichen. Bei ausreichend konstruktivem Holzschutz und einem von uns geforderten Feuchtegrad von < 20 % sowie möglichst wintergeschlagenem Bauholz besteht keinerlei Notwendigkeit für einen chemischen Holzschutz. Die tragende Konstruktion ist nach außen ablesbar.

Das Dach des Wohnhauses besteht aus imprägniertem Nadelholz der Güteklasse II mit Grasdachaufbau auf geneigtem Dach.

Einbauteile

Die Treppen sind im Massivbereich mit Terrakotta-Fliesen belegte Betonblockstufen. Im Holzbereich sind es Wangentreppen aus Nadelholz. Im Holzbauteil wird der Blockrahmen der Türe durch die Holzkonstruktion gebildet.

Minirolläden dienen als Sonnenschutz an den Fenstern im Massivbereich. Als Bodenbelag wurden im Wohn-, Eß- und Familienbereich ebenfalls italienische Terrakotta-Fliesen gewählt. Gerade diese Wahl der Materialien und die damit zusammenhängenden Raumeindrücke (das Hellbraun der Holzkonstruktion, das Rot der Fliesen und das Weiß der mit einem mineralischen Anstrich versehenen Gipsfaserplatten und die weiß geschlämmten Massivwände) sind letztendlich mit ausschlaggebend für die gute Atmosphäre dieses Gebäudes. Diese Auswahl fand in guter Übereinstimmung zwischen Bauherrschaft und Architekten statt.

Technik

Das Gebäude wird mit einer Ölzentralheizung über Heizkörper bzw. einer Fußbodenheizung erwärmt. Ein Kachelofen (ummauerter Stahleinsatz) im Wohnraum sowie eine Feuerstelle im Sonnenraum dienen als Übergangsheizung bzw. Zusatzheizung. Die Elektroinstallation verläuft wie die Ölzentralheizung in Sockelkanälen. Sie wird zur Vermeidung von elektromagnetischen Störfeldern nachts abgeschaltet.

Bild 21.6: Treppe zum Dachgeschoß

Bild 21.4: Eßbereich

Bild 21.5: Bad im Obergeschoß

Vom Umfeld abgesetzt

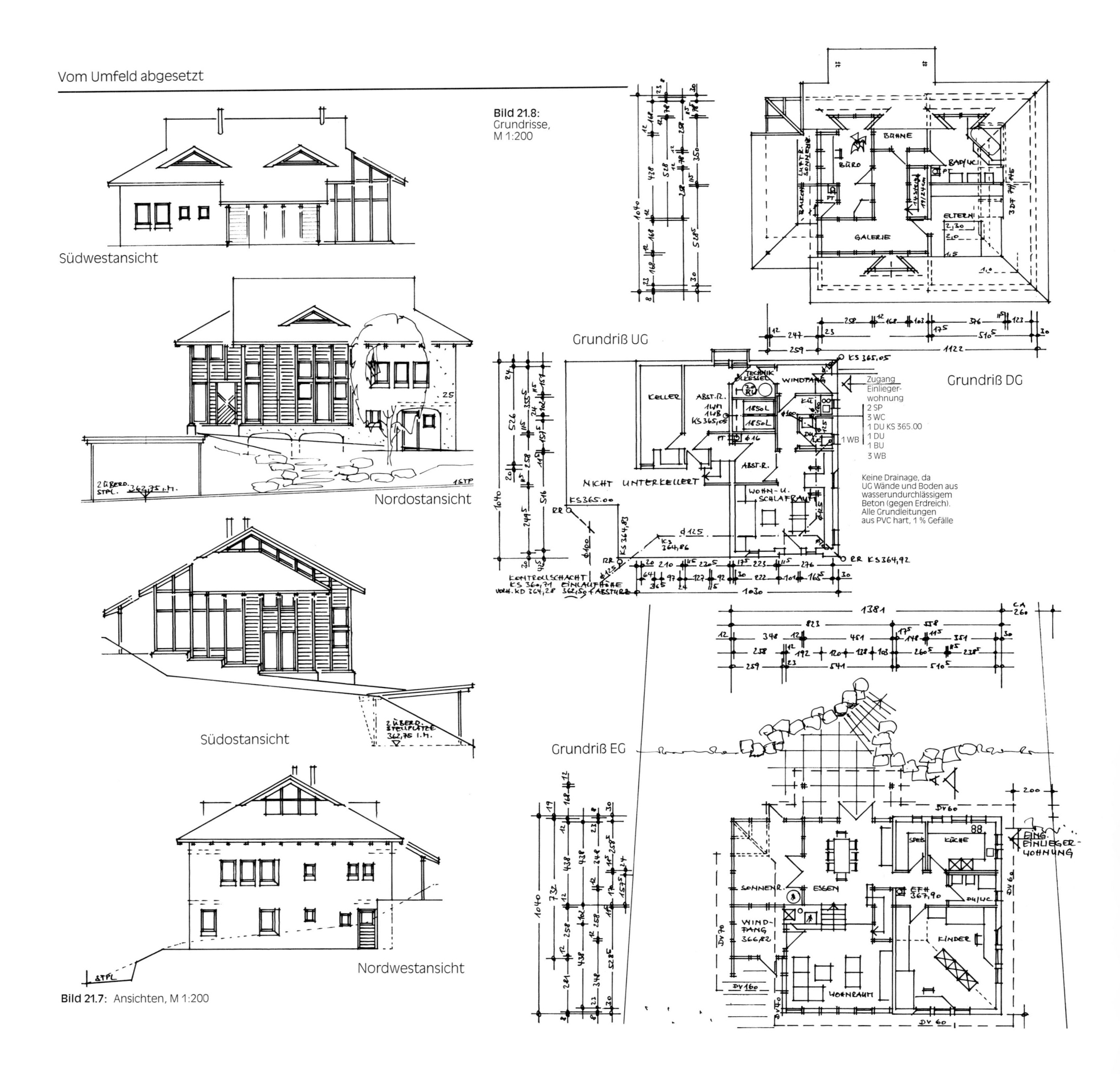

Südwestansicht

Nordostansicht

Südostansicht

Nordwestansicht

Bild 21.7: Ansichten, M 1:200

Bild 21.8: Grundrisse, M 1:200

Grundriß DG

Grundriß UG

Keine Drainage, da UG Wände und Boden aus wasserundurchlässigem Beton (gegen Erdreich). Alle Grundleitungen aus PVC hart, 1 % Gefälle

Grundriß EG

Solarenergie

Mit dem speziell für dieses Haus entwickelten Sonnenraum wird die einfallende Sonnenenergie optimal passiv genutzt. Diese Art der Nutzung wurde bevorzugt, da hier ohne Maschinen- und Geräteeinsatz die eingestrahlte Sonnenenergie eingefangen wird. In den Wänden und Decken wird die Wärme abgespeichert und nachts phasenverschoben wieder abgegeben. Der Sonnenraum dient ebenfalls den Kindern als erweiterter Freizeitraum im Frühjahr und Herbst.

Ökologie

Der wesentliche Bestandteil der Planungskonzeption war das Ziel, durch die ökologische Bauweise das Mißverhältnis zwischen der von Menschen geschaffenen Umwelt und der gewachsenen Natur wieder zu harmonisieren. Eines der sichtbarsten Zeichen dieser Bauweise ist das begrünte Dach (hier mit 36 Grad Dachneigung).

Die Vorteile der begrünten Dächer sind in Stichworten
- Wasserspeicherfähigkeit,
- Sauerstoffproduktion (nach Prof. Minke, Gesamthochschule Kassel, produzieren 1,5 m^2 Wiese bei 30 cm Bewuchshöhe Sauerstoff für einen Menschen),
- Luftverbesserung durch Staubabsorption,
- Schallisolierung.

Herauszuheben ist noch der Effekt der Klimaregulierung. So wirkt sich ein Grasdach nicht nur positiv im Wohnhaus aus, sondern auch auf das Großklima der Umgebung.

Grasdachaufbau
- Deckengebälk
- Holzschalung 30 mm
- Schutzfilz 2 mm
- Feuchtigkeitsisolierung und Wurzelschutz durch 1,5 mm PVC-Folie, Garantie 10 Jahre
- Rutschsicherung aus Dachlatten
- Polyestervlies als zusätzliches Schutz- und Filtervlies
- Erdsubstrat mit 50 % Blähton in einer Gesamthöhe von 12 cm
- Rollrasen (Böschungsrasenmischung)
- Drainage im Kiesbett am Dachrand aus Drainagerohren

Mit diesem Aufbau werden derzeit rechnerisch k-Werte um 0,6 erreicht. Geneigte Dächer ohne Tektalanplatten, es wurden lediglich 25 mm Holzwolleleichtbauplatten als Feuchtigkeitspuffer eingebaut. Hier erreichen wir rechnerische k-Zahlen von 0,9. In unserem ersten geneigten Grasdach haben wir mit der Uni Tübingen Messungen über einen 3-Monats-Raum durchgeführt – die ermittelten Werte waren bei minimaler Bewuchshöhe von ca. 5 cm schon bei 0,9. Wir nehmen an, daß wir bei vollem Bewuchs mit k-Zahlen von 0,6 rechnen können. Die Messungen werden fortgeführt.

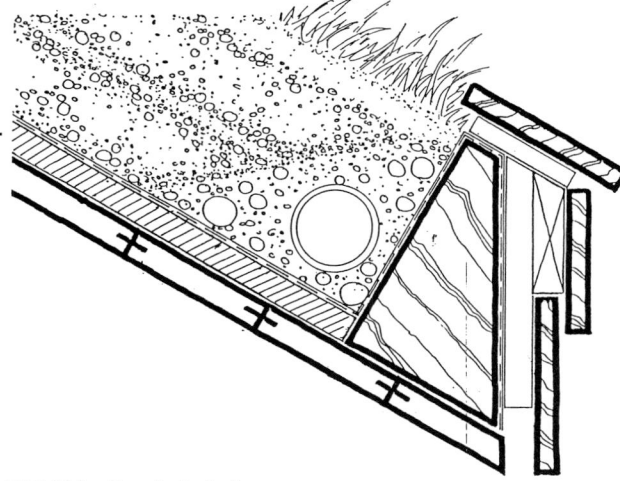

Bild 21.9: Grasdach-Aufbau

Neben den genannten positiven Auswirkungen auf die Umwelt und das Gebäude hat das begrünte Dach eine nicht meßbare positive psychologische Wirkung auf die Bewohner. Es ist ihr aktiver Beitrag zum Umweltschutz. Das Grasdach wurde von der Bauherrschaft ab Oberkante Folie unter unserer Anleitung in Eigenleistung erstellt.

Baubiologie

Grundsätzlich gilt, keine gesundheitsschädlichen Materialien einzubauen. Die Wahl der Materialien fand immer in Absprache mit der Bauherrschaft statt.

Alle tragenden Holzkonstruktionen sind mit Holzschutzöl auf Leinölbasis imprägniert. Die sichtbaren Holzschalungen im Innenbereich sind unbehandelt. Die Holzschalung außen ist offenporig lasiert.

Die Gipsfaserplatten und die Putze sind mit einem mineralischen Anstrich versehen. Um die weitere Zufuhr von Baufeuchtigkeit zu vermeiden, wurden im ganzen Haus Trockenestriche verarbeitet. In den Kinderzimmern wurde als Bodenbelag 2 mm starkes Linoleum gewählt; ein reines Kork-Schrot-Produkt.

Die Gipsfaserplatte besteht aus natürlich abgebautem Gips mit einer Armierung aus borsalzimprägnierten Zellstoffasern.

Ökonomie

Ein ökologisches Haus, das realistisch mit den wirtschaftlichen Rahmenbedingungen der Bauherrschaft umgeht:

Materialgerechtes Entwerfen, fortwährendes Arbeiten an Details, einfache Schichtenfolgen der Bauteile mit dem Ziel, schnell zu fertigen Oberflächen zu gelangen: *Rationalisieren im Bereich Arbeitszeit*. Trotzdem hochwertige Materialien, keine Billigbauweise.

Durch ein speziell entwickeltes Eigenleistungskonzept hat die Bauherrschaft den Festpreis um 40 000,– DM reduziert.

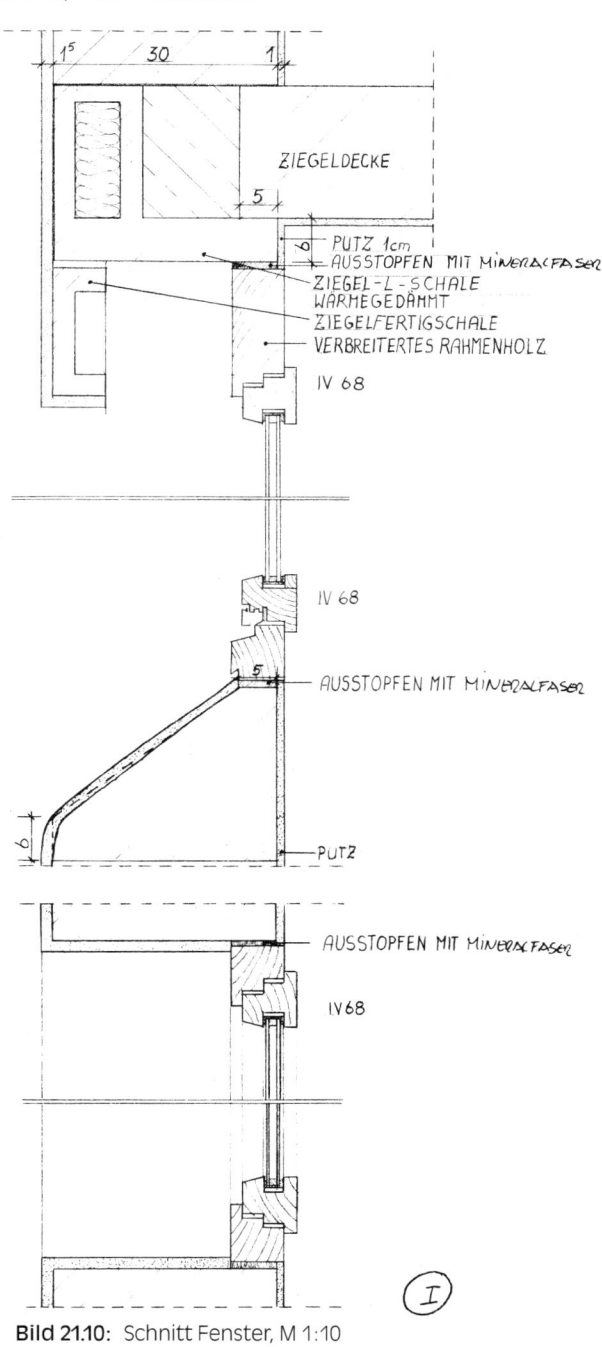

Bild 21.10: Schnitt Fenster, M 1:10

22 Voralpenstil

Bild 22.1: Südwest-Ansicht

Bild 22.3: Nordost-Ansicht

Bild 22.2: Westseite

Bild 22.4: Doppelgarage

Bild 22.5 und 22.6: Wintergarten-Details

Bild 22.6

Bild 22.8: Badezimmer

Bild 22.7: Wohnraum

Bild 22.9: Ziegeldecke über dem Kellergeschoß

Voralpenstil

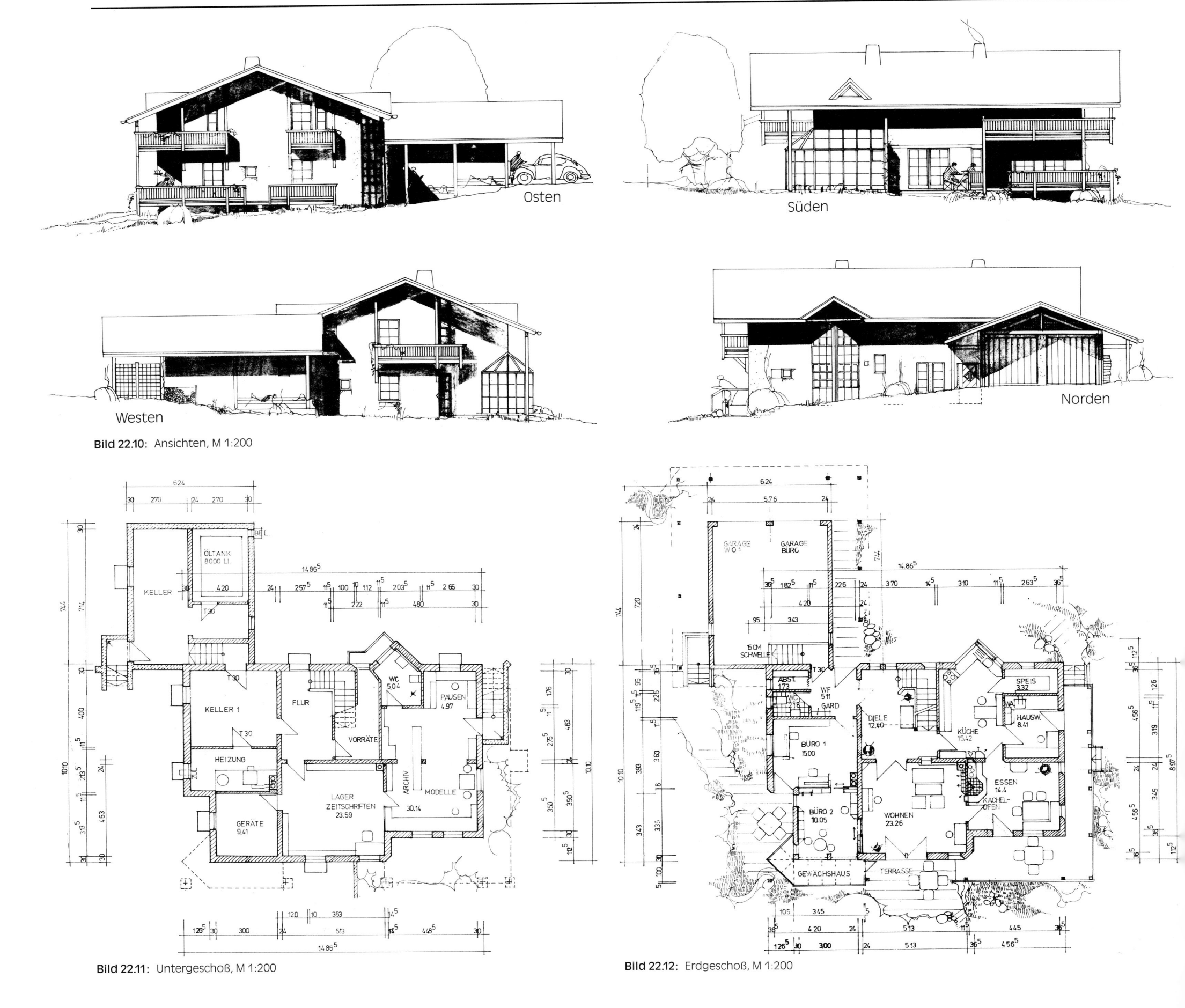

98

Osten

Süden

Westen

Norden

Bild 22.10: Ansichten, M 1:200

Bild 22.11: Untergeschoß, M 1:200

Bild 22.12: Erdgeschoß, M 1:200

Voralpenstil

Bild 22.13: Schnitt, M 1:200

Bild 22.15: Details Traufe und First, M 1:20

- ZIEGELDECKUNG
- LATTUNG 3/5 CM
- KONTERLATTUNG 3/5 CM
- UNTERSPANNBAHN (PERKALOR-DIPLEX OD. KREPPAPIER)
- LUFTZIRKULATION
- 2 LAGEN KOKOSFASERMATTEN à 5CM
- DAMPFBREMSE (PERKALOR - DIPLEX)
- HOLZSCHALUNG 22 MM
- SPARREN 10/16 CM

ALLE HOLZTEILE ALLSEITIG GEHOBELT, NICHT IMPRÄGNIERT

INSEKTEN-SCHUTZGITTER

Bild 22.16: Schnitte Decke Erdgeschoß, M 1:20

- NUT- UND FEDER HOLZDIELEN (FICHTE) MIT FIRNIS EINGELASSEN
- KOKOSFASER, LAGERHÖLZER 3/5 CM SCHWIMMEND VERLEGT
- PERKALOR - DIPLEX
- NUT- UND FEDER SCHALUNG (FICHTE)
- JUTEFILZ (SCHALLSCHUTZ)
- JUTEFILZSTREIFEN

DECKENBALKEN KERNFREI 13/21

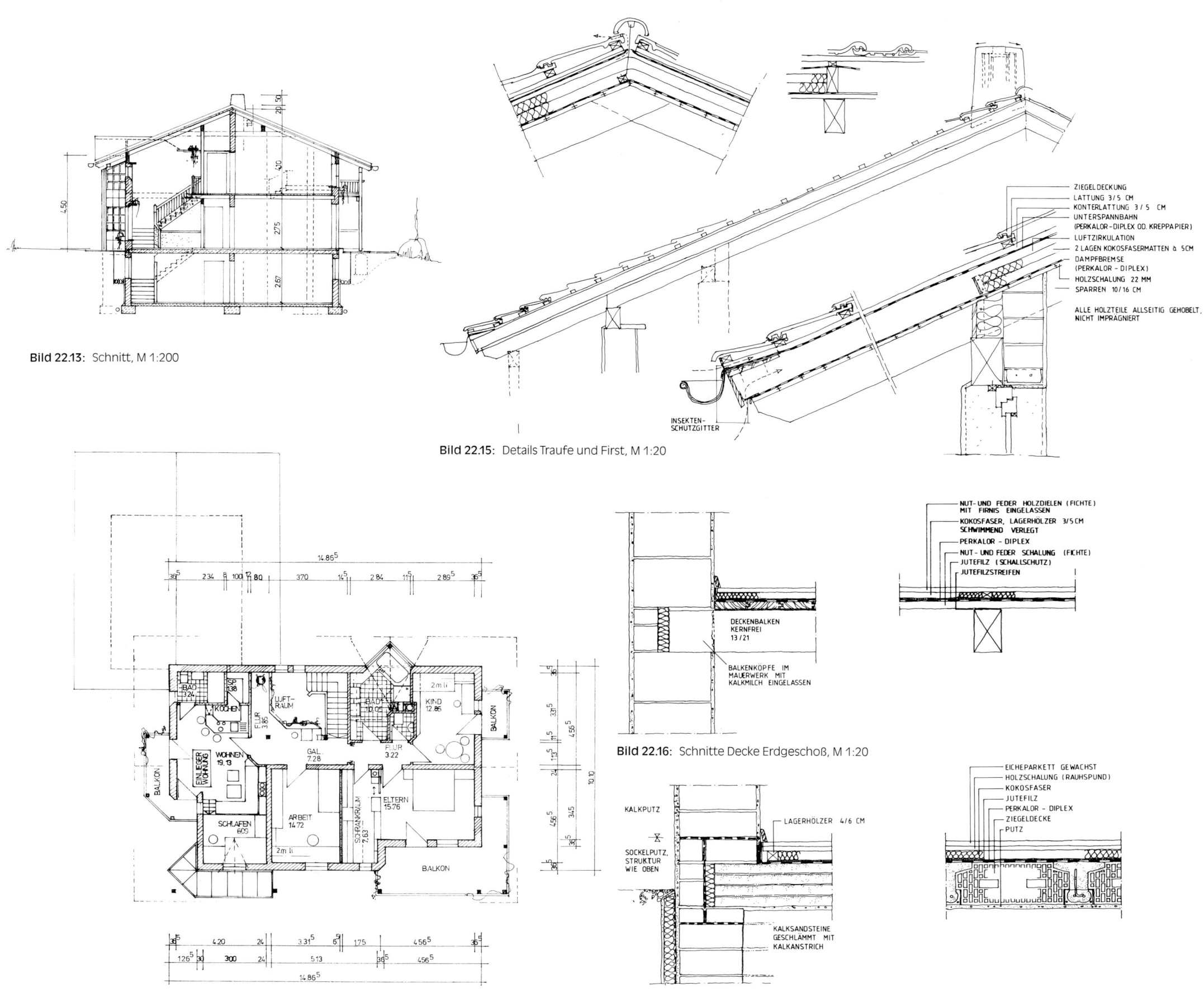

BALKENKÖPFE IM MAUERWERK MIT KALKMILCH EINGELASSEN

Bild 22.14: Grundriß Obergeschoß, M 1:200

Bild 22.17: Aufbau Kellerdecke, M 1:20

KALKPUTZ

SOCKELPUTZ, STRUKTUR WIE OBEN

LAGERHÖLZER 4/6 CM

KALKSANDSTEINE GESCHLÄMMT MIT KALKANSTRICH

- EICHEPARKETT GEWACHST
- HOLZSCHALUNG (RAUHSPUND)
- KOKOSFASER
- JUTEFILZ
- PERKALOR - DIPLEX
- ZIEGELDECKE
- PUTZ

Voralpenstil

Steckbrief

Objekt:	Einfamilienhaus mit Einliegerwohnung, Büro und Garage
Standort:	Schnaitsee
Architekt:	Eugen Maron, Schnaitsee
Ingenieur:	Manfred Sturm, Burgkirchen
Baujahr:	1983
Umbauter Raum:	1165 m³
Nutzfläche:	276 m²
Baukosten:	DM 390.000 + Eigenleistungen

Ökologisch-baubiologisches Konzept

- Endgültige Grundrißlösung und Lage des Hauses nach Grundstücksbegehung durch erfahrene Rutengänger.

- Verwendung von Bauholz, das im Winter geschlagen wurde. Aufarbeitung (Lagerung, Transport zur Säge, Lagerung zum Trocknen, Fahrt zum örtlichen Zimmerer usw.) war Eigenleistung.

  – Deckenbalken (alles kernfreies Holz) und andere Sichtbretter – drei Jahre gelagert.

- Beschränkung auf wenige Materialien

  – Bis auf die Wetterseite wurde sogar auf Fensterbleche verzichtet.

  – Nur Kellergeschoß mit geschlämmten Kalksandsteinen, für die hiesigen Handwerker anfangs ungewöhnlich.

  – Keine Eckschutzschienen bei Putz; *Fingerrand* geputzt.

  – Elektro-Installationen: keine Ringleitungen, getrennte Stromkreise bei Schlafräumen durch Netzfreischaltgerät in der Nacht abschaltbar. Eigenleistungen vorwiegend Rohbauphase; Holzarbeit, Kies unter Fundamenten, Kanalarbeiten, Kalkanstrich.

- Wärmespeicher = Geräteraum.

- Filigran-Ziegeldecke (sogenannte Bio-Decke) über Kellergeschoß – (im Stallbau schon lange bekannt) wesentlich besseres Wohnklima als bei Stahlbeton-Decken.

- Böden: überwiegend Massivholzparkett und Holzdielen, Wollteppiche.

- In den Naßräumen die Wände nur im eigentlichen Spritzbereich gefliest (hinter den Spiegeln und den Heizkörpern sieht die Fliesen sowieso niemand, diese werden auch nie naß); außer dem finanziellen Erfolg bleibt ein Großteil von Wand für die Wasserdampfaufnahme übrig (*schwitzende Wände gibt es nicht*).

- Isolierung bei Decken Kokos bzw. magnesitgebundene Heraklithplatten. Dach über Sichtsparren und Sichtschalung Percalor-Diplex, biologisches Kreppapier (leichte Dampfbremse, keine Dampfsperre), Oberfläche aber wasserdicht; zwischen den Kantensparren 5/14 cm, 2 x 5 cm Kokosrollfilz, als Unterspannbahn wieder Kreppapier.

- Oberflächenbehandlung: Innenbereiche – Decken und Dach nur gehobelt; beanspruchte Bereiche Böden, Treppen, Türen, Einbauschränke mit Firnis.

  Außenliegende Holzteile (Balkone, Dachstuhl und ähnliches) mit Naturharzölimprägnierung (mit Lichtschutzpigment Umbra-Erdfarben).

- Erdgeschoß und Obergeschoß Ziegelmauerwerk und zweilagiger Kalkputz (Sumpfkalk); wie früher (Kirchen und ähnliches) Anstriche außen und innen mit *Kalkmilch* (angereichert mit etwas Firnis).

- Zur Verstärkung der konventionellen Öl-Niedertemperaturheizung ein Kachelofen, von einem jungen einfühlsamen Hafner gebaut, bestehend aus einem Heizeinsatz (mit Wasserregister zur Unterstützung der Hauptheizung) und nachgeschaltetem Grundofen (wohlige Strahlungswärme und lange Wärmespeicherfähigkeit). Für die Übergangszeit wurde in der Küche ein sogenannter *Sesselofen* angebracht (auch Verbrennen von reichlich anfallenden Papierabfällen im Büro); Messinggitter beim Kachelofen mußte vom Dorfschmied hergestellt werden (*verschnörkelte* Industriegitter nicht befriedigend).

- Teilbereiche des Erdgeschosses können durch eingefangene Sonnenenergie im Wintergarten, am Südwesteck plaziert, erwärmt werden.

- Überschüssige Wärme wird mit Hilfe eines Ventilators (am höchsten Punkt des Glasdaches angebracht) in einen Wärmespeicher (im Keller unter dem Wintergarten angebracht) abgesaugt.

- Abends steigt durch verschließbare Bodengitter die warme Luft nach oben.

- Durch die gleichen Gitter kann an heißen Sommertagen kühle Luft vom Keller geblasen werden. Im Sommer schützt außerdem das weite Vordach vor der steil stehenden Sonne, Raffrollos und Vorhänge ergänzen die Schutzmaßnahmen – u.a. auch die nächtliche Abstrahlung der Glasflächen – (*übrigens alles Isolierverglasung*).

Baukörper und Gebäude

Viele Fensterflächen nach Süden, nach Norden nur im Dreieckserker größere Fensterflächen – morgens zur Besonnung der Pflanzen in Küche und Bad – sonst Nordseite nur wenige Fenster.

Sprossenteilung jeweils ein Vielfaches vom Quadrat. Geländeeinfügung – Erdgeschoß-Niveau gegenüber Garage um ca. 1,3 m nach unten versetzt; das Haus sollte niedrig erscheinen. Am Südhang kein störender andersfarbiger Sockelputz – das Gebäude soll aus dem Boden wachsen.

Um Licht für Teilbereiche des Büros im Untergeschoß zu bekommen, wurde vor einigen Fenstern das Gebäude abgeböscht; damit das Haus nicht zu hoch erscheint, wurde ein Holzbalkon um die Südostseite herumgeführt.

23 Mit Seniorenwohnung

Bild 23.1: Filigrane Fassade auf der Gartenseite

Bild 23.2: Eingang

Bild 23.3: Im Wintergarten

Steckbrief

Objekt:	Wohnhaus mit Einliegerwohnung
Standort:	Düren
Architekten:	Entwurf: A. Völker, Emmendingen; Ausführungsplanung und Bauleitung: Maria Feldhaus + Andrea Berndgen, Aachen
Ingenieur:	Rolf Michael Bracker, Aachen
Baujahr:	1988
Umbauter Raum:	1226 m³
Nutzfläche:	322 m²
Baukosten:	DM 430.000

Ansicht Nord-Ost

Ansicht Süd-Ost

Ansicht Nord-West

Bild 23.4: Ansichten, M 1:200

Schnitt A–A

Schnitt B–B

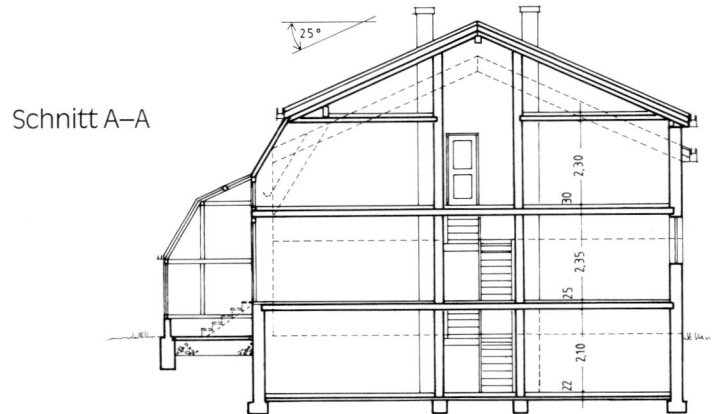

Bild 23.5: Schnitte, M 1:200

Außenmauerwerk
Unipor-S-Steine, Kalkputz als Außenputz, Kalkputz oder Naturgipsputz innen
Innenmauerwerk
Unipor-Mauerwerk, Kalkputz oder Naturgipsputz
Erdgeschoßfußboden
Bodenplatte, unbewehrt, Perlite, Leichtestrich, Hochkantlamellenparkett, Wasserlack
Decke über Keller
Dämmung Heraklith, Ziegeldecke, Estrich, Hochkantlamellenparkett
Geschoßdecke
Holzbalkendecke, Trittschalldämmung, Sand-Schüttung
Fußbodendielen, Wasserlack
Dachdeckung
Tonziegel
Dachdämmung
Korkplatten
Heizung
Gaszentralheizung (Brennwertkessel)
Wandstrahlungsheizung und Röhrenradiatoren
Warmwasser
Sonnenkollektoren
Wasserversorgung
Regenwassernutzung, Komposttoilette

Ökologisches Konzept

Verwendung schadstofffreier bzw. schadstoffarmer Baustoffe

Dämmstoffe
Kork, Perlite, Heraklith
Mauerwerk
Unipor-Steine
Leichtbauplatten
Zementgebundene Spanplatten
Kellerdecke
Ziegeldecke
Geschoßdecken
Holzbalkendecke
Bodenbeläge
Fliesen, Parkett, Fußbodendielen
Oberflächenbehandlung Fußboden
Wasserlack
Dachdeckung
Tonziegel
Putz
mineralisch
Anstriche
mineralisch

Fenster
heimische Hölzer statt Tropenholz bzw. Kunststoff, Wärmeschutzverglasung

Energie

- Zonierung des Gebäudegrundrisses nach Himmelsrichtung
- Energieeinsparung durch Wintergarten als Pufferraum
- Energieeinsparung durch gute Wärmedämmung
- angenehmes Raumklima durch Wärmespeicherung (speicherfähige Baustoffe wie Ziegeldecken und Leichtziegelwände)
- umweltfreundliche Heizungstechnik mit Gasbrennwertkessel
- Brauchwassererwärmung durch Sonnenkollektoren
- angenehmes Raumklima durch Wandflächenheizung (unter Putz) und Röhrenradiatoren

Wasser

- Komposttoilette
- für übrige WCs und Waschmaschine Regenwassernutzung
- Wasserspararmaturen

Mit Seniorenwohnung

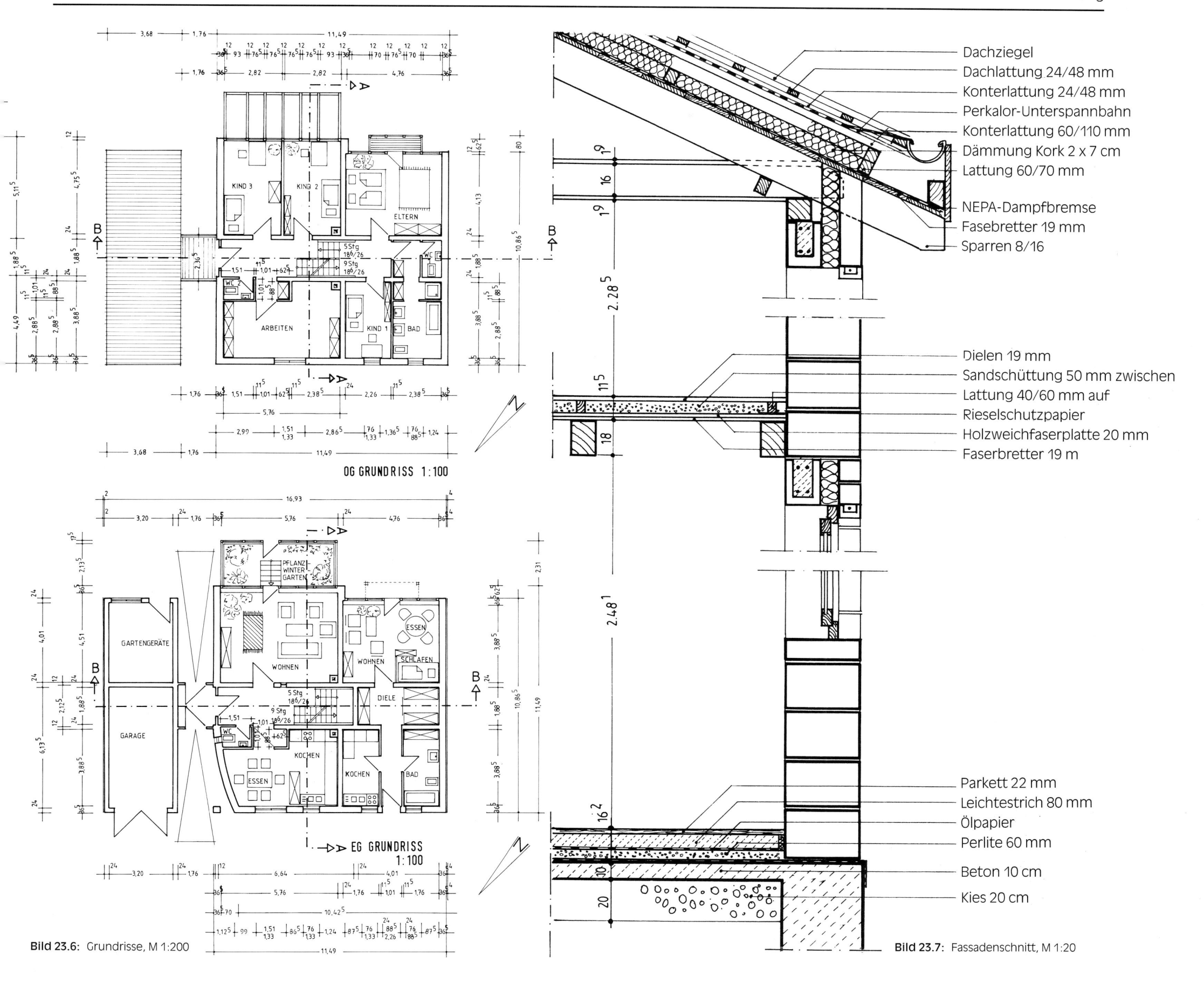

Bild 23.6: Grundrisse, M 1:200

Bild 23.7: Fassadenschnitt, M 1:20

- Dachziegel
- Dachlattung 24/48 mm
- Konterlattung 24/48 mm
- Perkalor-Unterspannbahn
- Konterlattung 60/110 mm
- Dämmung Kork 2 x 7 cm
- Lattung 60/70 mm
- NEPA-Dampfbremse
- Fasebretter 19 mm
- Sparren 8/16

- Dielen 19 mm
- Sandschüttung 50 mm zwischen
- Lattung 40/60 mm auf
- Rieselschutzpapier
- Holzweichfaserplatte 20 mm
- Faserbretter 19 m

- Parkett 22 mm
- Leichtestrich 80 mm
- Ölpapier
- Perlite 60 mm
- Beton 10 cm
- Kies 20 cm

24 Rot-Weiß-Kontrast

Bild 24.1: Vom Garten . . .

Bild 24.2: . . . Blick zur Galerie . . .

Bild 24.3: . . . und in den Wohnraum hinab

Steckbrief

Objekt:	Einfamilienhaus
Standort:	Nottuln
Architekt:	D. VOLKMER, Nottuln
Baujahr:	1987
Umbauter Raum:	590 m³
Nutzfläche:	120 m²
Baukosten:	DM 190.000

Baubeschreibung

Außenwände
Ziegelverblender rot, glatt, NF, Fuge rot
Kerndämmung Mineralwolle 2 x 40 mm
Kalksandstein-Mauerwerk Großformat 17,5 cm
Innenputz, weißer Anstrich

Innenwände
Kalksandstein, Bimsdielen, Holzständer mit Profilholz, Fichte/Tanne

Giebel
8 cm Mineralwolle, Red-Ceder-Stülpschalung, weißer Anstrich, Acrylfarbe

Dach
Betonpfanne *Teween*-Terrakotta

Eingangsvorbau
Holzkonstruktion
Ausfachung Mauerwerk
Dach Titanzinkblech in Doppelstehfalz

Anbau Wohnraum
Holzkonstruktion, Ausfachung Red-Ceder-Stülpschalung mit 8 cm Mineralwolle
Dach 3° + 45° Titanzinkblech in Doppelstehfalz, innen Holzpaneel Nut und Feder, Esche weiß

Fenster
Holzfenster 68 mm
Isolierverglasung

Decken
Beton, schwimmender Estrich

Bodenbeläge
Teppich, teilweise Fliesen, im Eingang Ziegelpflaster wie Außenpflasterung

OG-Wände
Mauerwerk Putz, weißer Anstrich
Dachschrägen mit Profilholzschalung Fichte/Tanne unbehandelt

Türen
Holztüren vom Tischler

105

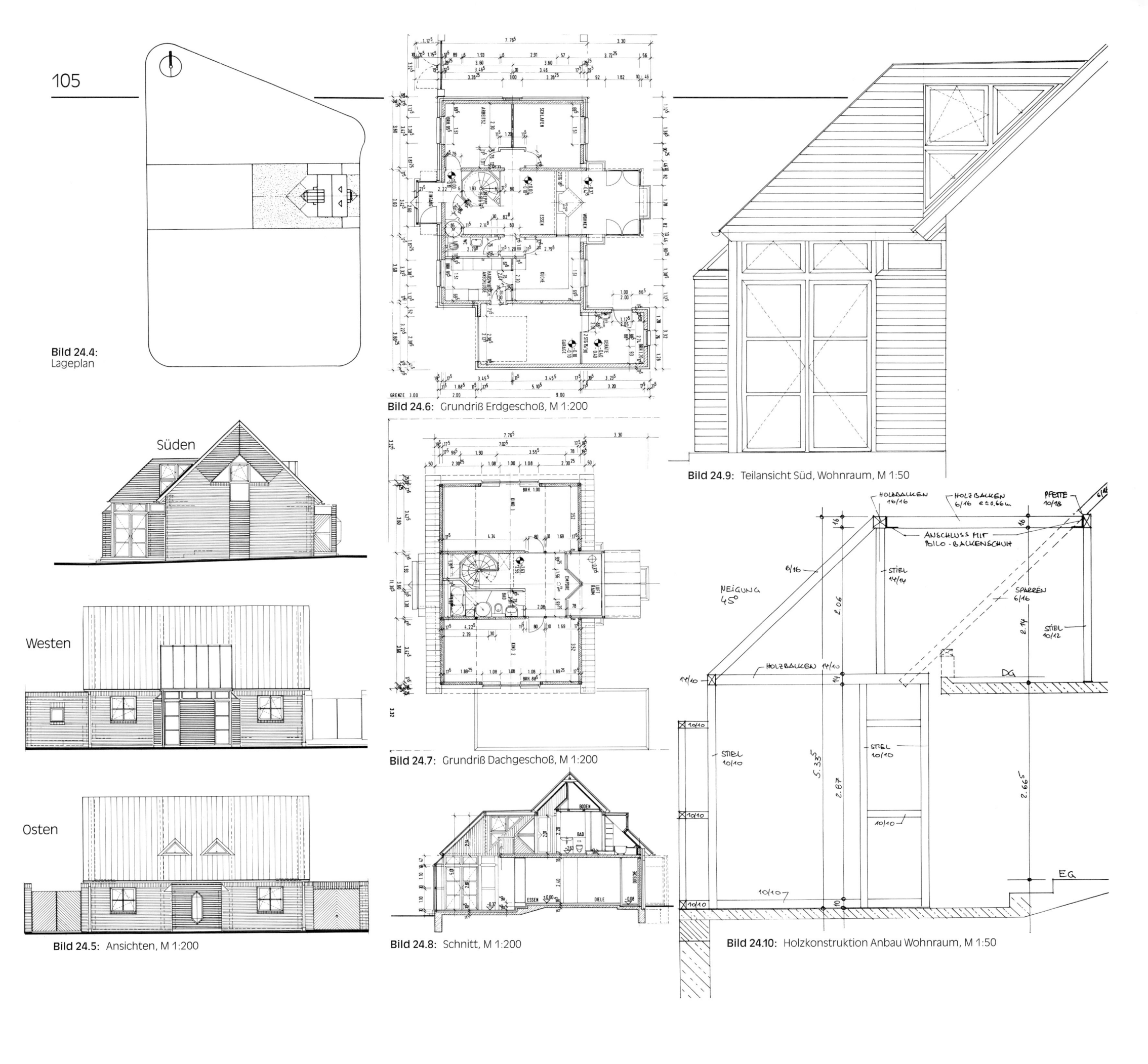

Bild 24.4: Lageplan

Bild 24.6: Grundriß Erdgeschoß, M 1:200

Bild 24.9: Teilansicht Süd, Wohnraum, M 1:50

Süden

Westen

Osten

Bild 24.5: Ansichten, M 1:200

Bild 24.7: Grundriß Dachgeschoß, M 1:200

Bild 24.8: Schnitt, M 1:200

Bild 24.10: Holzkonstruktion Anbau Wohnraum, M 1:50

Rot-Weiß-Kontrast

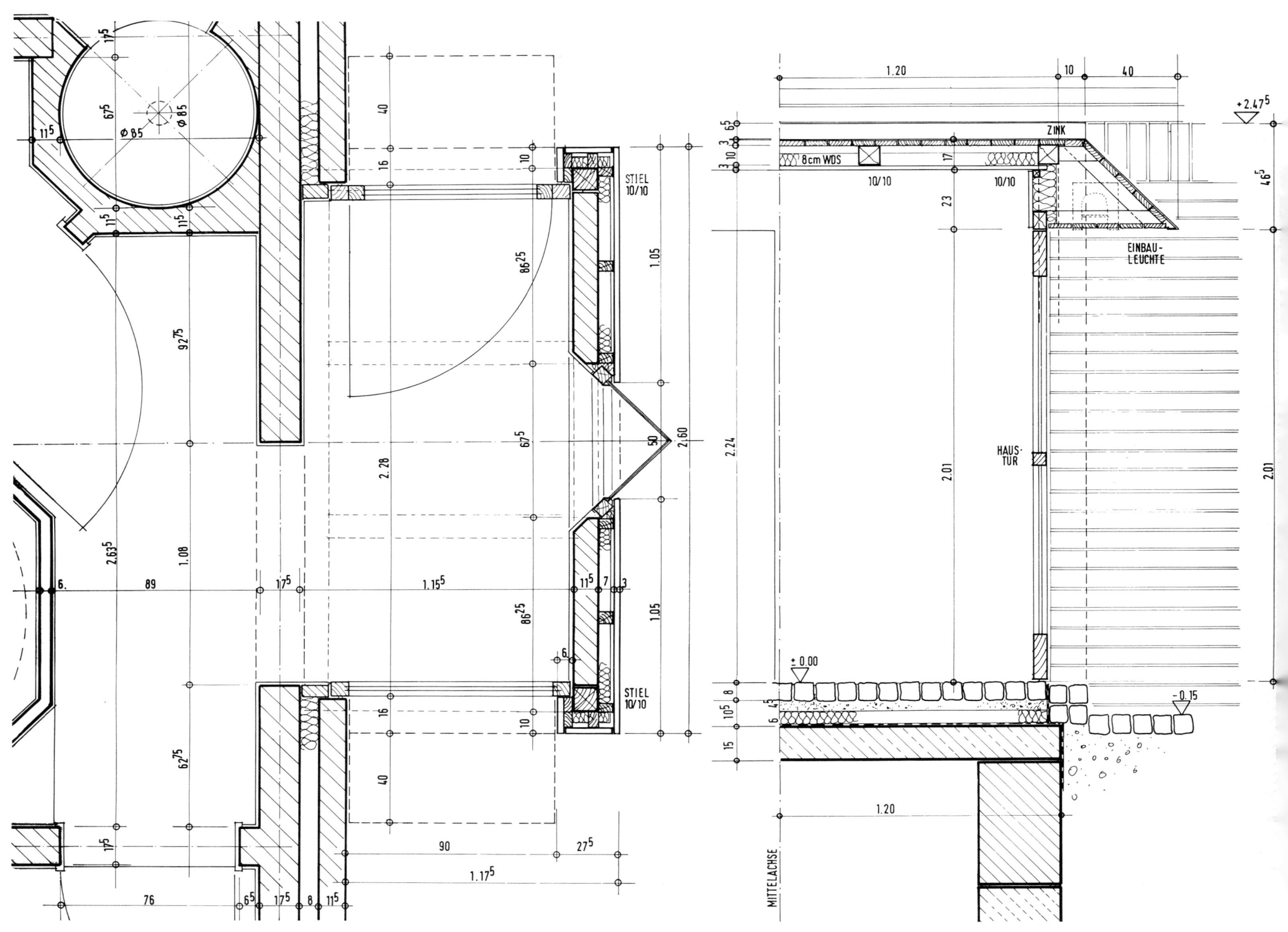

Bild 24.11: Grundriß Eingang, M 1:20

Bild 24.12: Schnitt Eingangsbereich, M 1:20

Bild 24.14: Ansicht Eingangs-Vorbau, M 1:20

Bild 24.13: Schnitt Eingang, M 1:20

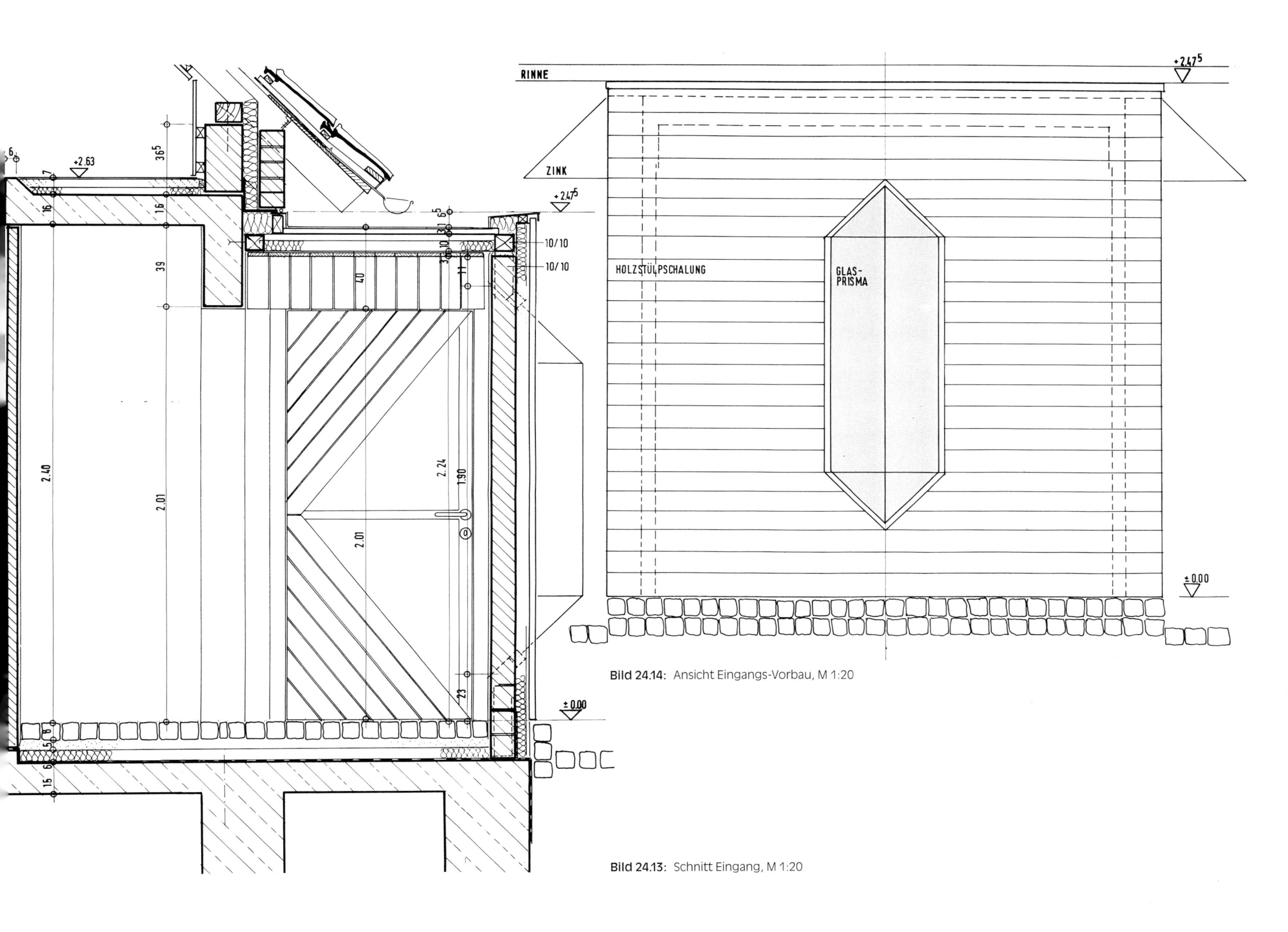

25 Fenster zum Biotop

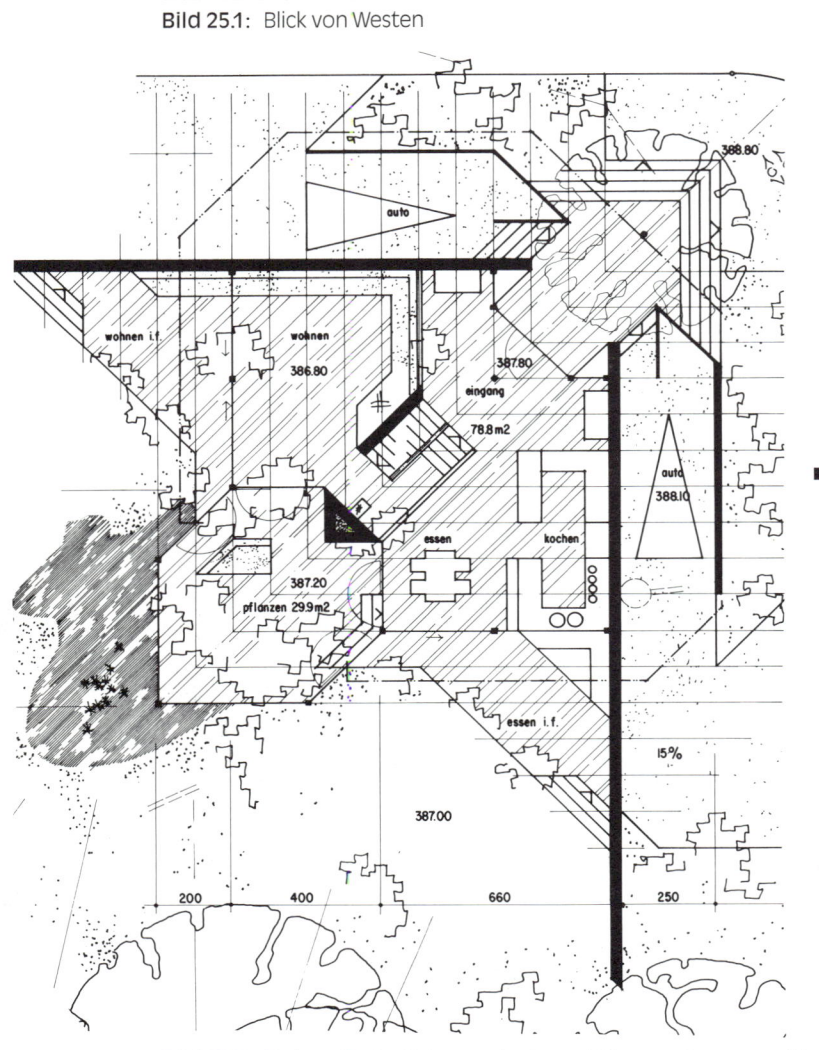

Bild 25.1: Blick von Westen

Bild 25.2: ... und von Süden auf Biotop und Wintergarten

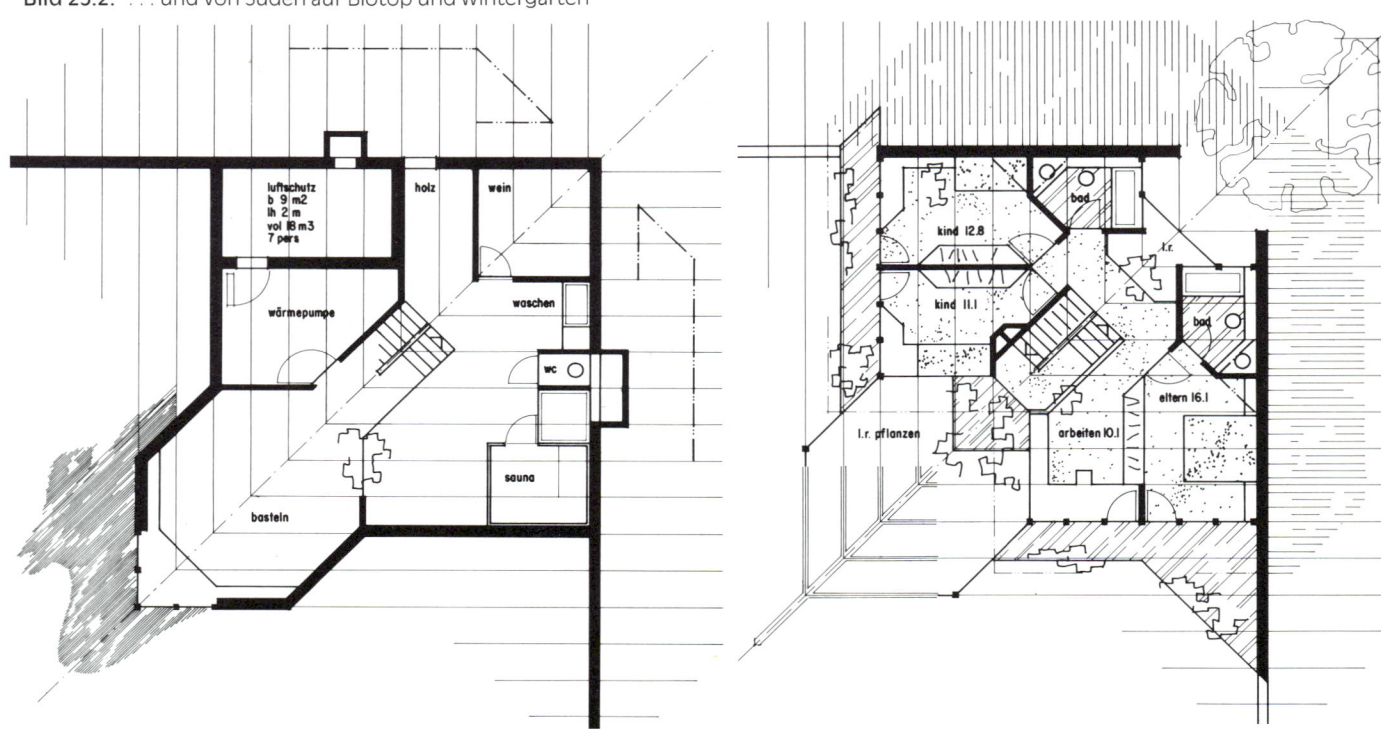

Bild 25.3: Erdgeschoß-, Untergeschoß- und Obergeschoß-Grundriß, M 1:200

Fenster zum Biotop

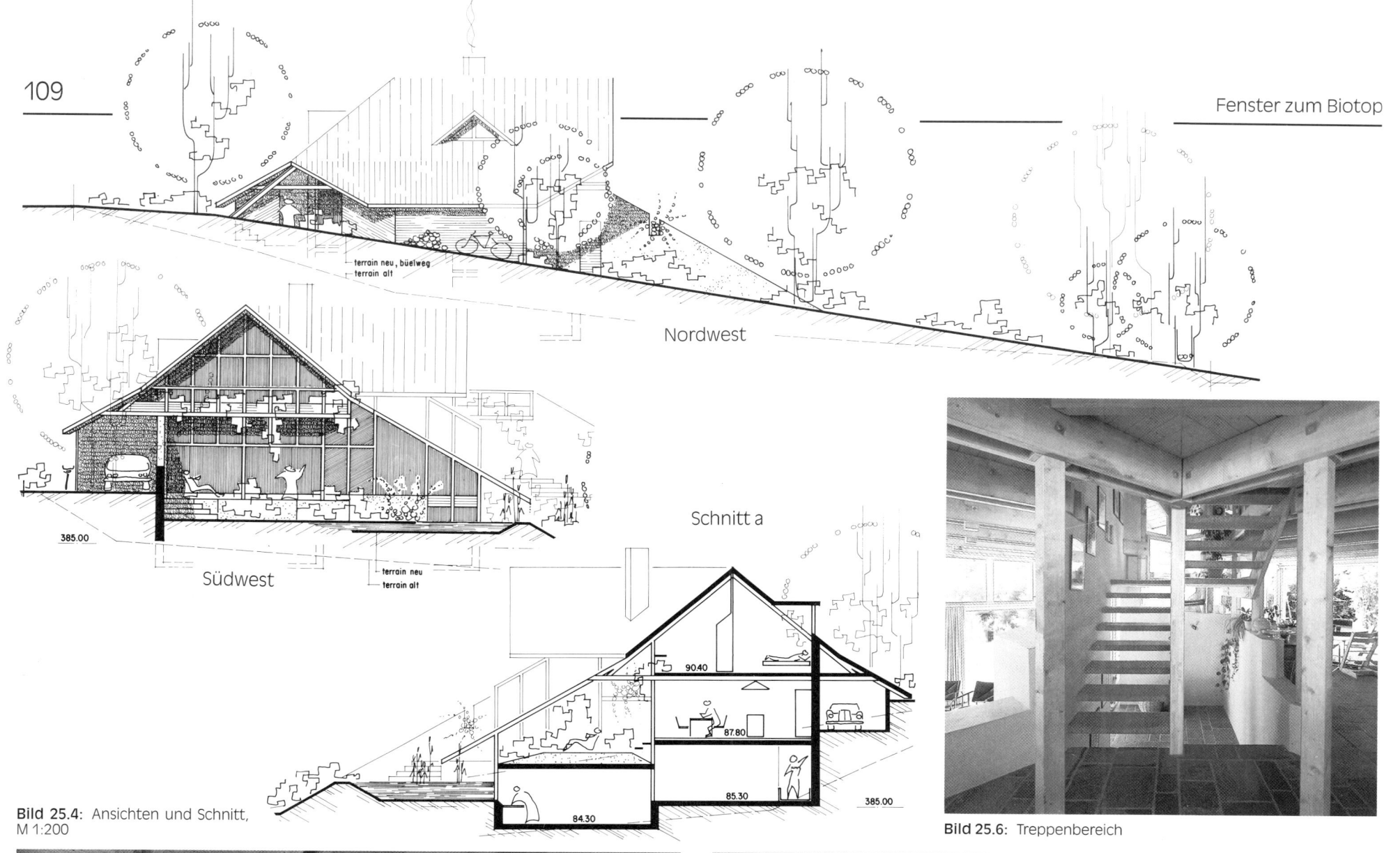

Nordwest

Südwest Schnitt a

Bild 25.4: Ansichten und Schnitt, M 1:200

Bild 25.6: Treppenbereich

Bild 25.5: Wohnraum

Bild 25.7: Wintergarten mit Pizzaofen

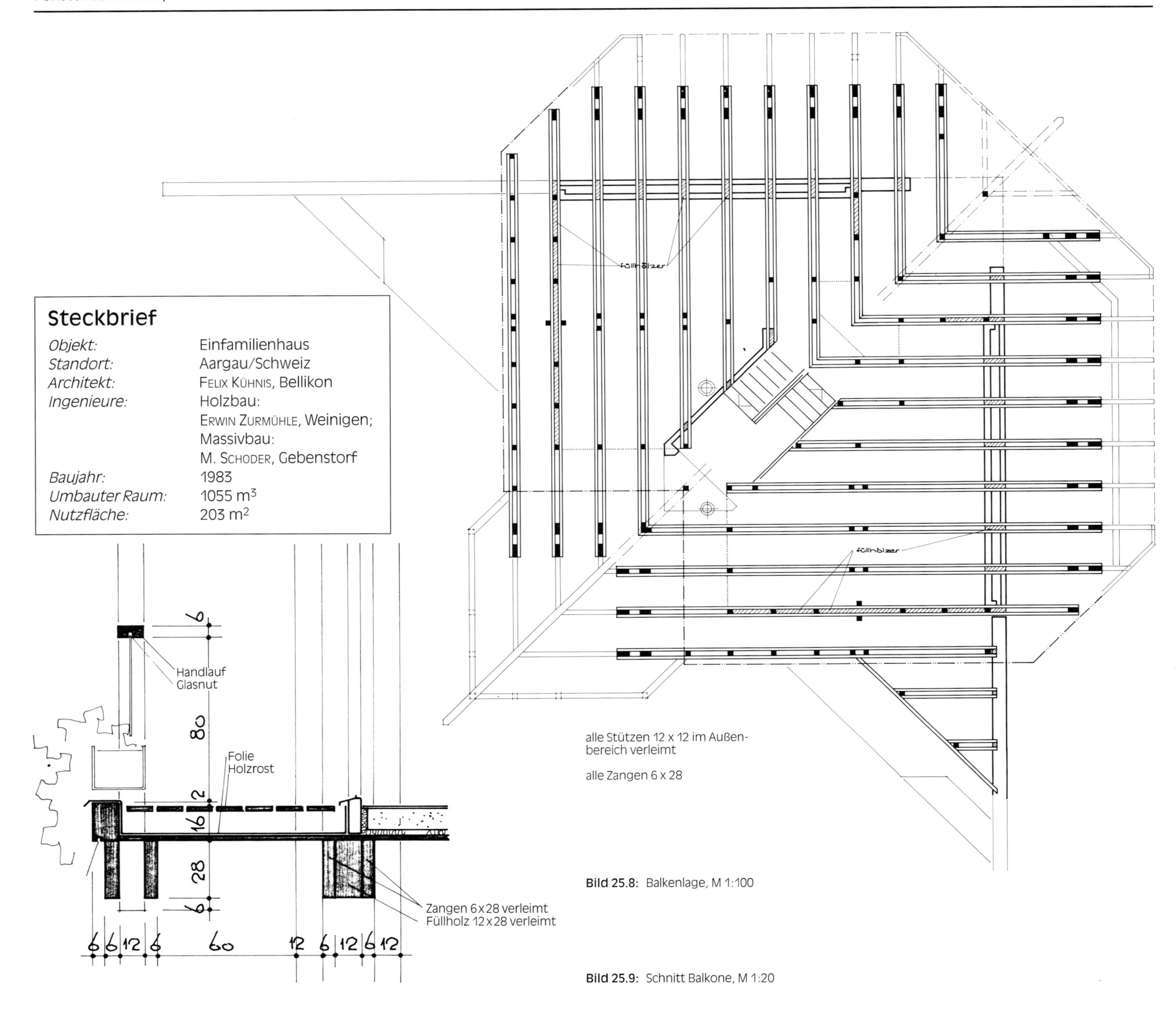

Fenster zum Biotop

Steckbrief

Objekt:	Einfamilienhaus
Standort:	Aargau/Schweiz
Architekt:	Felix Kühnis, Bellikon
Ingenieure:	Holzbau:
	Erwin Zurmühle, Weinigen;
	Massivbau:
	M. Schoder, Gebenstorf
Baujahr:	1983
Umbauter Raum:	1055 m³
Nutzfläche:	203 m²

alle Stützen 12 x 12 im Außenbereich verleimt

alle Zangen 6 x 28

Bild 25.8: Balkenlage, M 1:100

Bild 25.9: Schnitt Balkone, M 1:20

Fenster zum Biotop

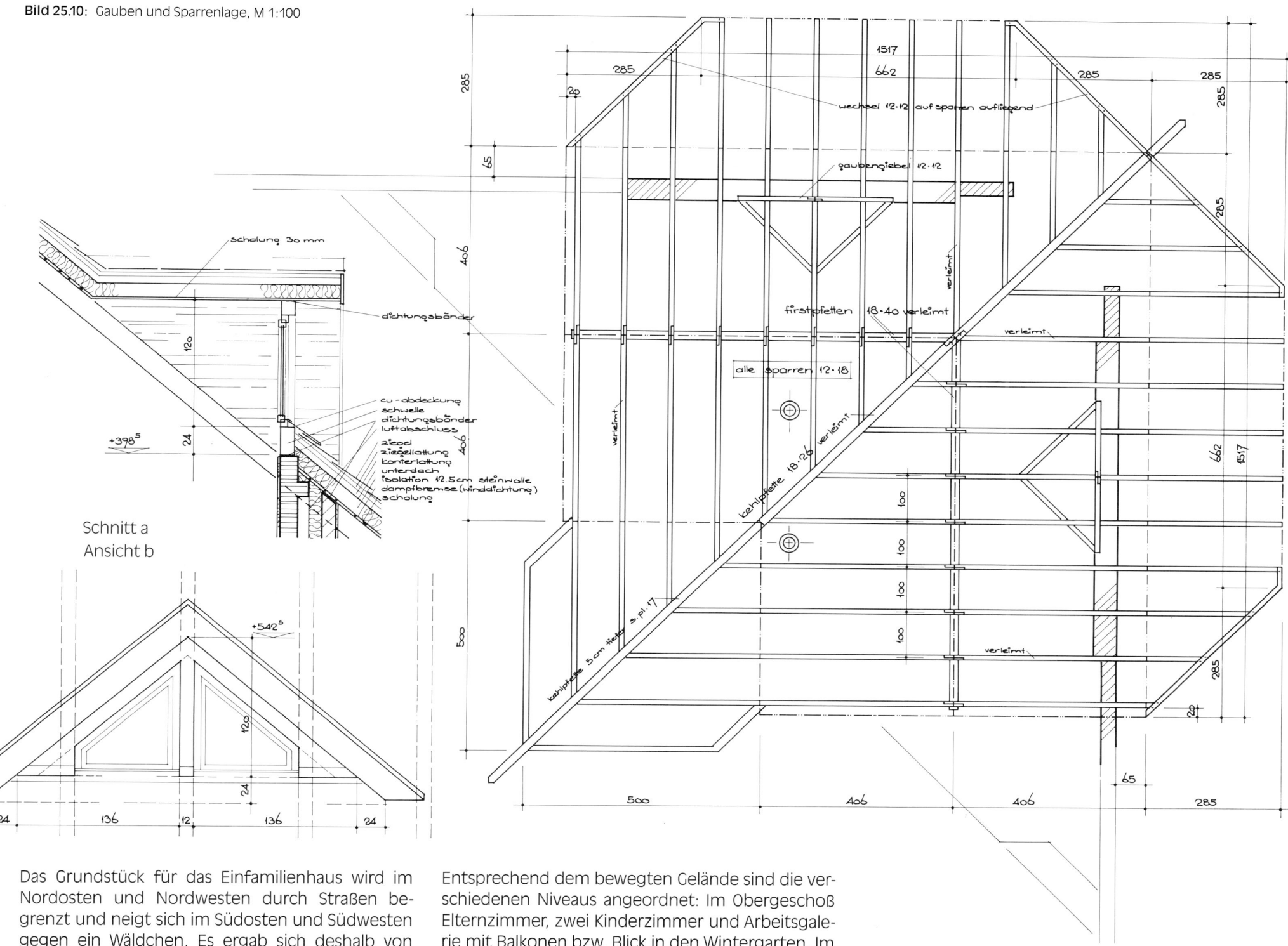

Bild 25.10: Gauben und Sparrenlage, M 1:100

Schnitt a
Ansicht b

Das Grundstück für das Einfamilienhaus wird im Nordosten und Nordwesten durch Straßen begrenzt und neigt sich im Südosten und Südwesten gegen ein Wäldchen. Es ergab sich deshalb von selbst, straßenseitig abzuschirmen und gegen den Garten zu öffnen mit Glasfassade und großzügigem, bewohnbarem Wintergarten. Diesem vorgelagert ist ein Biotop mit Unterwasserverglasung zum Bastelraum.

Entsprechend dem bewegten Gelände sind die verschiedenen Niveaus angeordnet: Im Obergeschoß Elternzimmer, zwei Kinderzimmer und Arbeitsgalerie mit Balkonen bzw. Blick in den Wintergarten. Im Erdgeschoß Kochen – Arbeiten – Essen und gedeckter Außeneßplatz. Etwas tiefer Wohnen mit Außensitzplatz. Ein halbes Geschoß tiefer Sauna mit Blick in den Wintergarten und in die Biotop-Unterwasserverglasung. Zuunterst dann Bastelraum, ebenfalls mit Blick in die Biotop-Unterwasserverglasung. Aufgebaut ist das Haus auf einem Untergeschoß aus Beton und mit Ausnahme der Außenwände (Zweischalen-Mauerwerk) aus einer sichtbaren Holzständerkonstruktion mit einem Rastermaß von 1 m.

Fenster zum Biotop

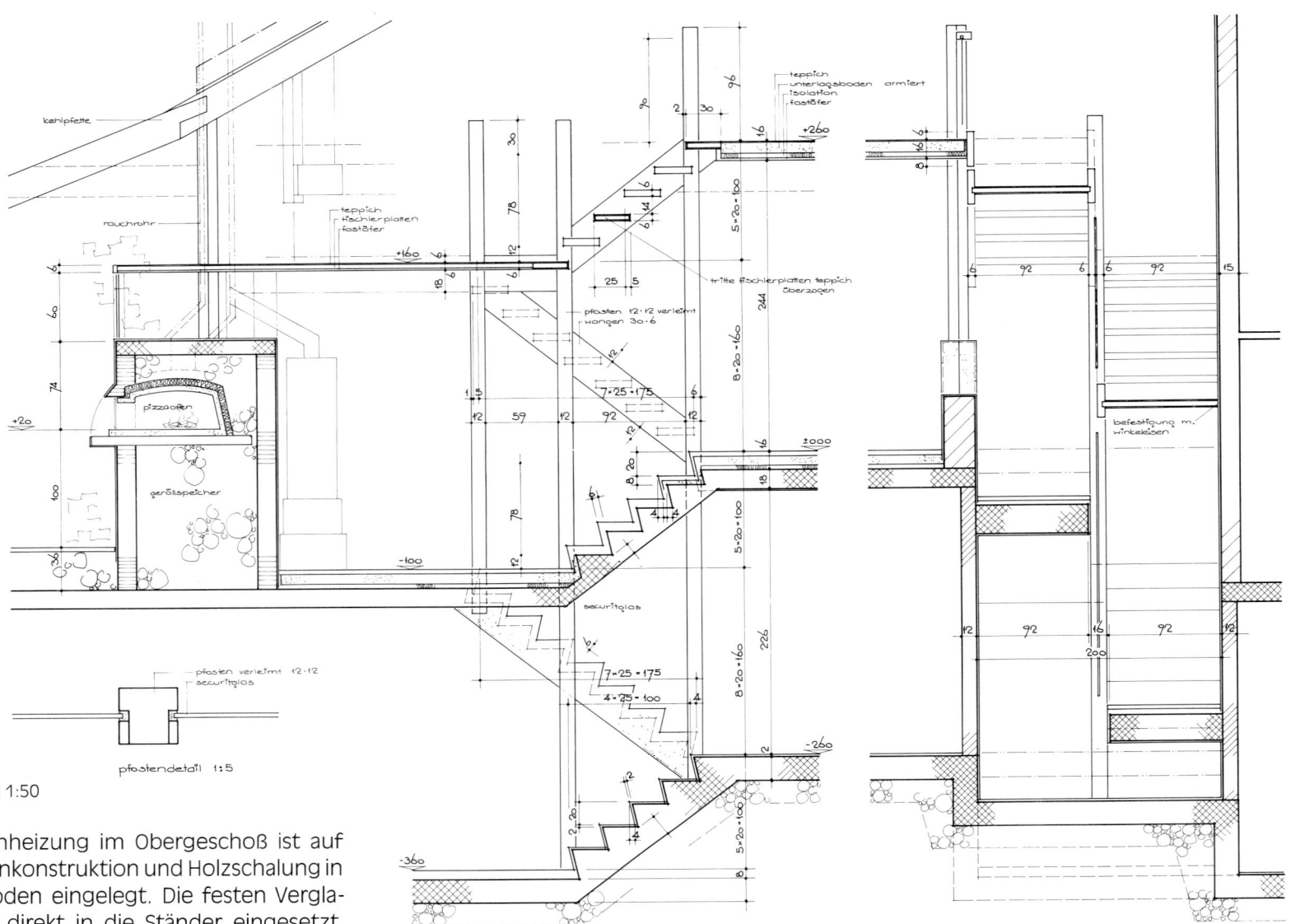

Schnitt b   Schnitt c

Bild 25.11: Treppe, M 1:50

Selbst die Bodenheizung im Obergeschoß ist auf sichtbarer Zangenkonstruktion und Holzschalung in den Unterlagsboden eingelegt. Die festen Verglasungen wurden direkt in die Ständer eingesetzt. Fußböden im Erdgeschoß Naturstein, im Obergeschoß Teppiche.

Der Wintergarten hat in diesem Haus eine zentrale Bedeutung. Es wird darin gewohnt, und der eingebaute Pizza- und Brotofen lädt zu gemütlichen *Schmaus-Hocks* ein. Außerdem dient der Wintergarten als Speicher der direkten Sonneneinstrahlung. Die Wärme wird in den Übergangszeiten durch Öffnen der Türen in die angrenzenden Wohn- und Eßräume abgegeben.

Für die Heizung kam das Wärmepumpen-Wärmerückgewinnungs-System Amsler zur Anwendung (ca. 50 % direkt eingestrahlte Lichtenergie, ca. 30 % Wärmerückgewinnung und ca. 20 % Primärenergie), mit Niedertemperatur-Fußbodenheizung und integrierter Trinkwassererwärmung. Bei diesem System wird bei einem Luftwechsel von ca. 0,7/Std. die Abluft aus Bad und Küche abgesaugt, während sie aus den anderen Räumen, vor allem aus dem Wintergarten, nachgesaugt wird. Mit der im Untergeschoß installierten Wärmepumpe (ca. 2,5 kW) wird der Abluft die Wärme (18 °C) entzogen und direkt der Fußbodenheizung bzw. dem Trinkwarmwasser zugeführt. Sämtliche im Haus produzierte Wärme (Licht, Mensch, Cheminée, Kochen usw.) wird so zurückgewonnen. Dank der konstanten, relativ warmen Quelle arbeitet die Wärmepumpe mit einem günstigen Wirkungsgrad.

Diese Heizungsart funktioniert selbst bei diffuser Sonneneinstrahlung bis etwa −2 °C, wobei als 24-Stunden-Speicher die Gebäudemasse genügt. Sollte das Thermometer für längere Zeit wesentlich tiefer sinken – beim Schweizer Klima an 5 bis 15 Tagen im Jahr –, werden die Temperaturspitzen mit der Cheminéefeuerung abgedeckt. Die Erstellungskosten für Wärmepumpe, Lüftungssystem, Warmwasserbereitung und Bodenheizung entsprechen denjenigen einer ölgefeuerter Zentralheizung.

Als weiteres Heizsystem wurde auf einfachste Weise eine Wandhypokauste eingebaut. Die innere Schale des ohnehin vorgesehenen Zweischalen-Mauerwerks wurde etwas nach innen verschoben (Calmo-Speicherstein), wobei der dadurch entstehende Hohlraum und damit die innere Schale mit einem Warmluftcheminée aufgeheizt wird (geschlossener Warmluftkreis). Durch die großen Abstrahlflächen mit niedrigen Temperaturen entsteht eine noch größere Behaglichkeit als beim Kachelofen.

Bild 25.12: Fensterschnitte 1 – 4, M 1:10

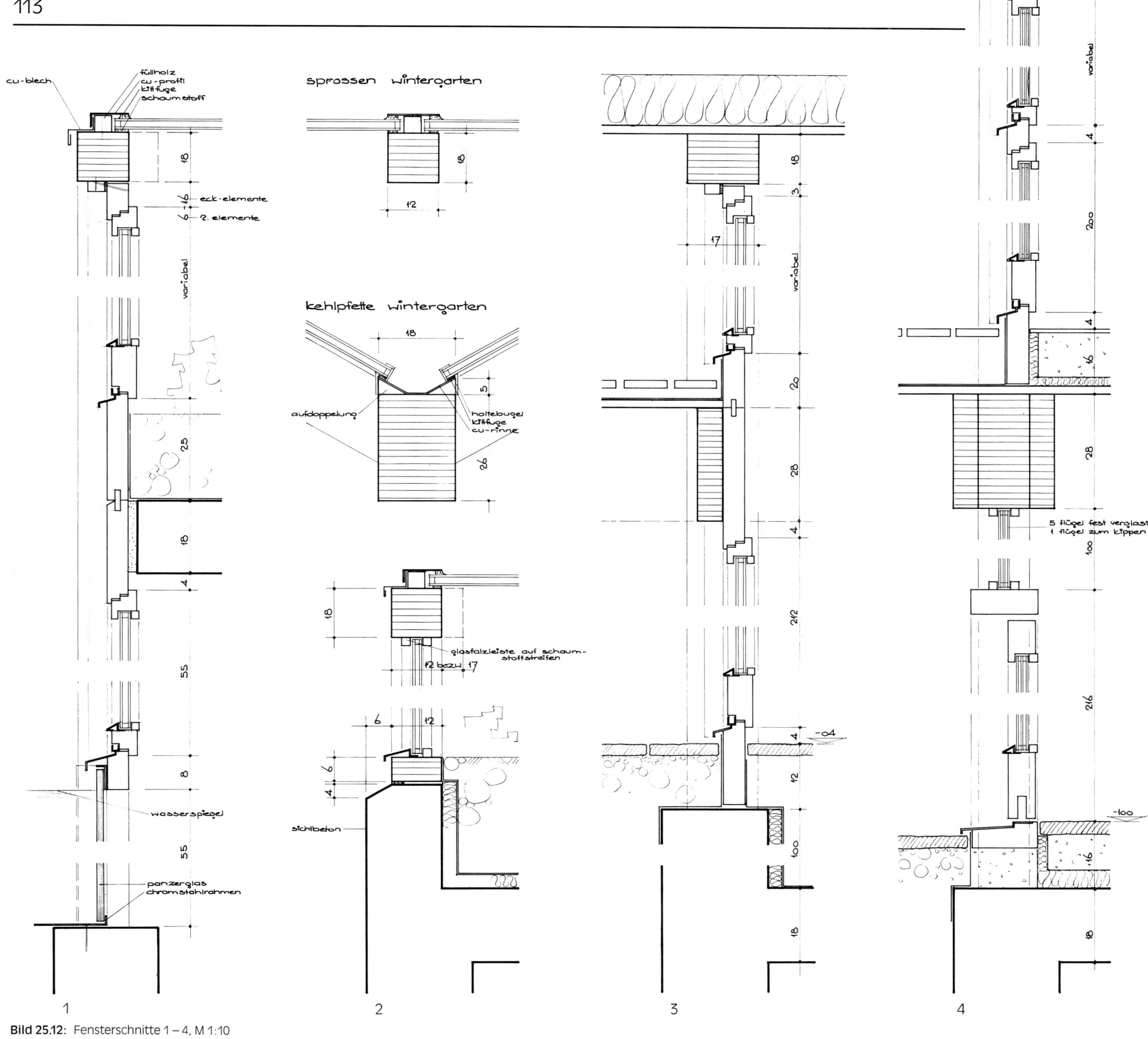

Bild 25.13: Fensterschnitte 5 – 8, M 1:10

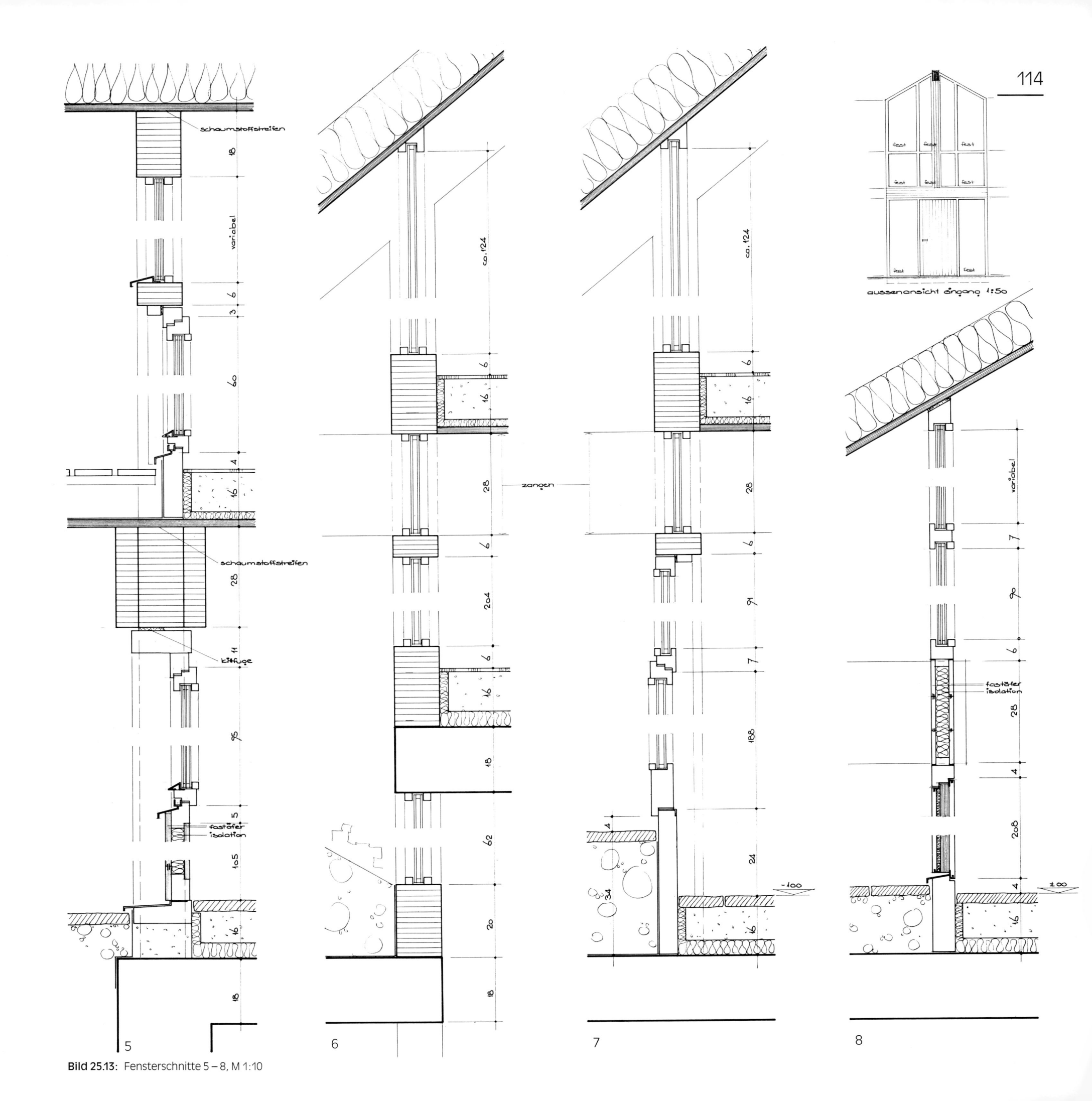

Bild 25.14: Horizontalschnitte, Fenster, M 1:10

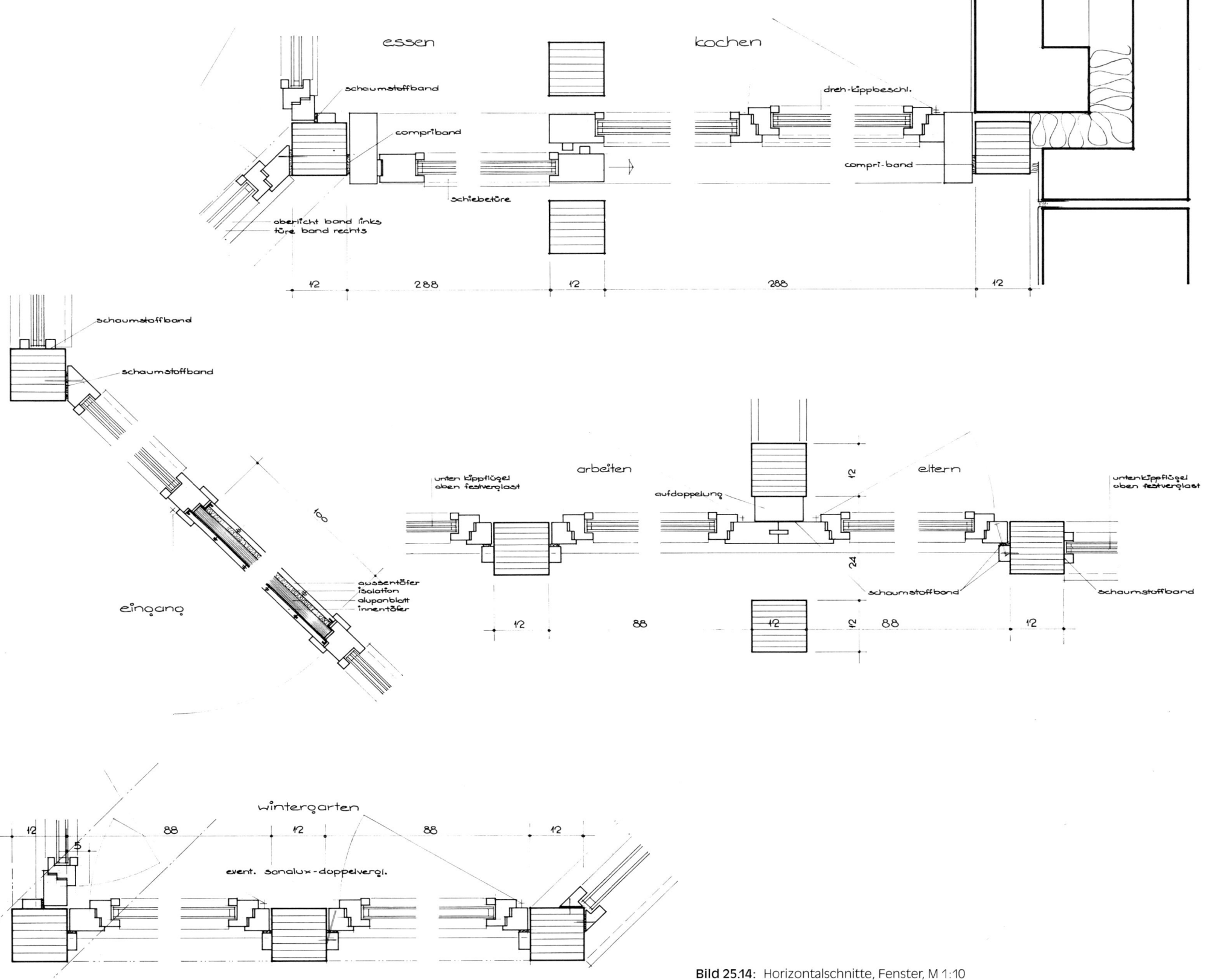

Fenster zum Biotop

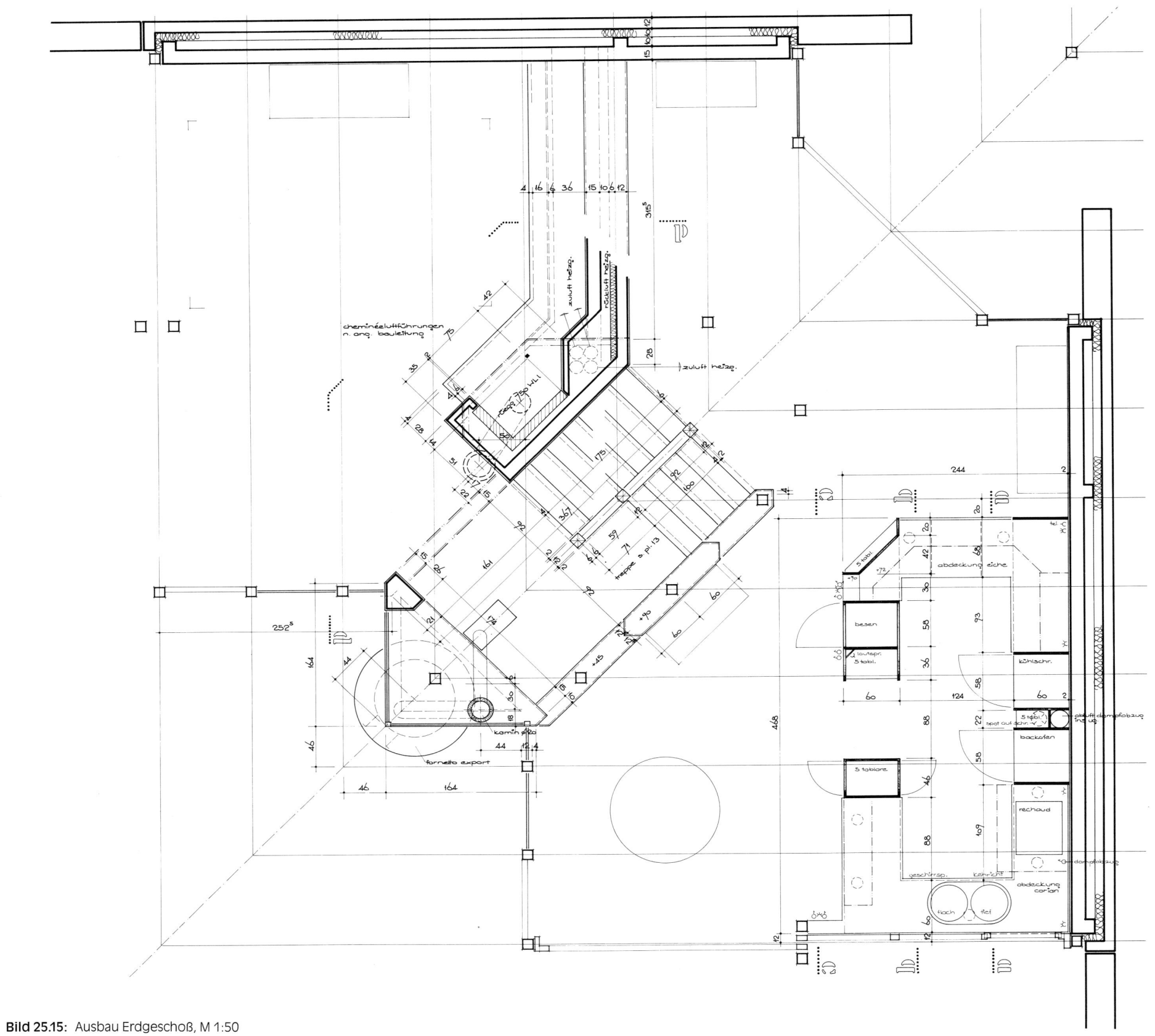

Bild 25.15: Ausbau Erdgeschoß, M 1:50

Bild 25.16: Ausbau Obergeschoß, M 1:50

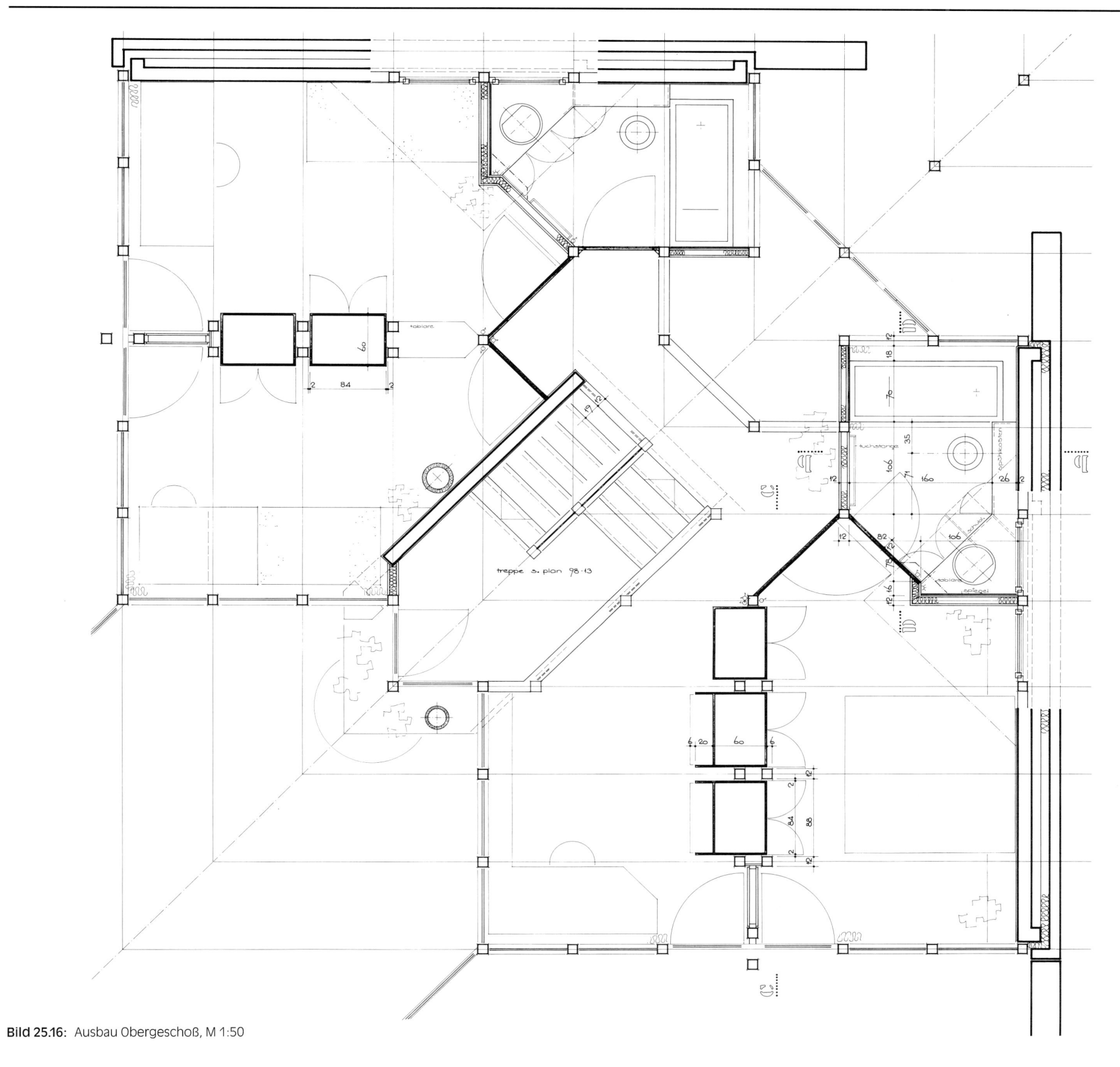

26 Ende einer Reihe

Bild 26.1 bis 26.3: Ansichten eines Reihenhauses vom Garten und von der Straße

Bild 26.2

Bild 26.3

Steckbrief

Objekt:	Reihenendhaus
Standort:	Pliening bei München
Architekten:	Krug + Partner, München
Ingenieur:	Linsl
Baujahr:	1986
Umbauter Raum:	900 m³
Nutzfläche:	156 m²
Baukosten:	DM 400.000

Eine Besonderheit der Vorgaben aus dem Bebauungsplan war die planerische Fixierung individualisierter Reihenhäuser von unterschiedlichen Architekten.

Bei dem Haus handelt es sich um ein Reihenendhaus aus einer Zeile mit vier Häusern. Aus den folgenden Rahmenbedingungen wurde das Haus entwickelt:

- Achsmaß der Gebäudebreite auf 8,40 m beschränkt, die Gebäudetiefe des Hauptbaukörpers auf 10,80 m.
- Straßenseitig darf diese Festsetzung durch einen Anbau von höchstens 2,40 m Tiefe und 5,40 m Breite überschritten werden.
- Gartenseitig ist eine Erweiterung des Hauptbaukörpers um einen Anbau von höchstens 3,60 m Tiefe und 5,40 m Breite zulässig.
- Bei der Gestaltung der Fassaden wurde ein 0,60-m- bzw. 1,20-m-Achsraster festgelegt.

Durch transparente Innenräume und versetzte Geschoßebenen wurde die Raumwirkung großzügig trotz relativ begrenzter Flächen. Die Hauptwohnung hat 120 m², der Einlieger 35 m², erschlossen über eine separate Außentreppe.

Der Wintergarten reicht bis unter das Dach des 1. Obergeschosses.

Konstruktion

Es handelt sich um eine Mischkonstruktion. Unter Verwendung von viel Holz wurde ein selbstbaufreundliches Konstruktionsprinzip gewählt. Die leichte Trennwand im Obergeschoß kann nach Auszug der Kinder herausgenommen werden. Die Zwischendecken sind aus Holz mit Ausnahme der Naßbereiche und beim Einlieger.

Ende einer Reihe

Bild 26.4: Vorgaben des Bebauungsplanes

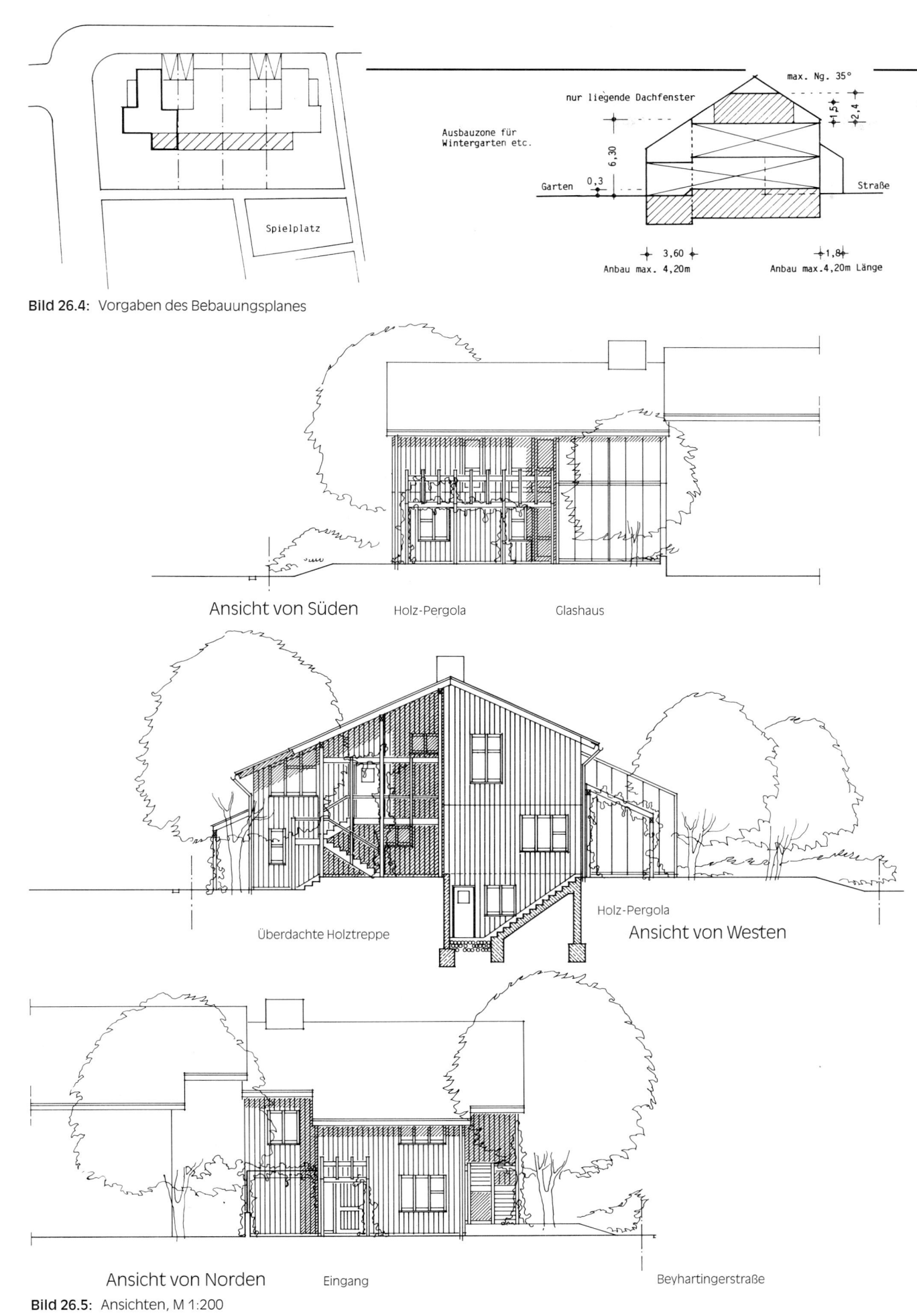

Ansicht von Süden — Holz-Pergola — Glashaus

Überdachte Holztreppe — Holz-Pergola — Ansicht von Westen

Ansicht von Norden — Eingang — Beyhartingerstraße

Bild 26.5: Ansichten, M 1:200

Ökologisches Konzept

1. Das übergeordnete Kriterium ist: wenig Landverbrauch trotz individueller Ansprüche an die Architektur. Das gewählte Konzept erlaubt dem einzelnen Bauinteressenten mehr Möglichkeiten zur Erfüllung persönlicher Wünsche, ohne daß er sich dabei auf das Preisniveau eines freistehenden Einfamilienhauses wagen muß.

2. Wesentlicher Bestandteil des Hauses ist der zweigeschossige Wintergarten auf der Südseite in Holzständerbauweise. Der Wintergarten reicht bis unter die Traufe. Er hilft durch sinnvolle Luftzirkulation Energie zu sparen.

   Der Wintergarten temperiert den obenliegenden Wohnraum und die im Erdgeschoß befindliche Wohnküche mit angrenzendem Kinderzimmer. Speicherflächen sind die seitlichen Begrenzungswände zum Nachbarn und der schwere Erdgeschoßfußboden mit Ziegelbelag.

   Um die Transparenz innerhalb des Hauses zu fördern, ist die Südwand zwischen Wohnraum und Glashaus in leichter Holzständerkonstruktion ausgeführt. Die Wände sind je nach Anforderung nach Süden offener und nach Norden geschlossener. Massive Ziegelwände sind verschalt mit darunterliegender Dämmung. Eine reine Holzkonstruktion wurde nicht gewählt zugunsten von Speicher- bzw. Abstrahlungsflächen.

3. Zur Erleichterung von technischen Problemen sind in den Naßbereichen und beim Einlieger die Böden aus Massivbaustoffen mit wenig Eiseneinlage. Die übrigen Decken sind Holzkonstruktionen mit sichtbaren Holzbalken ohne Estrichauflage.

   Die Holzverschalung wurde leicht weiß mit einer unbedenklichen Lasur behandelt.

4. Es wurde eine sehr sparsame Fußleistenheizung, die ein günstiges Raumklima schafft, bündig in die Massivwand eingebaut. Durch das Aufsteigen der warmen Luft wird die Wand selber zur *Strahlungsheizung* und schafft damit ein günstiges Raumklima ohne Staubaufwirbelung.

5. Wichtig ist die Einbindung des Hauses in das Grünkonzept. Zur Regulierung thermischer Verhältnisse ist die Fassadenbegrünung geeignet.

   Mit einer Pergola im Süden im Anschluß an das Glashaus, werden Halbschattenzonen gebildet. Die Pergola ist ein guter Träger für die Berankung der Fassade.

   Trotz einer relativ kleinen Gartenfläche wurde ein Feuchtbiotop integriert und kein versiegelter Stellplatz vorgesehen. Das auf der Dachfläche anfallende Regenwasser wird aufgefangen und im Gartenbereich genutzt.

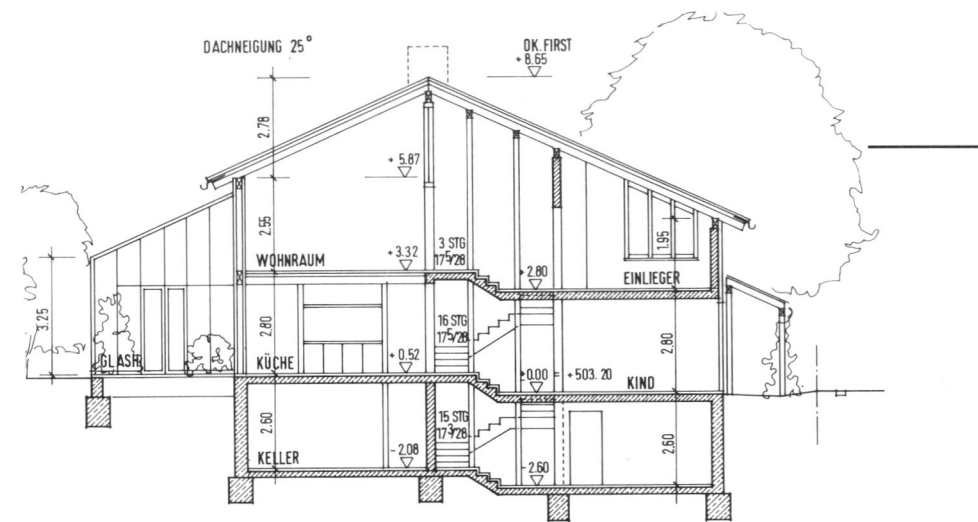

Bild 26.6: Schnitt, M 1:200

Bild 26.8: Obergeschoß-Wohnraum

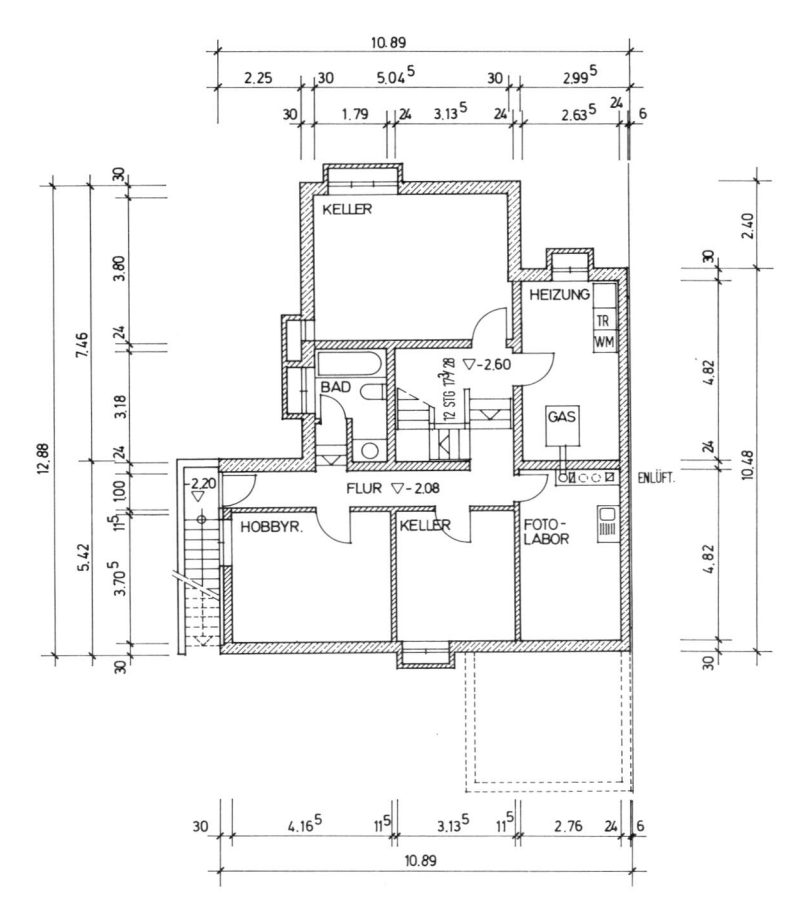

Bild 26.7: Grundriß Kellergeschoß, M 1:200

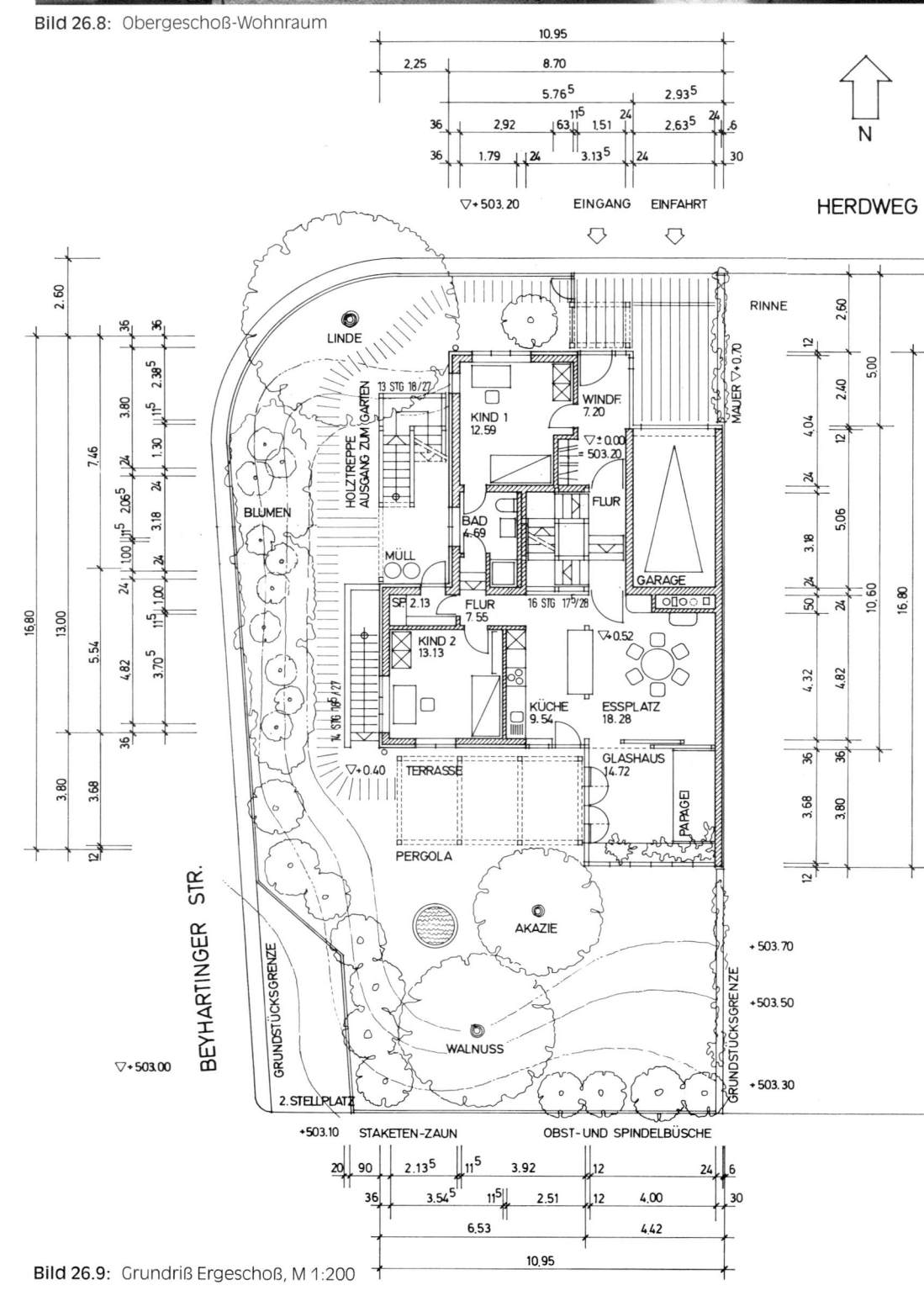

Bild 26.9: Grundriß Ergeschoß, M 1:200

Bild 26.10: Grundriß Obergeschoß, M 1:200

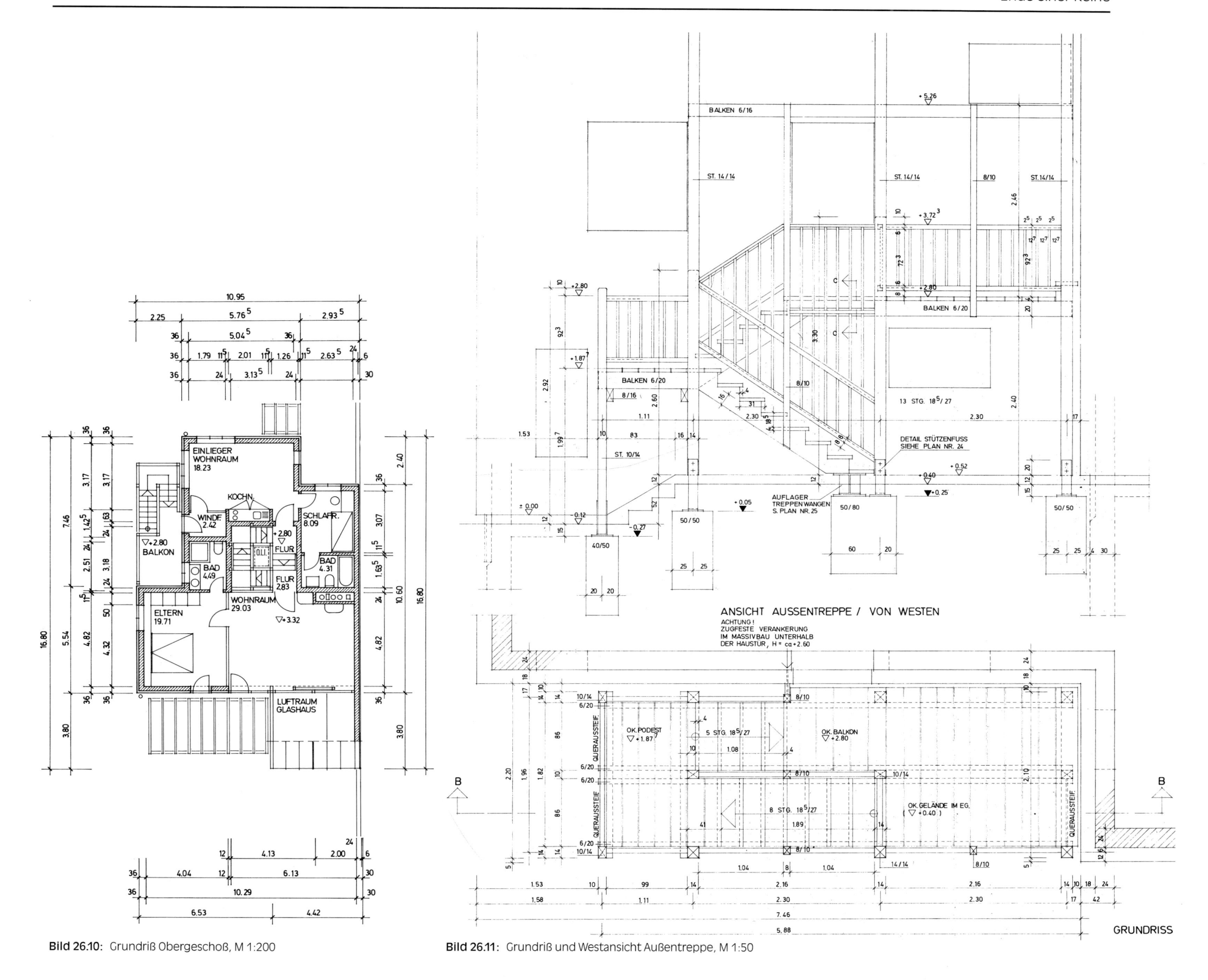

Bild 26.11: Grundriß und Westansicht Außentreppe, M 1:50

Bild 26.12: Nordansicht Außentreppe, M 1:50

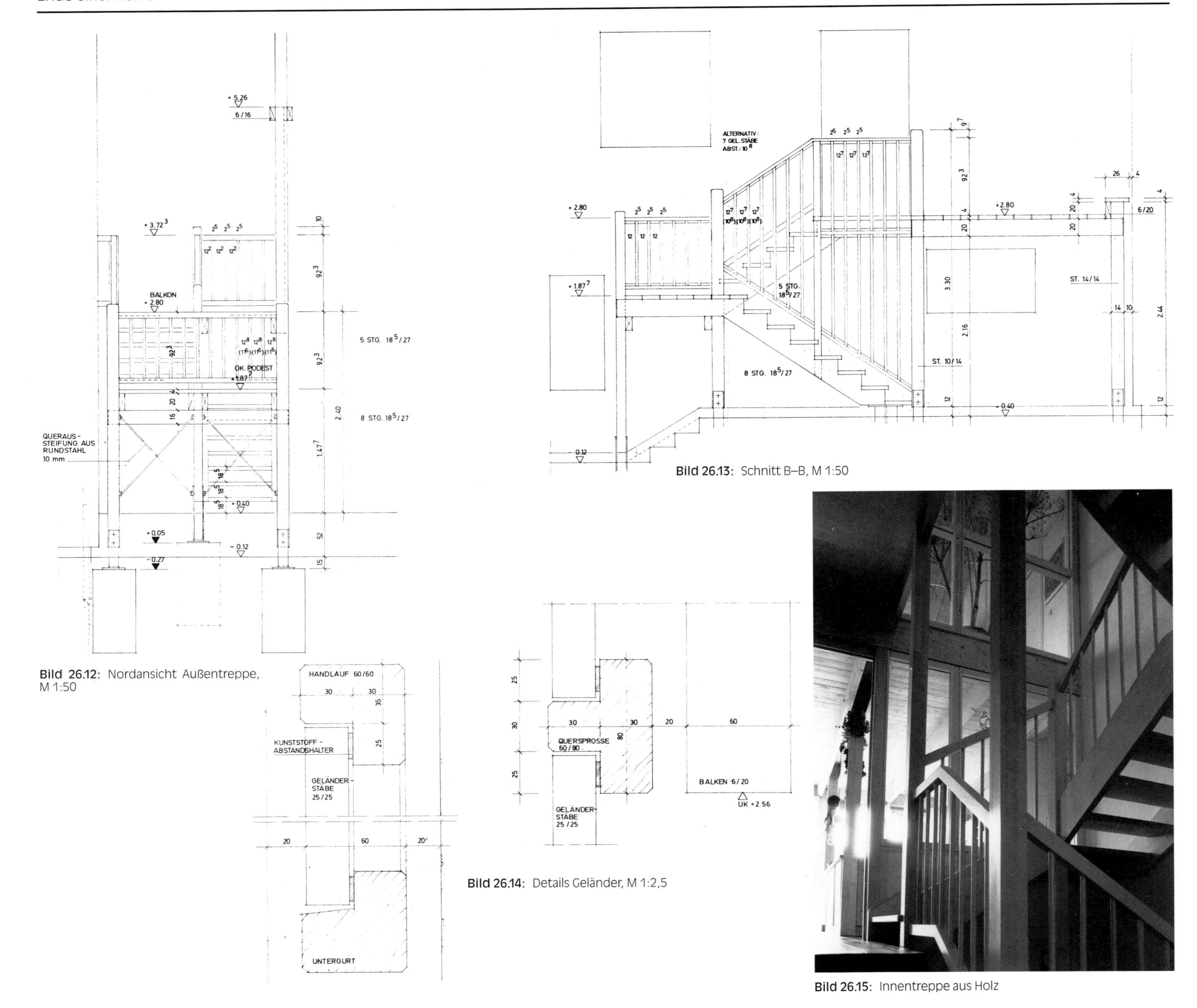

Bild 26.13: Schnitt B–B, M 1:50

Bild 26.14: Details Geländer, M 1:2,5

Bild 26.15: Innentreppe aus Holz

27 Aus der Reihe

Bild 27.1: Südwest-Ansicht

Bild 27.3: Nordwest-Seite

Bild 27.2: Teil der Nordost-Fassade

Bild 27.4: Wintergarten auf der Südwestseite

Steckbrief

Objekt:	Abschluß-Reihenhaus mit 3 Wohneinheiten
Standort:	Korbach
Architekt:	PETER WALACH, Schmallenberg
Ingenieur:	JOHANN SCHMIDT, Schmallenberg
Baujahr:	1985
Umbauter Raum:	1178 m^3
Nutzfläche:	313 m^2
Baukosten:	DM 350.000

Die *strengen* Vorgaben des Bebauungsplanes schufen einige Probleme hinsichtlich der Zielsetzung, ein individuell gestaltetes Reihenhaus zu planen. Der Bebauungsplan schrieb vor

- einen zweigeschossigen Baukörper mit den Außenmaßen von max. 8,95 x 15,00 m,
- eine geschlossene Bauweise (Reihenhausbebauung),
- Grundflächenzahl 0,4 und Geschoßflächenzahl 0,8,
- Dachneigung 20 ° und Firstrichtung traufständig, Satteldach, keine Dachgauben,
- Geschoßhöhe 2,75, Außenwandhöhe über OKE max. 5,70.

Aus der Reihe

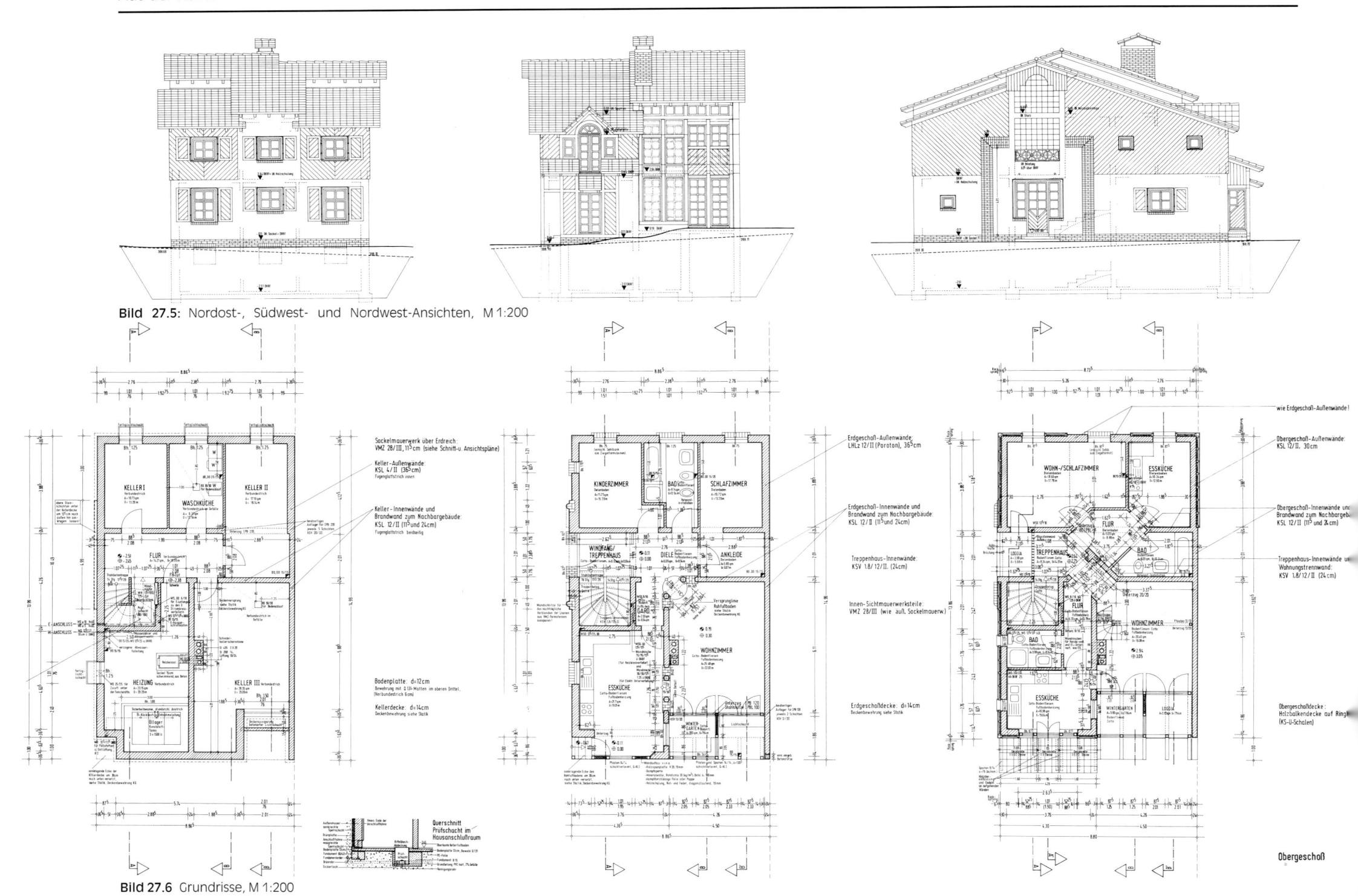

Bild 27.5: Nordost-, Südwest- und Nordwest-Ansichten, M 1:200

Bild 27.6 Grundrisse, M 1:200

Der verbleibende sehr, sehr kleine Spielraum sollte aber weitestgehend ausgenutzt werden, wobei es – besonders in der Vorplanungsphase – einige schwierige Verhandlungen mit den Behörden gab. Zur Veranschaulichung der Planungsideen wurden erste Massenmodelle gefertigt, was sich als sehr sinnvoll erwies, denn schließlich stimmten die Behörden den geplanten Dachvorsprüngen und der kleinen Giebelgaube doch zu.
Nach der Entwurfsplanung entstand ein detailliertes Modell im Maßstab 1:100.
Ursprünglich hatte der Bauherr vor, das Haus zu vermieten, bis er sich – etwa bei der Fertigstellung des Rohbaues – dazu entschlossen hat, das Haus doch selbst mit seiner Familie zu bewohnen. Das Haus wurde so geplant, daß es von drei Mietparteien bewohnt werden kann: eine große Wohnung mit Wohnraum, Eßküche, Schlafzimmer, Bad, Kinder-

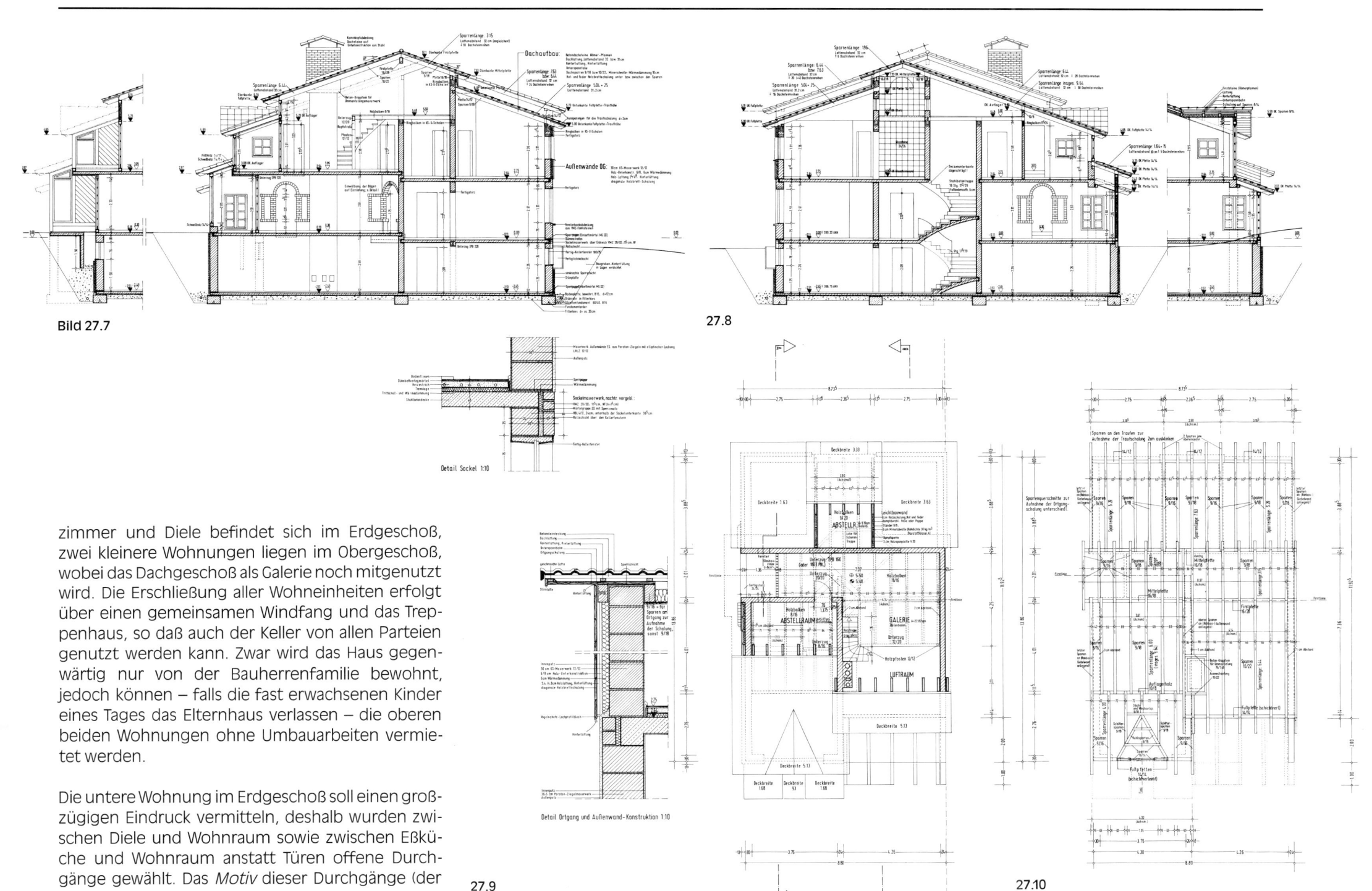

zimmer und Diele befindet sich im Erdgeschoß, zwei kleinere Wohnungen liegen im Obergeschoß, wobei das Dachgeschoß als Galerie noch mitgenutzt wird. Die Erschließung aller Wohneinheiten erfolgt über einen gemeinsamen Windfang und das Treppenhaus, so daß auch der Keller von allen Parteien genutzt werden kann. Zwar wird das Haus gegenwärtig nur von der Bauherrenfamilie bewohnt, jedoch können – falls die fast erwachsenen Kinder eines Tages das Elternhaus verlassen – die oberen beiden Wohnungen ohne Umbauarbeiten vermietet werden.

Die untere Wohnung im Erdgeschoß soll einen großzügigen Eindruck vermitteln, deshalb wurden zwischen Diele und Wohnraum sowie zwischen Eßküche und Wohnraum anstatt Türen offene Durchgänge gewählt. Das *Motiv* dieser Durchgänge (der Rundbogen mit den flankierenden rechteckigen Öffnungen links und rechts) taucht übrigens auch wieder als Fensterform an der Südfassade auf. Der Höhenversatz – der Wohnbereich liegt zwei Stufen höher – ergibt sich durch das vorhandene Gelände: vom Wohnzimmer aus gelangt man ebenerdig auf die Terrasse im Garten. Die beiden kleinen Wintergärten im EG und im OG liegen jeweils zwischen Wohnbereich und Eßküche, so daß die *eingefangene* Wärme jeweils beiden Räumen zugeführt werden kann. Es ist übrigens höchst erstaunlich, wie effektiv sich selbst so ein kleiner Wintergarten als Wärmefalle auswirkt.

Bild 27.7 Querschnitte B–B und B'–B', M 1:200

Bild 27.8: Querschnitte A–A und A'–A', M 1:200

Bild 27.9: Holzbalkenlage Dachgeschoß, M 1:200

Bild 27.10 Sparrenlage, M 1:200

Aus der Reihe

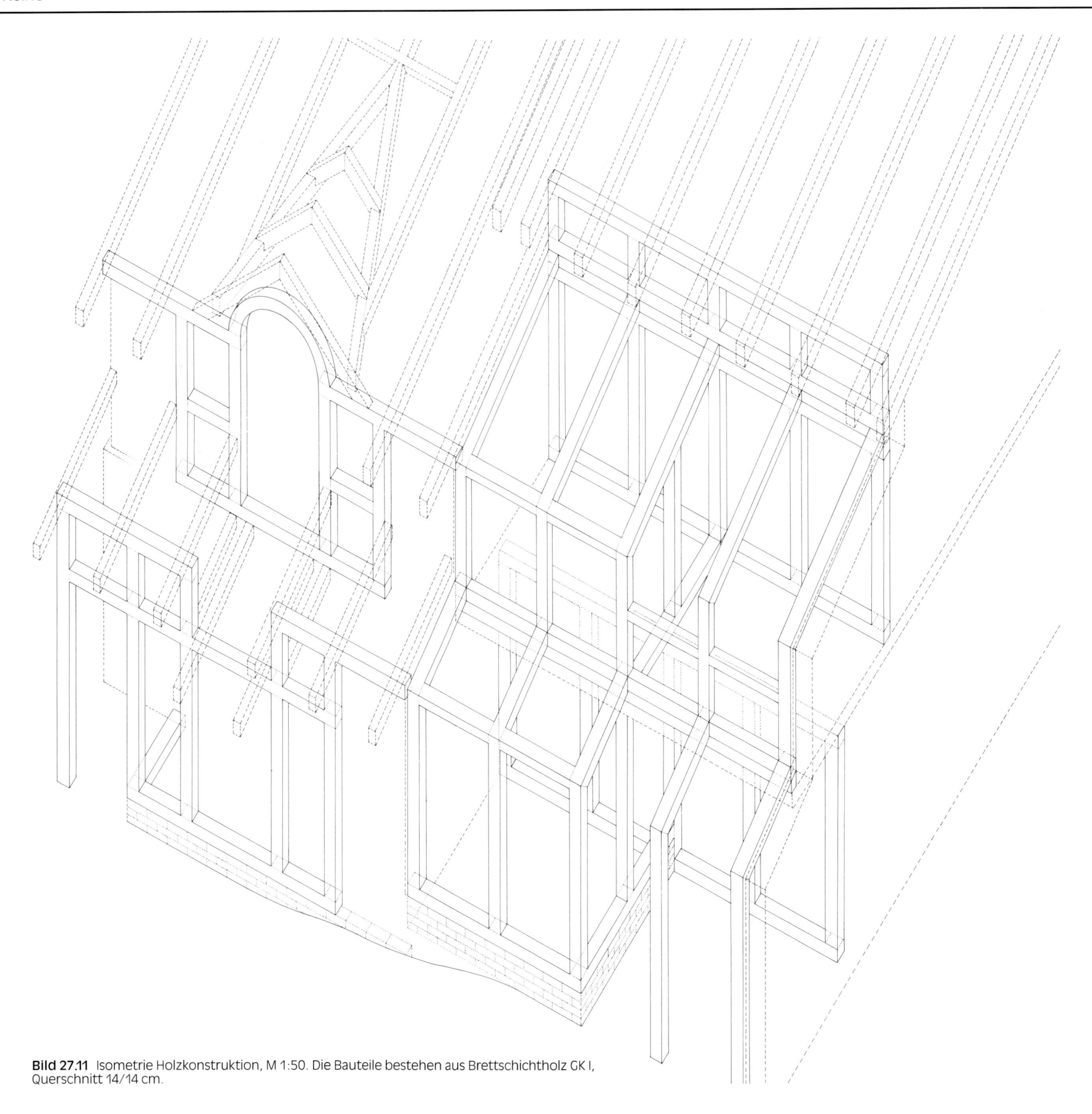

Bild 27.11 Isometrie Holzkonstruktion, M 1:50. Die Bauteile bestehen aus Brettschichtholz GK I, Querschnitt 14/14 cm.

Aus der Reihe

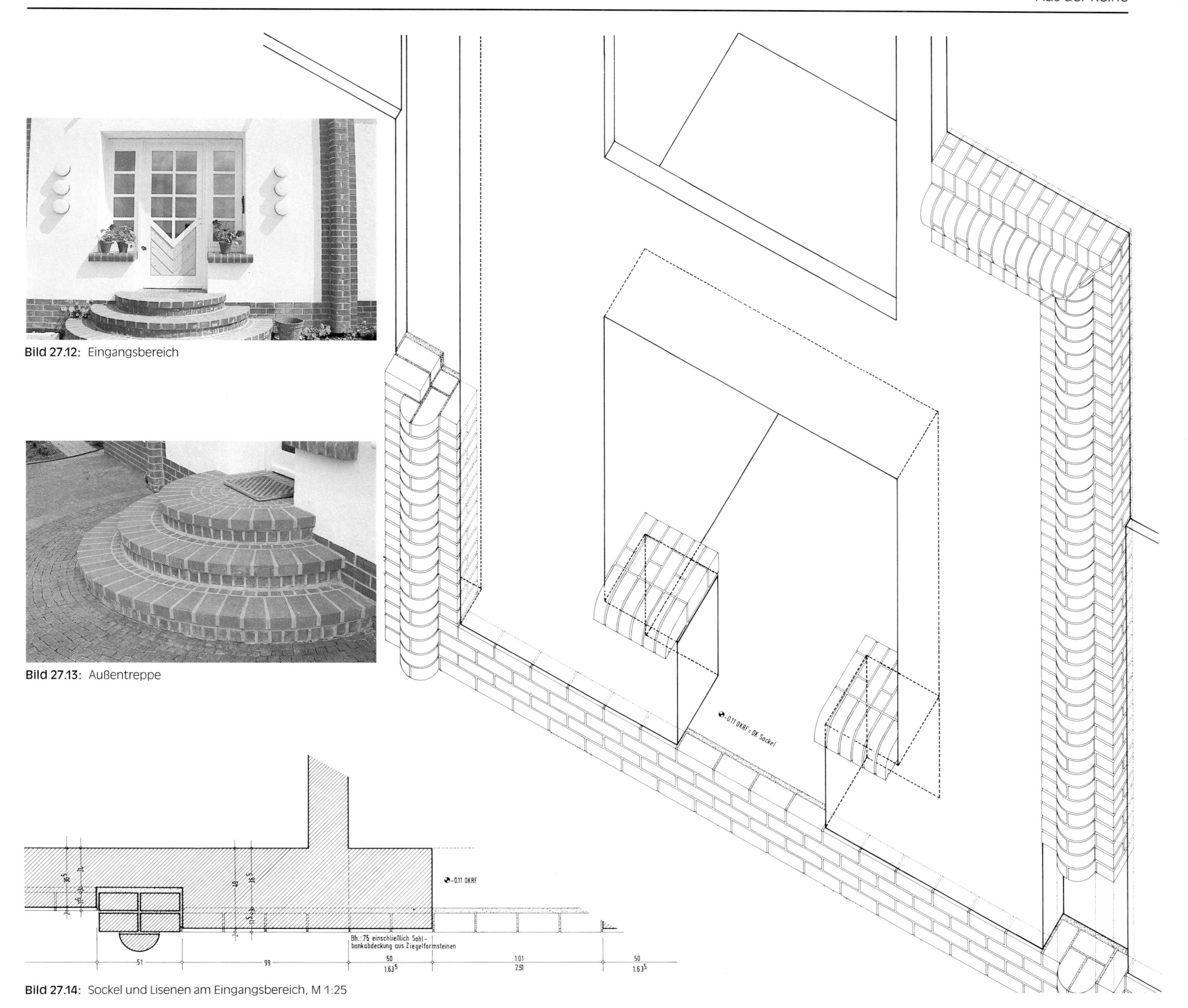

Bild 27.12: Eingangsbereich

Bild 27.13: Außentreppe

Bild 27.14: Sockel und Lisenen am Eingangsbereich, M 1:25

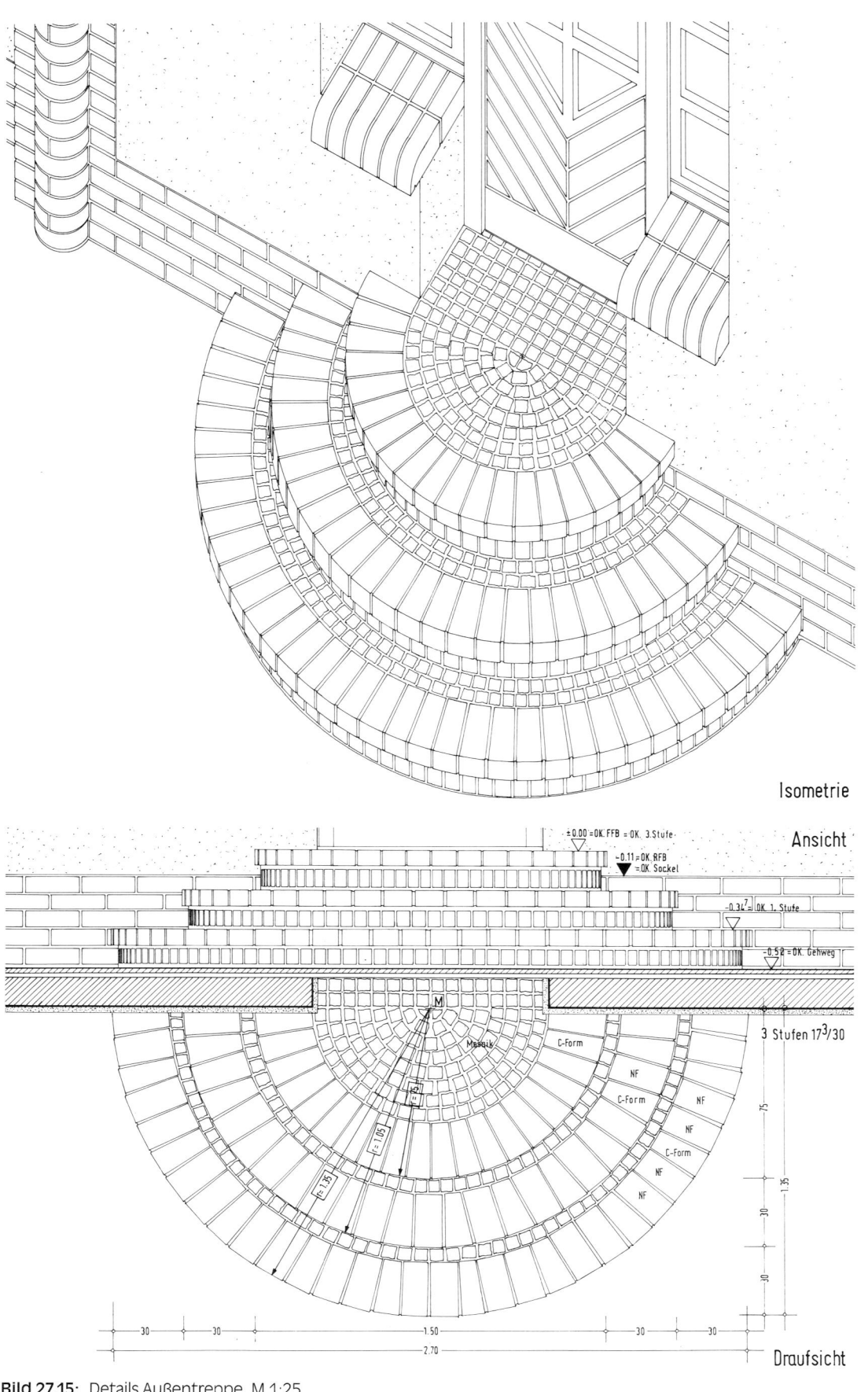

Bild 27.15: Details Außentreppe, M 1:25

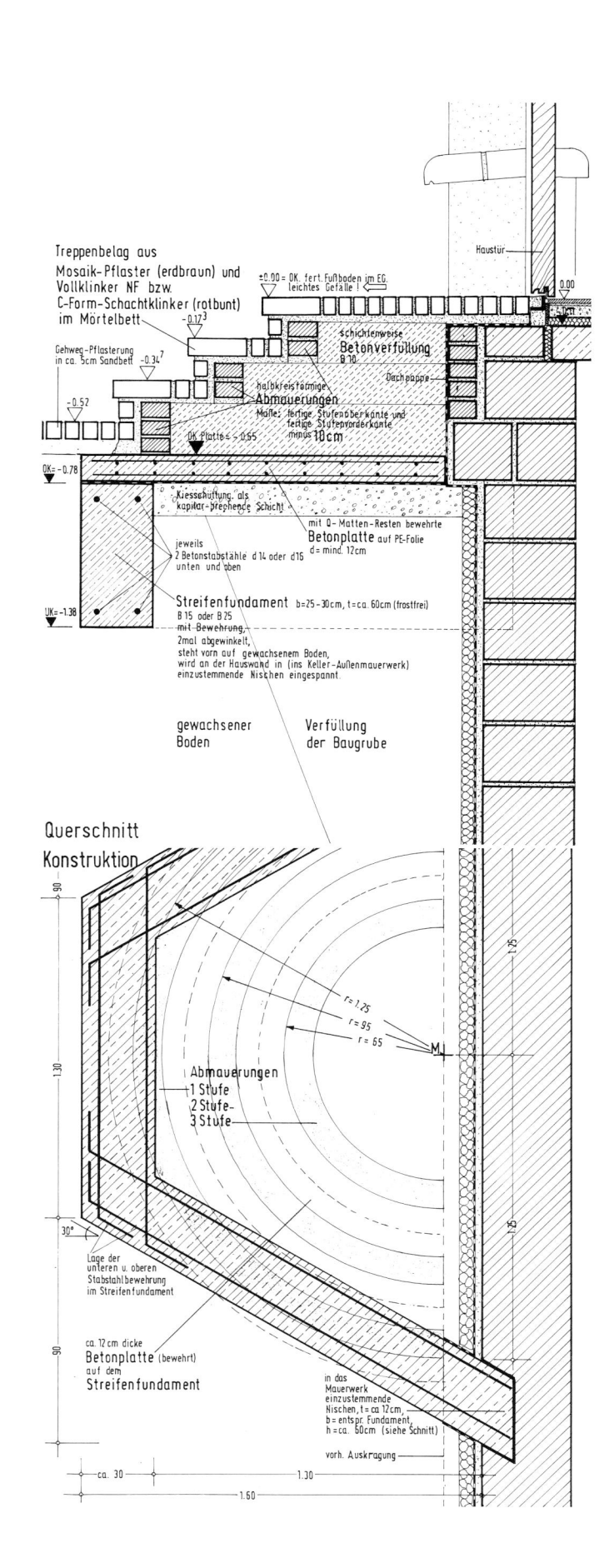

Aus der Reihe

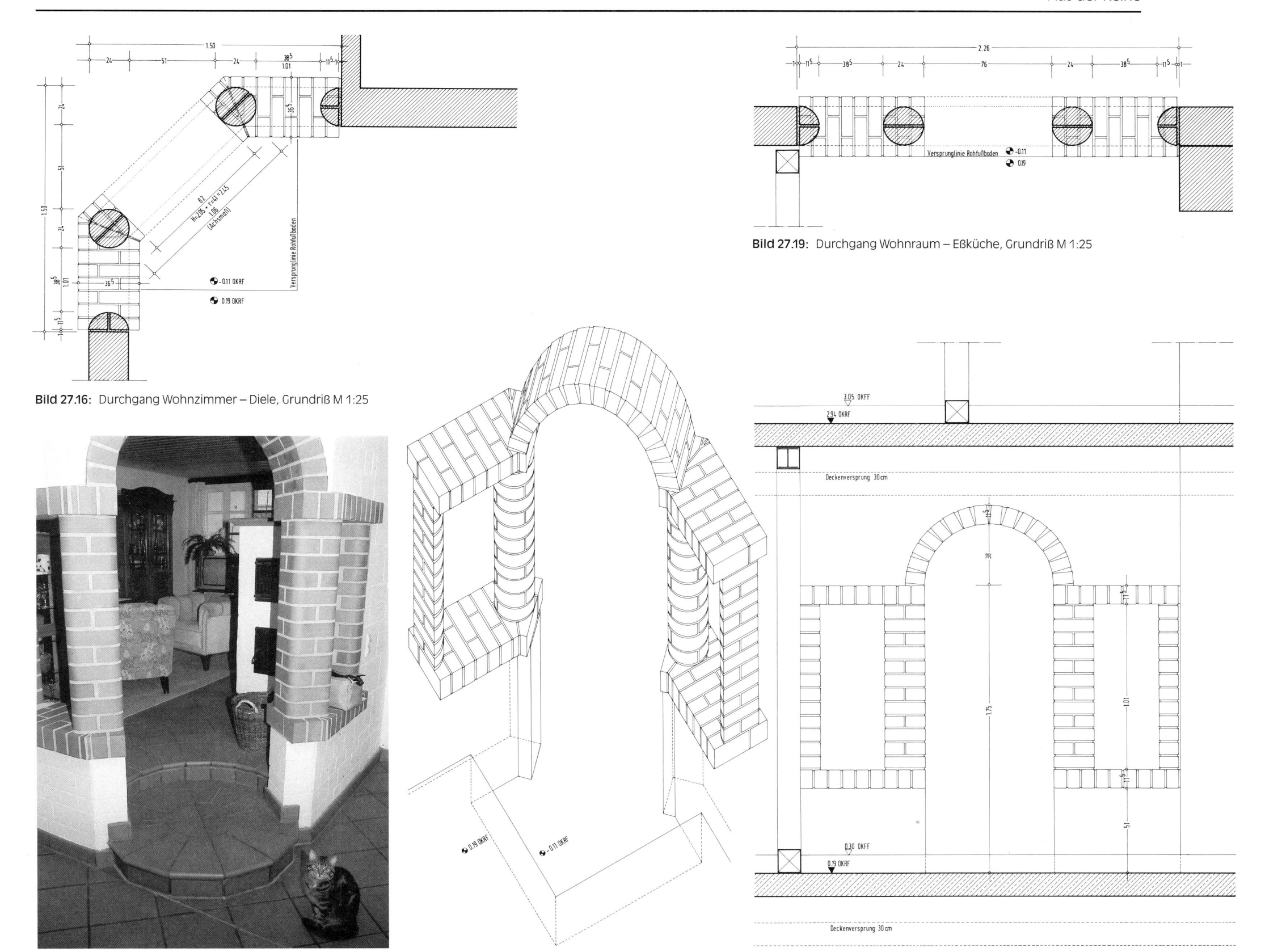

Bild 27.16: Durchgang Wohnzimmer – Diele, Grundriß M 1:25

Bild 27.17: Sichtmauerwerk

Bild 27.18: Isometrie, M 1:25

Bild 27.19: Durchgang Wohnraum – Eßküche, Grundriß M 1:25

Bild 27.20: Ansicht, M 1:25

Aus der Reihe

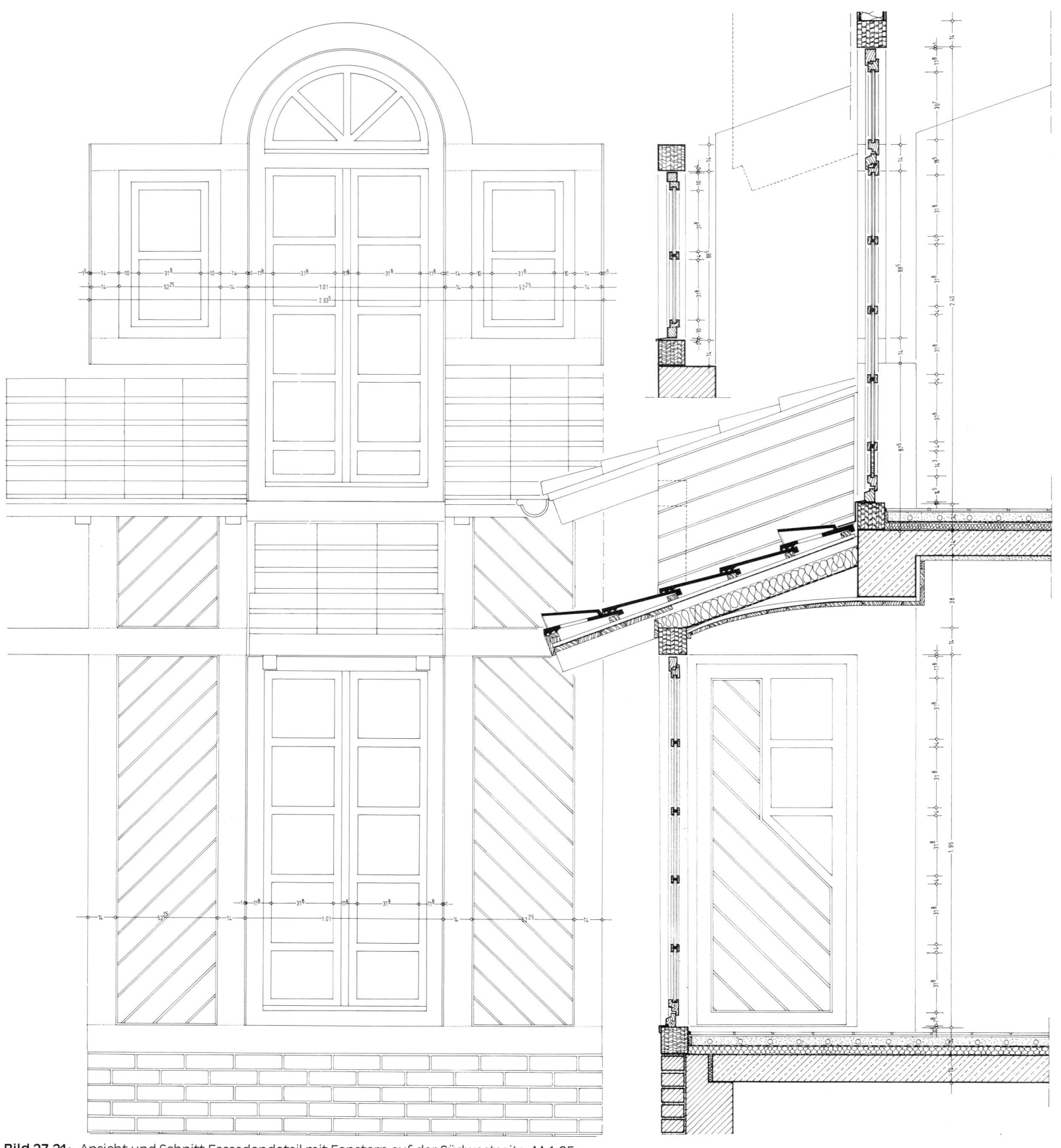

130

Bild 27.21: Ansicht und Schnitt Fassadendetail mit Fenstern auf der Südwestseite, M 1:25

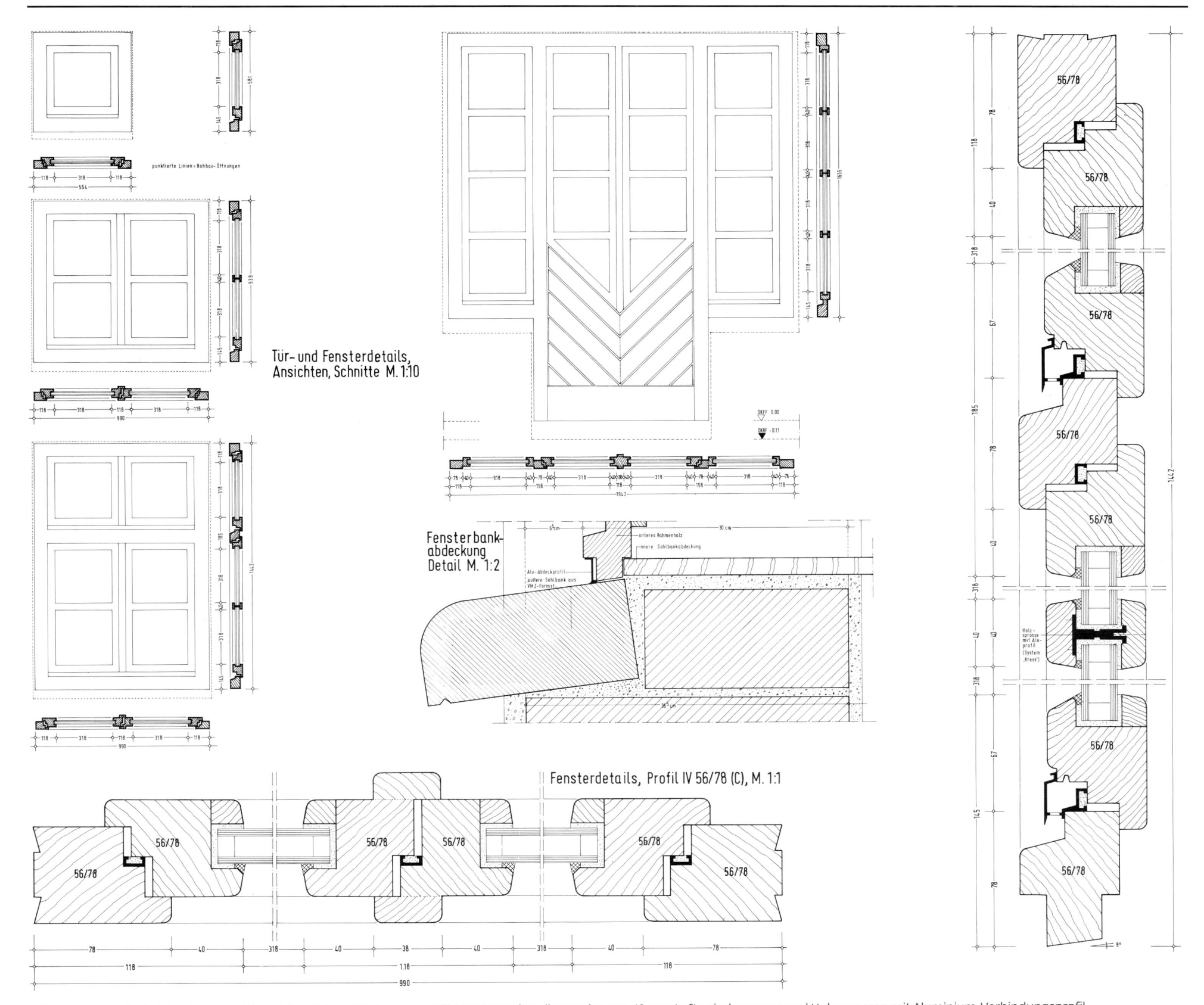

Tür- und Fensterdetails,
Ansichten, Schnitte M. 1:10

punktierte Linien = Rohbau-Öffnungen

Fensterbank-
abdeckung
Detail M. 1:2

Fensterdetails, Profil IV 56/78 (C), M. 1:1

Bild 27.22: Details Holzfenster und -tür, M 1:2,5, 1:10, 1:25. Rahmenprofil 56/78 (C) mit Isolierverglasung, 12 mm Luftzwischenraum und Holzsprossen mit Aluminium-Verbindungsprofil

Aus der Reihe

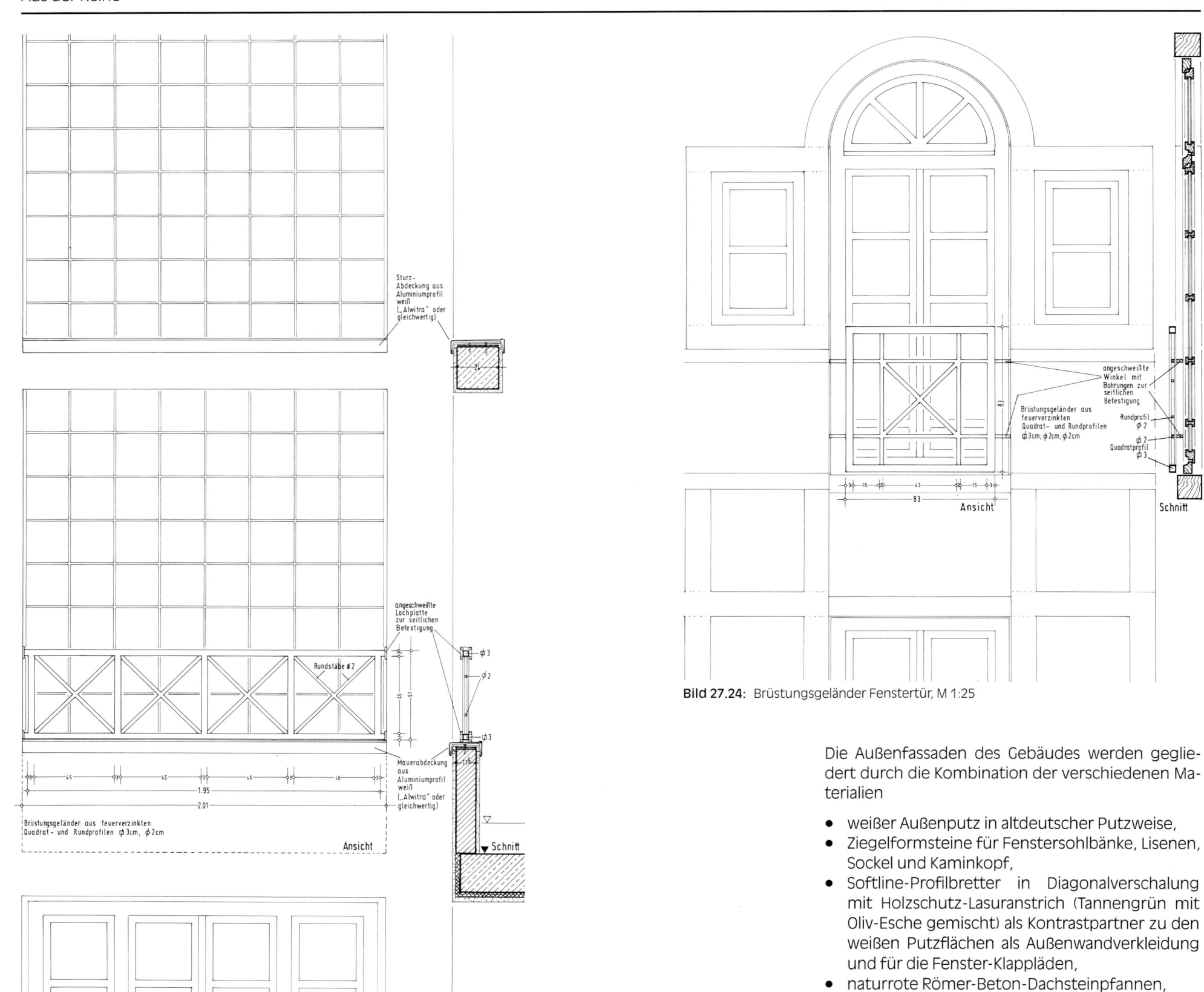

Bild 27.23: Sturz- und Mauerabdeckungen, Brüstungsgeländer Loggia, M 1:25

Bild 27.24: Brüstungsgeländer Fenstertür, M 1:25

Die Außenfassaden des Gebäudes werden gegliedert durch die Kombination der verschiedenen Materialien

- weißer Außenputz in altdeutscher Putzweise,
- Ziegelformsteine für Fenstersohlbänke, Lisenen, Sockel und Kaminkopf,
- Softline-Profilbretter in Diagonalverschalung mit Holzschutz-Lasuranstrich (Tannengrün mit Oliv-Esche gemischt) als Kontrastpartner zu den weißen Putzflächen als Außenwandverkleidung und für die Fenster-Klappläden,
- naturrote Römer-Beton-Dachsteinpfannen,
- weiße Holzsprossenfenster mit Isolierverglasung.

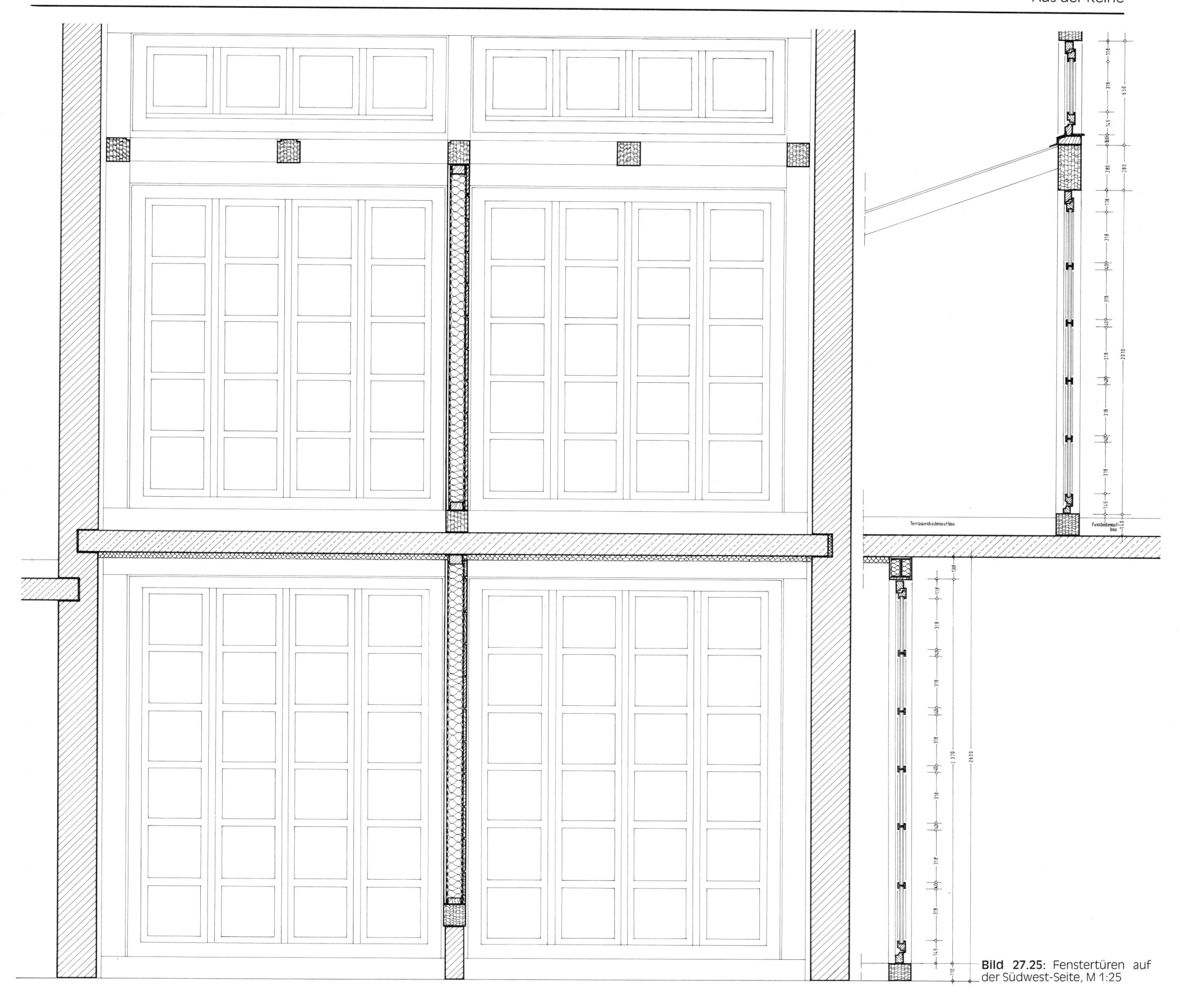

Bild 27.25: Fenstertüren auf der Südwest-Seite, M 1:25

Aus der Reihe

Bild 27.26: Schnitt/Ansicht Treppe mit Geländer, M 1:25

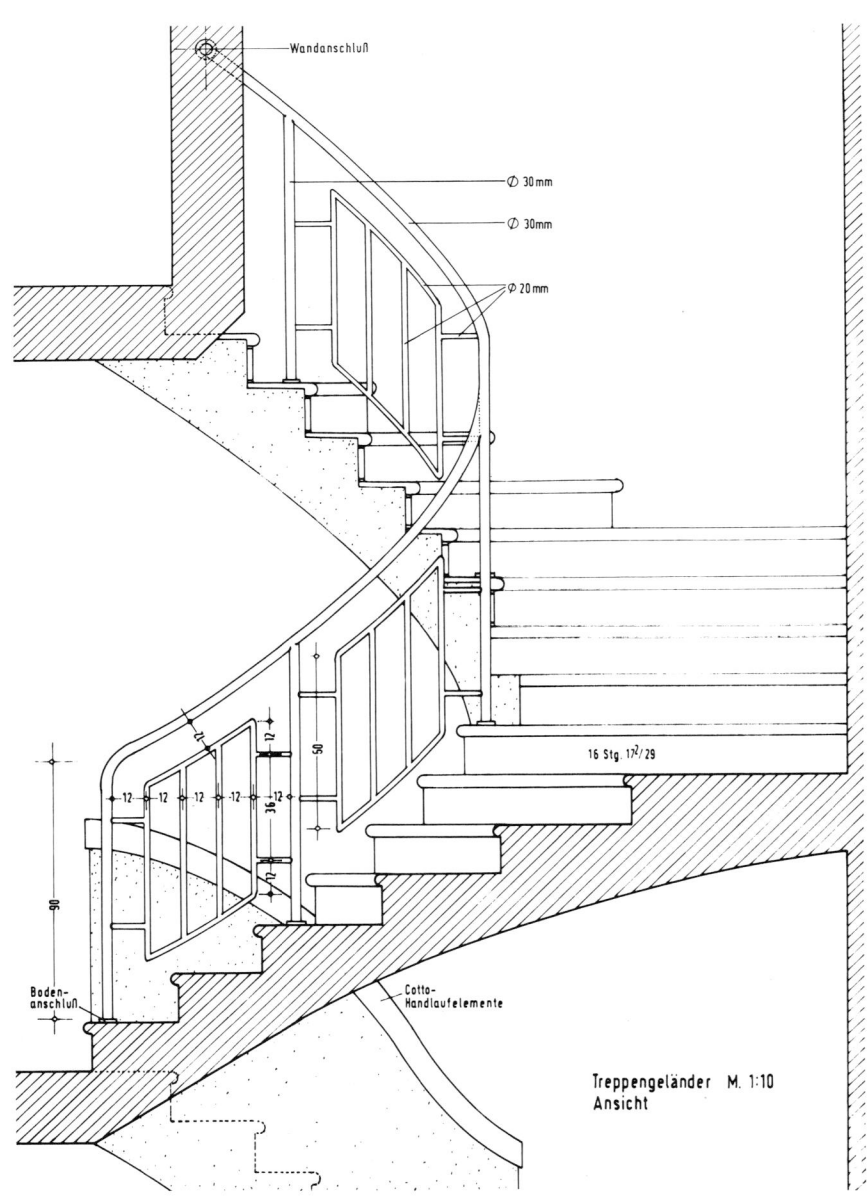

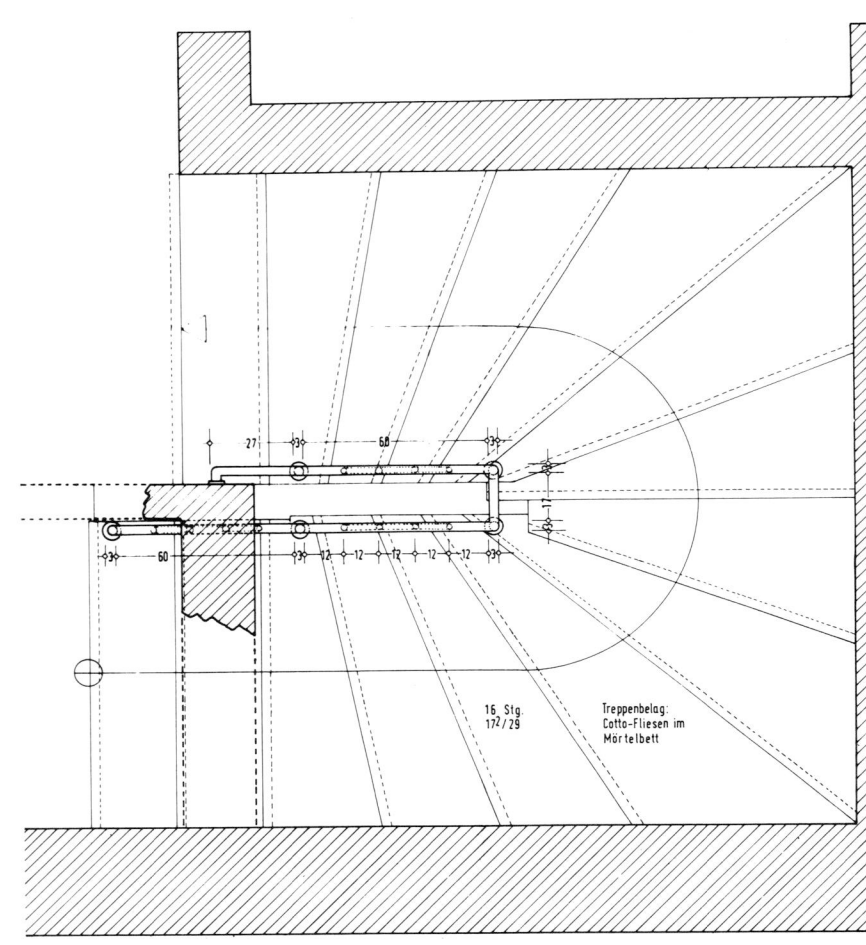

Bild 27.27: Draufsicht Treppe mit Geländer, M 1:25

Alle Fenstermaße entwickelten sich aus dem einmal festgelegten Scheiben-Raster-Maß von 31,8 cm. Vom sprossenlosen kleinen Fenster bis hin zu den großen Fenstertüren an der Südseite sind alle Fenster aus einem Vielfachen dieses Grundmaßes entstanden.
Die halbkreisförmige Außentreppe wurde ebenfalls aus Ziegelformsteinen und Ziegel-Mosaik-Steinen gebaut.

Konstruktion

Grundleitungen
PVC,

Fundamente
Streifenfundamente, B 15, 60 x 40 cm
Stahlbeton-Bodenplatte, 12 cm stark, Verbundestrich, teilweise im Gefälle, Kelleraußen- und -innenwände aus Kalksandsteinen mit Fugenglattstrich und innen weiß geschlämmt (kostengünstig, weil der Putz gespart wird), Kellertreppe und Treppe EG-OG: Stahlbeton mit Belag aus Cotto-Tonfliesen

Schornstein
Schiedel-System-Isolierschornstein, Kellerfenster aus Fertigelementen, Kunststofflichtschächte

Kellerdecke
Stahlbeton, 14 cm stark

Aus der Reihe

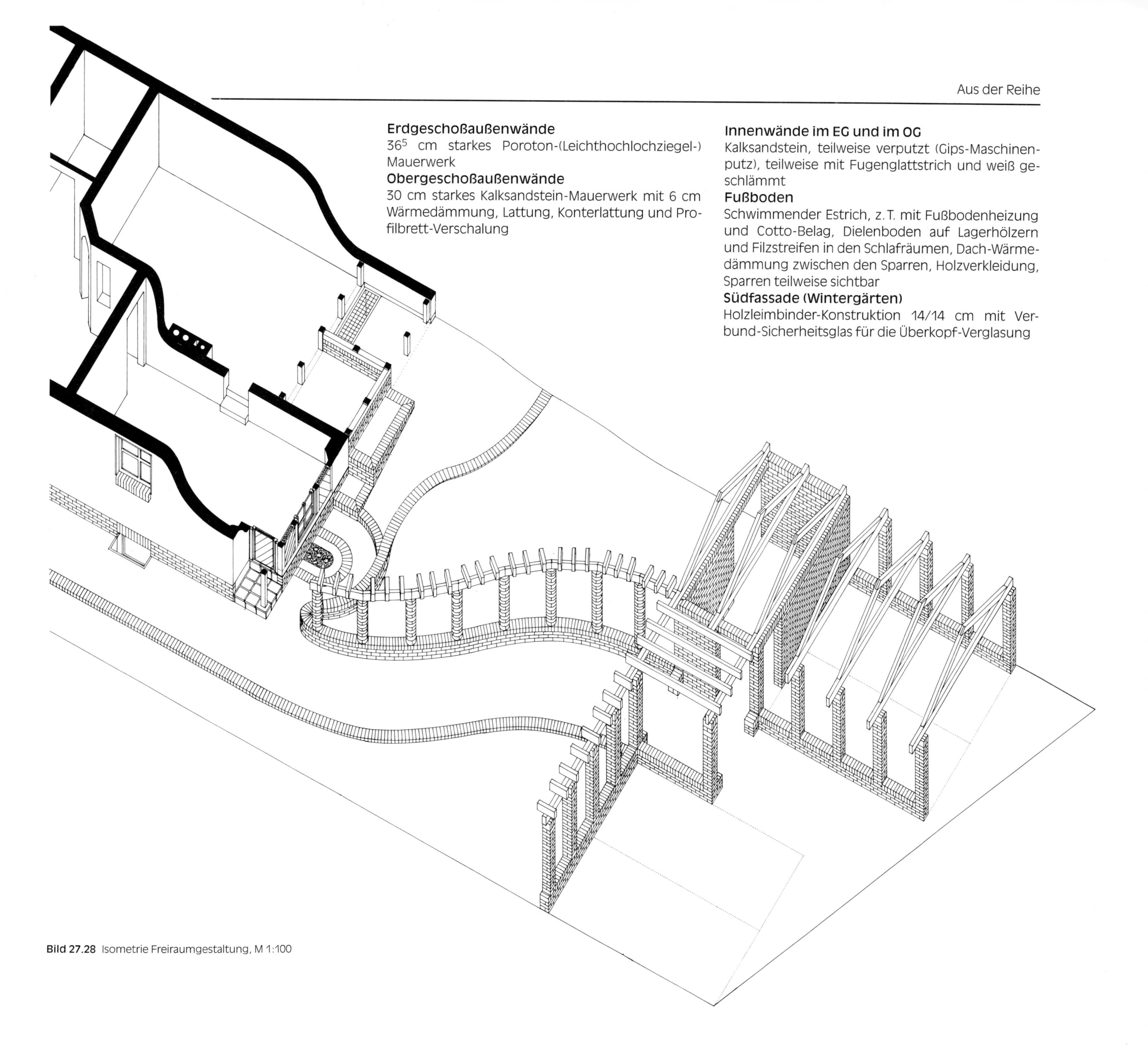

Erdgeschoßaußenwände
36⁵ cm starkes Poroton-(Leichthochlochziegel-)Mauerwerk

Obergeschoßaußenwände
30 cm starkes Kalksandstein-Mauerwerk mit 6 cm Wärmedämmung, Lattung, Konterlattung und Profilbrett-Verschalung

Innenwände im EG und im OG
Kalksandstein, teilweise verputzt (Gips-Maschinenputz), teilweise mit Fugenglattstrich und weiß geschlämmt

Fußboden
Schwimmender Estrich, z.T. mit Fußbodenheizung und Cotto-Belag, Dielenboden auf Lagerhölzern und Filzstreifen in den Schlafräumen, Dach-Wärmedämmung zwischen den Sparren, Holzverkleidung, Sparren teilweise sichtbar

Südfassade (Wintergärten)
Holzleimbinder-Konstruktion 14/14 cm mit Verbund-Sicherheitsglas für die Überkopf-Verglasung

Bild 27.28 Isometrie Freiraumgestaltung, M 1:100

Die Forderung nach einem energiesparenden und umweltschonenden Bauen und vor allem der Wunsch, ein gesundes, ausgeglichenes Raumklima ohne den Einsatz technischer Geräte zu schaffen, machen den Baustoff Lehm wieder interessant.

28.1 Zur Geschichte des Lehmbaus

Bild 28.1: Totentempel Ramses' II. Gowna, Ägypten

Lehmbautechniken sind seit mehr als 9000 Jahren bekannt. Noch heute wohnt über ein Drittel der Menschheit in Lehmhäusern. Lehm wurde in allen alten Kulturen als Baustoff nicht nur für Wohnbauten, sondern auch für Befestigungsanlagen und Kultbauten verwendet, so war beispielsweise die Chinesische Mauer ursprünglich fast ausschließlich aus Stampflehm gebaut, erst später wurde sie durch das Verblenden mit Natursteinen und Ziegelsteinen zur *steinernen Mauer*. Der Kern der Sonnenpyramide in Teotihuacan, Mexiko, 300 – 900 n. Chr. errichtet, besteht etwa aus 2 Millionen Tonnen Stampflehm. *Bild 28.1* zeigt den Totentempel Ramses' II. bei Gourna in Ägypten, der vor über 3000 Jahren aus ungebrannten Lehmsteinen errichtet wurde.

In trockenen Klimazonen, in denen Holz als Baumaterial fehlt, entstanden im Laufe von Jahrhunderten Mauertechniken für Gewölbekonstruktionen aus ungebrannten Lehmsteinen, die ohne Schalung erstellt werden können: Weit verbreitet sind vor allem die nubische Tonnenbauweise (*Bild 28.1*) und die persische Kuppelbauweise (*Bild 28.2:* Basar in Kashan, Iran; *Bild 3:* Basar Seojane, Iran).

Daß in Deutschland Lehm als Füllmaterial von Palisaden- und Flechtwerkwänden üblich war, ist aus vielen Funden seit der Bronzezeit nachgewiesen. Belegt ist auch, daß im 6. Jahrhundert v. Chr. bei den Befestigungsmauern der Henneburg im Kreis Sigmaringen Lehmsteine verwendet wurden, vermutlich unter der Mitwirkung griechischer Baumeister. Im Mittelalter wurde Lehm in Deutschland überwiegend für die Ausfachung und das Putzen von Fachwerkhäusern sowie als Brandschutz für Strohdächer verwendet. In Schlesien, Sachsen, Thüringen und Böhmen war seit dem Mittelalter der *Wellerbau*, eine Massivlehmbauweise ähnlich dem Stampflehmbau, jedoch ohne Schalung errichtet, weit verbreitet. Der wichtigste Impuls für den Lehmbau in Deutschland kam Ende des 18. Jahrhunderts, als der französische Stampflehmbau (Pisé-Bau) in Deutschland durch die Schriften von COINTERAUX und GILLY bekannt wurde.

Das älteste noch bewohnte Stampflehmhaus der Bundesrepublik entstand 1795 und steht in Meldorf, Schleswig-Holstein, in der Norderstraße 1. Der Bauherr, Branddirektor BOECKMANN, konnte mit diesem Wohnhaus beweisen, daß man mit Lehm feuersicherer und ökonomischer bauen, kann als es bis dahin üblich war (*Bild 28.3*).

Bild 28.2: Basar in Kashan, Iran

Das höchste massive Lehmhaus Mitteleuropas steht in der Hainallee Nr. 1 in Weilburg an der Lahn. Es wurde 1825 begonnen und 1828 fertiggestellt. Die

Bild 28.3: Wohnhaus von 1795, Meldorf, Schleswig-Holstein

Bild 28.4: Lehmhaus von 1828 in Weilburg an der Lahn

fünfgeschossige massive Stampflehmwand (Bild 28.4) an der Talseite des Gebäudes wurde über einer eingeschossigen Bruchsteinwand (Kellergeschoß) errichtet. Sie ist unten 75 cm dick und verjüngt sich je Geschoß um 5 – 10 cm, so daß das oberste Geschoß eine Wandstärke von 40 cm aufweist. In Weilburg sind in den letzten Jahren 42 noch bewohnte Stampflehmhäuser aufgrund intensiver Nachforschungen entdeckt worden (Lit. 2). Viele Bewohner wußten gar nicht, daß sie in einem Lehmhaus wohnten. Das älteste Stampflehmhaus entstand 1796, die jüngsten um 1830. Bild 28.5 zeigt einen Blick auf die Bahnhofstraße in Weilburg mit Stampflehmhausfassaden dieser Zeit.

Nach dem ersten und dem zweiten Weltkrieg, als Baumaterial und Baugeld knapp waren, griff man wieder auf den Baustoff Lehm zurück. Öffentliche Lehmgruben, im letzten Jahrhundert in den meisten Gemeinden vorhanden, wurden wieder benutzt, es entstanden eine Reihe von *Lehmhaussiedlungen*, beispielsweise nach dem ersten Weltkrieg in Badenermoor bei Achim (Bild 28.6) und Lübeck-Schlutup. Diese Nachkriegsbauten mit ihrem *ärmlichen* Charakter waren nicht gerade vorteilhaft für das Image des Baustoffs Lehm.

Bild 28.6: Siedlung Badenermoor bei Achim

1950 gab es 17 anerkannte Lehmprüfstellen in der Bundesrepublik (vgl. DIN 18951, Bl. 2). Nach 1950 wurde jedoch 30 Jahre lang kein *Lehmhaus* mehr errichtet. Die DIN 18951 vom Januar 1951, die bereits als *Lehmbauordnung* seit 1944 in Kraft war, wurde Anfang der 70er Jahre *ohne Ersatz zurückgezogen* genauso wie die Vornormen DIN 18952, 18953 und 18954.

Die DIN 18951 sah vor:
Lehmbauten sollen unter Anleitung und Aufsicht eines in Lehmbauarbeiten ausreichend erfahrenen Fachmannes ausgeführt werden, seine Eignung ist auf Verlangen nachzuweisen. Heute gibt es jedoch kaum noch Architekten und Handwerker, die im Lehmbau Erfahrungen haben, und es sind nur wenige Baufirmen zu finden, die Lehmbauarbeiten anbieten, deshalb ist es eine dringende Aufgabe, wieder Handwerker, Architekten und Ingenieure im Lehmbau auszubilden. Ein Schritt in dieser Richtung sind die Lehmbaukurse, die vom Forschungslabor für Experimentelles Bauen der Gesamthochschule Kassel und anderen Institutionen angeboten werden.

28.2 Was man vom Lehm wissen sollte

Für den Architekten und Bauhandwerker ist es notwendig, zu wissen, daß Lehm drei Nachteile gegenüber üblichen industriell gefertigten Baustoffen aufweist:

1. Lehm ist kein genormter Baustoff: Lehm ist eine Mischung aus Ton, Schluff (Feinstsand), Sand und gegebenenfalls Zuschlagstoffen wie beispielsweise Kies oder Pflanzenfasern, die die Eigenschaften des Ausgangsmaterials verändern sollen. Da der Lehm je nach Fundort unterschiedliche Eigenschaften aufweist und je nach Verarbeitungstechnik unterschiedlich zusammengesetzt sein muß, sollte der Lehm dem Anwender vorher bekannt sein.
2. Lehm schwindet beim Austrocknen: das lineare Trockenschwindmaß beträgt bei Naßlehmverfahren etwa 3 – 12 %, bei Stampflehm 0,4 – 2 %. Das Schwinden kann jedoch durch Reduzierung des Wasser- und Tonanteils verringert werden.
3. Lehm ist nicht wasserfest: Er muß deshalb insbesondere im feuchten Zustand vor Regen und vor Frost geschützt werden. Ein dauerhafter Schutz vor Nässeeinwirkung muß durch konstruktive Maßnahmen getroffen werden (Dachüberstand, Spritzwassersockel, horizontale Isolierung gegen *aufsteigende Nässe*).

Diesen Nachteilen stehen allerdings erhebliche *Vorteile* gegenüber:

1. Lehm reguliert die Luftfeuchtigkeit: der Baustoff Lehm kann relativ schnell Luftfeuchtigkeit aufnehmen, und diese bei Bedarf wieder abgeben. Dadurch trägt er wesentlich zur Feuchtigkeitsregulierung und somit zu einem gesunden Wohnklima bei. Untersuchungen des Forschungslabors für Experimentelles Bauen ergaben, daß völ-

Bild 28.5: Stampflehmhäuser aus der Zeit um 1830, Weilburg a. d. L.

lig trockene, ungebrannte Lehmziegel bei ca. 95 % relativer Luftfeuchte in den ersten zwei Tagen etwa 20mal soviel Feuchtigkeit aufnehmen wie ein Hochlochziegel und etwa 35mal soviel wie ein gebrannter Vormauerziegel. Die Lehmziegel erreichen nach 30 bis 60 Tagen ihre maximale Feuchtigkeit von 5 bis 7 % (Gleichgewichtsfeuchte). Auch nach 6monatiger Lagerung bei 95 % relativer Luftfeuchte in einer Klimakammer wurden sie nicht weich (das ist erst bei 11 bis 15 % Wassergehalt möglich), *(1)*. Messungen über einen Zeitraum von 3 Jahren in einem Wohnhaus *(2)*, dessen Wände aus Lehmsteinen, Lehmsträngen oder Leichtlehm bestehen, ergaben, daß die relative Luftfeuchtigkeit in den Wohnräumen nahezu konstant war und lediglich zwischen 50 und 55 % schwankte, während die relative Luftfeuchte im kühleren Schlafraum 60 – 70 % betrug. Diese konstante und relativ hohe Luftfeuchtigkeit erzeugt ein äußerst angenehmes und gesundes Wohnklima. Sie verhindert ein Austrocknen der Schleimhäute, reduziert die Feinstaubbildung und wirkt somit vorbeugend gegen Erkältungskrankheiten.

Haben die Lehmwände nicht mehr ausreichend Feuchtigkeitsreserven, so lassen sie sich durch das Öffnen der Badezimmertür nach dem Duschen, durch das Hereinlassen feuchter Luft aus dem vorgelagerten Anlehngewächshaus bzw. Wintergarten oder aus der Küche schnell wieder *aufladen*. Magere Lehmputze können jedoch wesentlich weniger Feuchtigkeit speichern *(1)*.

2. Lehm speichert Wärme: Lehm speichert ähnlich wie andere schwere Baustoffe Wärme und kann somit zur Verbesserung des Wohnklimas und zur Energieeinsparung (bei passiver Sonnenenergienutzung) beitragen.

3. Lehm spart Energie und verringert die Umweltverschmutzung: Lehm braucht bei der Aufbereitung und Verarbeitung im Gegensatz zu anderen Baustoffen kaum Energie und trägt somit kaum zur Umweltverschmutzung bei (Lehm benötigt etwa nur 1 % der Energie, die für die Herstellung von Mauerziegeln oder Beton notwendig ist).

4. Lehm ist stets wiederverwendbar: Der ungebrannte Lehm ist jederzeit und unbegrenzt wiederverwendbar. Der trockene Lehm braucht nur zerkleinert und mit Wasser angefeuchtet zu werden, und schon läßt er sich wieder zu Stampflehmwänden, Lehmsteinen oder Lehmsträngen verarbeiten.

5. Lehm spart Baumaterial- und Transportkosten: Auf den meisten Baustellen in der BRD fällt Lehm beim Aushub der Keller und/oder der Fundamente an. Ist er nicht zu tonhaltig *(fett)*, so kann er im erdfeuchten Zustand direkt als Baustoff verwendet werden. Enthält er zu viel Ton, so muß er mit Sand vermischt *(gemagert)* werden. Da bei der Verwendung des Aushubs der Abtransport entfällt, entsteht eine erhebliche Einsparung an Transportkosten und Umweltverschmutzung. Ist Lehm nicht auf der Baustelle vorhanden, so kann er häufig von einer nahegelegenen Ziegelei besorgt werden.

6. Lehm eignet sich für den Selbstbau: Ist ein *Lehmfachmann* vorhanden, so können Lehmbauarbeiten in der Regel von angeleiteten Laien ausgeführt werden.
Da für traditionelle Lehmbautechniken einerseits nur ein minimaler Geräteaufwand notwendig ist, andererseits diese Techniken aber arbeitsaufwendig sind, sind sie besonders für den Selbstbau geeignet.

28.3 Erfahrungen mit dem Baustoff Lehm im modernen Wohnungsbau

Wandkonstruktionen aus Lehmsteinen

Ungebrannte Lehmsteine aus der Ziegelei, sogenannte *Grünlinge*, sind bedingt für Wandkonstruktionen verwendbar. Zu beachten ist jedoch, daß diese nicht als äußere Schicht einer Außenwand verwendet werden dürfen. Aufgrund ihrer geringen Porosität besteht die Gefahr, daß sie durch Kondenswasser- und Frosteinwirkung zerstört werden. (Bei traditionellen handgeformten Lehmsteinen aus magerem Lehm besteht diese Gefahr nicht.) Ferner ist zu beachten, daß ungebrannte Hochlochsteine und Gitterziegel leicht beim Einbringen von Nägeln oder Dübeln platzen, was bei handgemachten Lehmsteinen kaum auftritt. Ein weiterer Nachteil üblicher Grünlinge ist, daß sie, bedingt durch ihren hohen Tonanteil und ihre geringe Porosität, beim eventuellen Naßwerden auf der Baustelle quellen und beim anschließenden Austrocknen Risse bekommen – sie müssen also gegen Regen geschützt werden.

Um diese genannten Nachteile bei industriell hergestellten Lehmsteinen zu vermeiden, wurde vom Entwicklungsbüro für Ökologisches Bauen *(3)* in Zusammenarbeit mit einer Ziegelei *(4)* eine optimierte Lehmzusammensetzung entwickelt, die eine höhere Porosität und ein wesentlich geringeres Abschwemmen und Quellen des Lehms ergab. Bild 28.7 zeigt drei verschiedene ungebrannte Lehmsteine,

Bild 28.7: Test zur Verbesserung der Wasserfestigkeit von Lehmsteinen

über die 2 Minuten lang 10 Liter Wasser in einem Strahl gegossen wurden. Der mittlere Grünling, ein Lößlehmstein, zeigt ein erhebliches Abschwemmen, der rechte, ein üblicher ungebrannter Tonziegel aus der Ziegelei, ein starkes Abschwemmen und der linke Grünling, der die verbesserte Kornzusammensetzung des gleichen Ausgangslehms aufweist, kein Abschwemmen mehr.

Bei der Verwendung von ungebrannten, industriell erzeugten Lehmsteinen sollten vorher Tests durch-

---

1. Genaue Untersuchungen über die Fähigkeit unterschiedlicher Lehmmischungen und Lehmbauteile, Feuchte aus der Luft aufzunehmen und bei Bedarf wieder abzugeben, werden zur Zeit am Forschungslabor für Experimentelles Bauen, Gesamthochschule Kassel, im Rahmen eines Forschungsprojektes ermittelt und im Vergleich zu konventionellen Baustoffen ausgewertet.
2. Haus Minke, Ökologische Siedlung Kassel – s. Kap. 29

---

3. Entwicklungsbüro für Ökologisches Bauen, Am Wasserturm 1, 3500 Kassel
4. Ziegelei Gumbel, 3579 Gilserberg

geführt werden, ob sich die Steine für die vorgesehene Anwendung eignen. Günstig sind ein Strangpreßverfahren, bei dem keine Vakuumverdichtung vorgenommen wird, und eine gemagerte Lehmmischung mit optimierter Kornverteilung. Werden diese Ziegel nicht in einem automatischen Produktionsprozeß hergestellt und werden sie nicht in einer Trockenkammer, sondern an der Luft getrocknet, so ist es möglich, daß die Kosten um 40 – 50 % niedriger als bei üblichen gebrannten Ziegeln liegen.

Ungebrannte Lehmsteine haben im Vergleich mit gebrannten Ziegeln die Vorteile, den Feuchtehaushalt im Raum zu regulieren und somit ein besseres Wohnklima zu schaffen; sie lassen sich besser verarbeiten, benötigen weniger Energie bei der Herstellung und tragen somit weniger zur Umweltverschmutzung bei. Außerdem können sie mithelfen, Baukosten zu sparen. Handwerker bevorzugen das Mauern mit ungebrannten Lehmsteinen, da ihre Hände geschont werden (es gibt keine scharfen Kanten) und das Behauen bzw. Teilen der Steine wesentlich leichter ist.

Lehmsteine in Deckenkonstruktionen

Ungebrannte Lehmsteine in Geschoßdecken erhöhen den Luftschallschutz, die Feuchtespeicherung und die Wärmespeicherung. *Bild 28.8* zeigt einen möglichen Deckenaufbau, der vor allem den Vorteil hat, daß keine Feuchtigkeit mit eingebaut wird. Diese Konstruktion bietet ausreichenden Luftschallschutz und Trittschallschutz sowie eine gute Feuchte- und Wärmespeicherung.

Bild 28.9 zeigt einen traditionellen Deckenaufbau, der mit einer geringeren Deckenhöhe auskommt, dafür aber arbeitsintensiver ist.

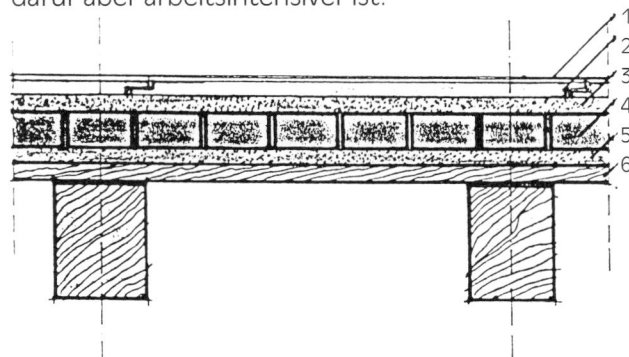

Bild 28.8: Vorteilhafte Holzbalkendeckenkonstruktion mit Lehmziegeln

1 Kork, Linoleum o. Teppichboden
2 Fermacellplatte
3 Weichfaserplatte o. Kokosmatte
4 Lehmziegel
5 Weichfaserplatte o. Kokosmatte
6 Holzschalung

Bild 28.9 zeigt einen traditionellen Deckenaufbau, der mit einer geringeren Deckenhöhe auskommt, dafür aber arbeitsintensiver ist.

Bild 28.10 bis 28.14: Herstellung, Transport, Verlegen und Glätten der extrudierten Lehmstränge

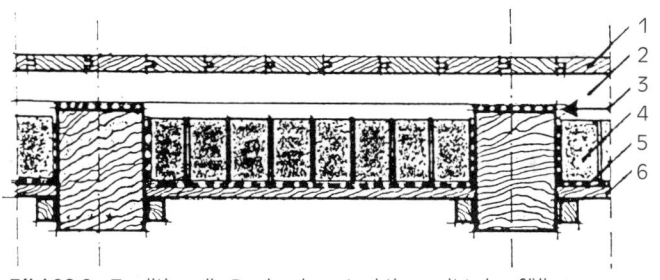

Bild 28.9: Traditionelle Deckenkonstruktion mit Lehmfüllung

1 Holzdielen
2 Lagerhölzer
3 Filzstreifen o. Kokosmatte
4 Lehmzuiegel
5 Rieselschutz
6 Schalbretter

Wandkonstruktionen aus Lehmsträngen

Das am Forschungslabor für Experimentelles Bauen (5) entwickelte Lehmstrangverfahren ist ein neues Naßlehmverfahren, bei dem extrudierte Lehmstränge mit einem Querschnitt von 8 x 16 cm im plastischen Zustand ohne Mörtel und ohne Schalung verlegt werden. Die *Bilder 28.10 bis 28.14* zeigen die einzelnen Phasen des Herstellungsprozesses:

5. Forschungslabor für Experimentelles Bauen, Gesamthochschule Kassel, Menzelstraße 13, 3500 Kassel

Bild 28.10

Bild 28.11

Bild 28.12

Das Mischen in einem Zwangsmischer, das Einbringen in die Lehmstrangpresse, das Abschneiden des extrudierten Lehmstranges in 70 cm lange Teile, Transport und Aufeinanderlegen der einzelnen Abschnitte, Verstreichen der Fugen mit einem Holz (auch mit dem Handballen oder Fingern möglich), Glätten der Oberfläche mit einem Schwamm. Da sich die plastischen Lehmstränge leicht verformen lassen, schafft diese Technik interessante gestalterische Möglichkeiten.

Bild 28.13

Bild 28.14

Bild 28.15: Schlafzimmerwand mit Einbaumöbeln und Bettumrandung aus Lehmsträngen

Bild 28.13 zeigt die Herstellung einer Schlafzimmer-Außenwand mit integrierten Einbaumöbeln, *Bild 17* die fertige Wand. Im Vordergrund ist die aus Lehmsträngen gestaltete Bettumrandung mit eingebauter Leselampe zu sehen *(2)*. Der Nachteil dieser Technik liegt darin, daß das lineare Trockenschwindmaß etwa 3 ... 5 % beträgt und das Entstehen von Rissen durch entsprechende geometrische Formung und durch Elementierung aufgefangen werden muß. Wie Vorversuche ergaben, treten bei ca. 70 cm langen Lehmsträngen, deren Stöße als *Sollschwindfuge* ausgebildet sind, in der Regel keine Risse auf.

Bei den 70 cm langen Elementen entsteht eine bis zu 3 cm große Schwindfuge am Stoß, die nachträglich ausgefüllt wird. Als Material dafür hat sich eine Mischung aus Lehm, Gips und Kalk bewährt. Soll die Wand weder verputzt noch gestrichen werden und ihren natürlichen Lehmfarbton erhalten, so ist es notwendig, daß die Schwindfuge während des Austrocknens mit feuchtem Lehmmaterial mehrmals ausgebessert wird.

Sehr viel schneller und somit preiswerter lassen sich Lehmstrangwände errichten, wenn keine besonderen Ansprüche an die plastische Oberflächengestaltung der Stränge gestellt werden. So können beispielsweise vorstehende Lehmstrangteile mit der Kelle abgeschnitten werden und die ausgetrocknete Wand mit einem dünnen Schlämmputz überzogen werden, der auch eventuell entstehende feine Trockenschwindrisse überdeckt, siehe *Bild 28.16*.

Bild 28.16: Geschlämmte Lehmstrangwand

Wintergarten-Speicherwand aus Naßlehm

Um die Wärmespeicherung und Feuchtigkeitsregulierung eines Wintergartens *(2)* mit 20 m² Grundfläche zu verbessern, wurden Lehmspeicherwände errichtet, die nur 10 m² Wand bedecken, jedoch durch ihre plastische Ausbildung und die tiefen Fugen eine Lehmoberfläche von mehr als 20 m² aufweisen *(Bild 28.18)*. Bei der Rückwand wurden etwa 20 cm lange und 14 cm breite *Lehmbrote* ohne Mörtel und ohne Verstreichen der Fuge im feuchtplastischen Zustand aufeinandergelegt. Zur Stabilisierung der Wand dienen Bambusrohre, die jeweils nach 8 Schichten eingedrückt und mit Drahtankern mit der dahinterliegenden Heraklithwand verbunden wurden.

Die Wandflächen über den Glastüren sind mit einem bis zu 5 cm dicken Lehmputz versehen, der in Form von Klumpen an die Wand geworfen wurde *(Bild 28.17)*. Um die Haftwirkung mit der dahinterliegenden Heraklithplatte zu erhöhen, wurden Bambusdübel eingeschlagen.

Bild 28.17: Lehmputz aus angeworfenen Lehmklumpen

Die beiden beschriebenen Techniken sind vor allem für den Selbstbau geeignet, da sie sehr arbeitsintensiv sind. Sie benötigen kaum handwerkliche Erfahrungen und verursachen keine Material- und Gerätekosten, wenn der Lehm lokal vorhanden ist.

Bild 28.18: Lehmspeicherwand im Wintergarten

Ein Badezimmer aus Lehmsträngen

Bild 28.20 zeigt ein Detail eines Badezimmers aus Lehmsträngen *(2)*. Die Wände, die Verkleidung von Gastherme, Ablagen und WC sowie das Waschbecken und die Sitzbadewanne, die gleichzeitig als Duschwanne dient, sind mit dem beschriebenen Naßlehmverfahren erstellt worden. Die Badewanne und der dazugehörende Treppenaufgang wurden aus relativ trockenen Lehmsträngen aufgebaut und zusätzlich durch Stampfen verdichtet *(Bild 28.19)*. Um das Reißen des Lehms während des Austrocknens kontrollieren zu können, wurden bei Wasch- und Duschbecken *Sollschwindrisse* eingeplant, die nachträglich mit einem elastischen Lehmkitt geschlossen wurden. Der Lehm für das Waschbecken und die Duschwanne wurde hydrophobiert, d. h. wasserabweisend gemacht, ohne daß die Poren geschlossen sind. Die spezielle Lehmzusammensetzung für das Waschbecken hat sich bewährt: Nach dreijähriger Benutzung sind keine Abrieb- oder Abschlämmerscheinungen aufgetaucht. Der Wassereinlauf, der Anschluß an das Abflußrohr, erfolgt über eine durchbohrte Keramikschüssel.

Umfangreiche Untersuchungen zeigten jedoch, daß die Wirksamkeit der Hydrophobierung nicht nur von dem verwendeten Mittel, sondern auch von der Zusammensetzung des Lehms abhängt. Am Forschungslabor für Experimentelles Bauen *(5)* wurden bislang über 30 verschiedene Mittel getestet. Zur Zeit ist eine neue Versuchsreihe angesetzt worden, bei der der Einfluß unterschiedlicher Lehmzusammensetzungen genauer untersucht wird.

Bild 28.19: Stampfen der Dusch- und Sitzbadewanne

Bild 28.20: Waschbecken aus wasserfestem ungebranntem Lehm

Strohleichtlehm für Wandkonstruktionen

Es ist eine landläufige Fehleinschätzung, zu glauben, daß Strohlehm, wie er bei Fachwerkbauten seit Jahrhunderten verwendet wurde, eine *gute* Wärmedämmwirkung aufweist. Mischt man etwa 10 Raumteile loses Strohhäcksel mit einem dickflüssigen Lehmbrei aus 4 Raumteilen fettem, trockenem Lehm und zwei Teilen Wasser, so erhält man ein Lehmgemisch mit einem spezifischen Gewicht von ca. 1300 kg/m^3 *(6)* und einer Wärmeleitzahl von ca. 0,53 W/m^{2}K. Das bedeutet, daß eine 14 cm dicke Außenwand (wie bei Fachwerkhäusern üblich) aus diesem Material, beidseitig mit 2 cm Kalkputz versehen, einen k-Wert von 2,1 W/m^{2}k aufweist. Um einen erstrebenswerten k-Wert von 0,5 W/m^{2}K zu erreichen, müßte die Wand also etwa 95 cm dick sein. Das Beispiel zeigt, daß mit diesem Material bei Fachwerk-

---

6. Untersuchungen des Forschungslabors für Experimentelles Bauen September 1987

häusern mit üblichen Wandstärken von 14–16 cm eine ausreichende Wärmedämmung auch nicht annähernd zu erreichen ist, auch nicht, wenn die Strohmenge, die im geschilderten Fall etwa 4 Gewichtsprozente ausmacht, verdoppelt oder verdreifacht wird.

In den letzten Jahren sind mehrere Bauten aus Strohleichtlehm errichtet worden, die eine Wandstärke von 30 cm aufweisen. Überprüfungen haben ergeben, daß das gewünschte niedrige spezifische Gewicht der Lehmwände von 500 kg/m³ oder weniger in der Praxis nicht erreicht wurde. Es ist vorgekommen, daß eine 30 cm dicke Strohleichtlehmwand, die mit einem spezifischen Gewicht von 300 kg/m³ veranschlagt wurde, in Wirklichkeit etwa 700 kg/m³ wog. Diese Wand ergibt bei einem λ-Wert von 0,21 W/m²K einen k-Wert von 0,6 W/m²K, das bedeutet, der Wärmeverlust durch diese Wand liegt um 100 % höher, als ursprünglich angenommen. Nicht nur aus Gründen der damit verbundenen hohen Heizkosten, sondern auch aus ökologischen Gründen ist ein so geringer Dämmwert für Wände nicht zu verantworten – erhöhte Heizkosten bedeuten immer auch eine erhöhte Umweltverschmutzung.

Strohleichtlehm hat vier wesentliche *Nachteile* gegenüber dem reinen Lehm:

1. Er neigt schon nach wenigen Tagen zur Schimmelpilzbildung, die während der Bauphase eine erhebliche Geruchsbelästigung darstellt und im Extremfall eine Schimmelpilzallergie hervorrufen kann. Nach der Austrocknung, die mehrere Monate dauert, bilden die Pilze allerdings keine Sporen mehr und werden erst wieder aktiviert, wenn durch schlechte konstruktive Wandausbildung wärmebrückenbedingte Kondenswasserbildung in der Wand entsteht (beispielsweise an Außenwandecken und Fensterlaibungen).
2. Beim Austrocknen schwindet die Strohlehmmasse erheblich, so daß am oberen Ende von Gefachen bis zu 10 cm große Setzfugen entstehen können.
3. Die Festigkeit bei Wänden mit einem spezifischen Gewicht von weniger als 550 kg/m³ ist so gering *(vgl. Bild 28.21)*, daß das Verputzen zusätzliche Maßnahmen erfordert (dickere Putzschicht, Gewebeeinlage) und Nägel und Dübel kaum Lasten aufnehmen können.
4. Die Technik ist sehr arbeitsintensiv. Ohne den Einsatz spezieller Misch- und Transportgeräte muß mit einem Zeitaufwand von insgesamt 20 Std./m³ bzw. 6 Std./m² gerechnet werden. Das ist etwa viermal soviel, wie ein Maurer für das Mauern einer Ziegelwand benötigt.

Bild 28.21: Strohleichtlehmoberfläche mit einem spez. Gewicht von ca. 500 kg/m³

Der Vorteil des Strohleichtlehms liegt in seiner einfachen Verarbeitbarkeit, er ist somit für den Selbstbau besonders geeignet.

Leichtlehm mit mineralischen porösen Zuschlagstoffen

Eine Alternative zum Strohleichtlehm ist ein Lehm mit porösen mineralischen Zuschlagstoffen, wie beispielsweise Blähton, Blähglas, Blählava, Blähperlite oder Bims. Dieser patentierte Leichtbaustoff *(28.22)* mit Zuschlägen unterschiedlicher Korngröße hat als Besonderheit ein Trockenschwindmaß von 0 %. Darüber hinaus hat er im Gegensatz zum Strohleichtlehm eine ausreichende Festigkeit, um Bilder an Nägeln oder Hängeschränke an Dübeln zu befestigen, und was besonders wichtig ist: es gibt bei der Verarbeitung keine Schimmelpilzbildung.

Ein weiterer Vorteil dieses Baustoffes ist, daß die Mischung so eingestellt werden kann, daß sie pumpfähig ist, das heißt, sie kann mit Estrichpumpen in eine vorher aufgerichtete Schalung eingebracht werden. Dadurch wird die Arbeitszeit wesentlich reduziert. Die Mischung braucht dabei nicht gerüttelt zu werden. Lediglich an den Ecken kann ein Stochern mit einer Dachlatte erforderlich sein, um ein besseres Fließen des Lehmbreis zu erreichen.

7. Leichtlehm-System Minke®

Im Gegensatz zu anderen Lehmbautechniken kann diese Mischung auch bei leichtem Nachtfrost noch verarbeitet werden, wenn sie entsprechend eingestellt ist.

Will man eine schnellere Ausschalzeit erreichen, so muß eine trockenere Mischung verwendet werden, die dann allerdings in die Schalung leicht eingestampft werden muß.

Da der Geräteaufwand bei dieser Technik relativ groß ist, lohnt sich die Anwendung des mineralischen Leichtlehms nur bei größeren Bauvorhaben. Die ausführenden Firmen *(8)* müssen dabei über einschlägige Erfahrungen verfügen, da die Mischung des Lehms und seine Zuschlagstoffe genau auf die lokalen Bedingungen abgestimmt werden müssen. Je nach gewünschter Festigkeit, Wärmedämmwirkung und Ausschalzeit und je nach Jahreszeit und gewählter Verarbeitungstechnik wird die Mischung anders zusammengestellt.

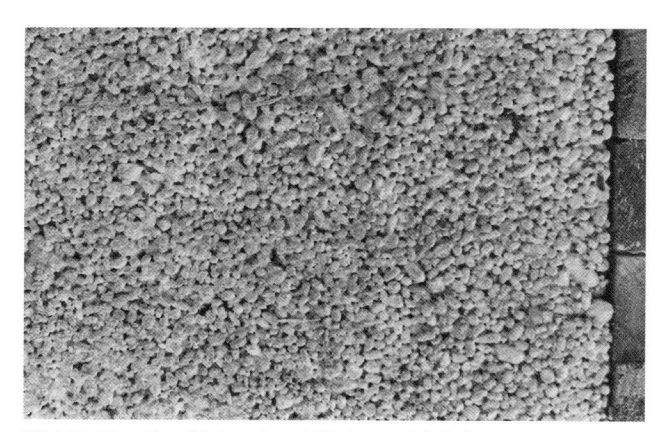

Bild 28.22: Oberfläche eines Blähton-Leichtlehms mit einem spez. Gewicht von ca. 600 kg/m³ nach dem Ausschalen

Nach dem Ausschalen zeigt dieser Leichtlehm eine rauhe Oberfläche *(Bild 28.22)*, die leicht verputzt werden kann. Soll der Leichtlehm eine höhere Wärmespeicher- und Schalldämmwirkung aufweisen, so kann er entsprechend *schwerer* eingestellt werden, Bild 28.23 zeigt eine Oberfläche eines solchen Lehmes mit einem spezifischen Gewicht von ca. 1100 kg/m², wie er für eine Fachwerkhaussanierung in Kassel angewendet wurde.

8. Eine Liste der Firmen kann über das Entwicklungsbüro, siehe (3), angefordert werden.

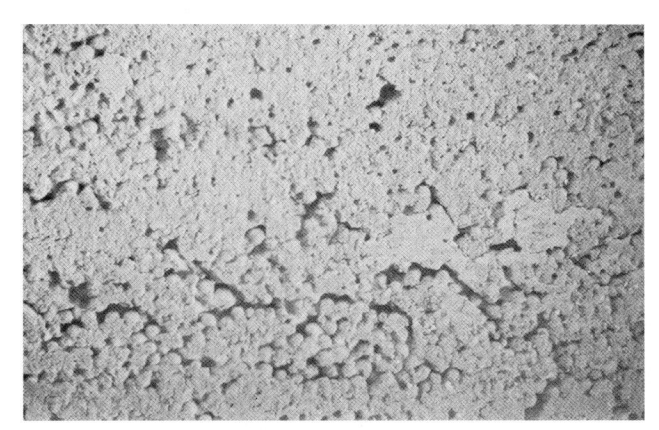

Bild 28.23: Oberfläche eines Blähton-Leichtlehms mit einem spez. Gewicht von ca. 1100 kg/m³

Blähtonleichtlehm benötigt zwar einen etwas höheren Energieaufwand als Strohleichtlehm, ist jedoch wesentlich geringer als bei vergleichbaren konventionellen Bausteinen, wie porosierten Ziegeln, Gasschaumbetonsteinen oder zementgebundenen Bims- oder Blähtonsteinen.

In *Bild 28.24* sind drei verschiedene wirtschaftliche Lösungen für Außenwandkonstruktionen mit Leichtlehm dargestellt. Bei der Lösung A wird die Schalung von beiden Seiten an den Holzständern befestigt und dann mit Leichtlehm ausgefüllt. Bei der Lösung B erfolgt eine *Aufdoppelung* der Holzständer durch ein 4 x 6 cm dickes Holzprofil, beispielsweise um die Schalldämmwirkung der Wand zu erhöhen.

Anstelle der in Lösung A und B gezeigten hinterlüfteten Holzschalung kann auch eine Vormauerschale aus Ziegeln angebracht werden.

Die Lösung C zeigt die bauphysikalisch optimale Lösung einer monolithischen Wand. Diese kann direkt mit einem mineralischen Außenwandputz versehen werden, so daß eine äußerst wirtschaftliche Wandkonstruktion entsteht.

Bei den gezeigten Wandkonstruktionen wird ein k-Wert von ca. 0,3 W/m²K erreicht.

Je nach gewünschter Wärmedämm-, Wärmespeicher- und Schalldämmwirkung können die Dichte des Leichtlehms eingestellt (in der Regel zwischen 500 und 1200 kg/m³) und die Dicke dieser Schicht variiert werden.

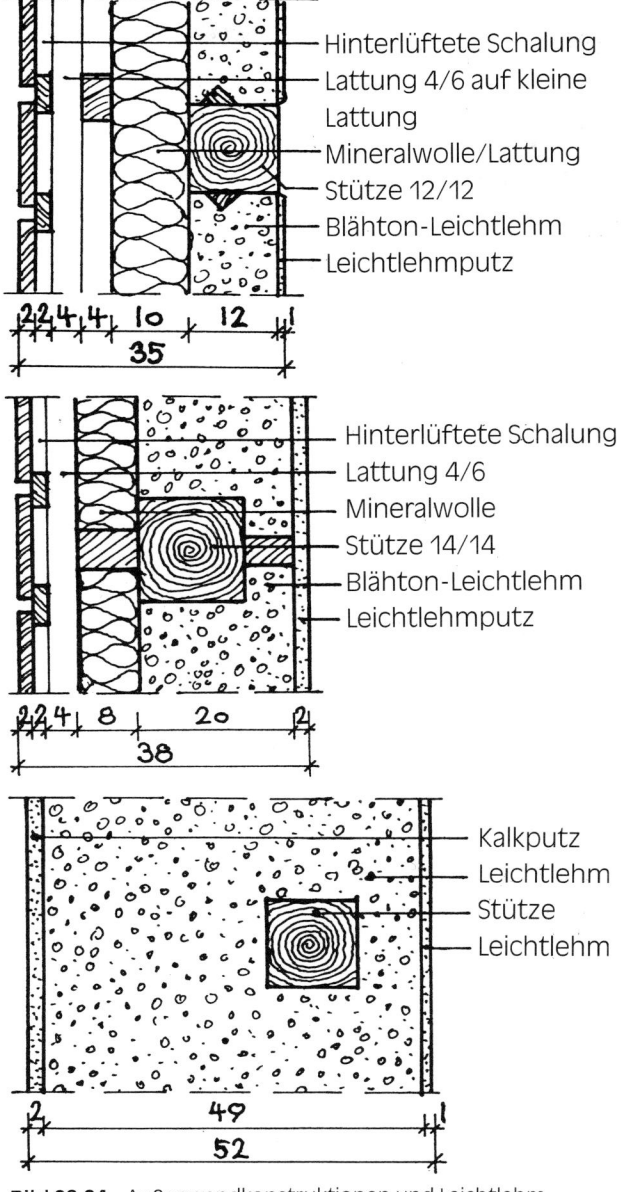

Bild 28.24: Außenwandkonstruktionen und Leichtlehm

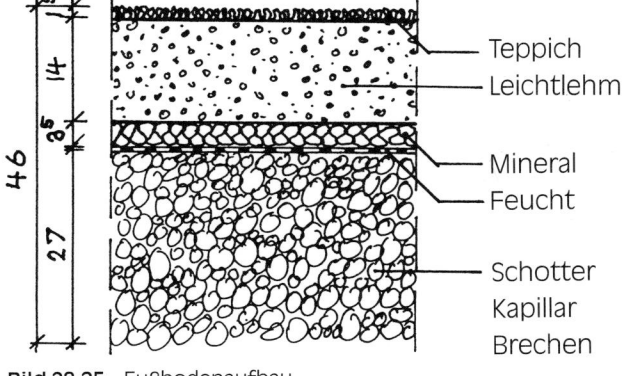

Bild 28.25: Fußbodenaufbau

Besonders geeignet ist diese Leichtlehmmischung auch für Fußböden und Deckenkonstruktionen. Der in *Bild 28.25* gezeigte Fußbodenaufbau weist nicht nur eine gute Wärmedämmung auf, sondern ist besonders *fußwarm* und außerdem billiger als konventionell ausgeführte Fußböden *(2)*.

Fachwerksanierung mit Blähton-Leichtlehm

Für die Renovierung von Fachwerkhäusern hat sich die Blähtonleichtlehmtechnik ebenfalls bewährt. Da der Schüttkegel dieser Mischung, bedingt durch die hohe Bindigkeit des Lehms, etwa 70–80° beträgt, können die oberen 20 cm eines jeden Gefaches auf einer Seite unverschalt bleiben und mit der Kelle zugeworfen werden. Bei den meisten bislang ausgeführten Sanierungsprojekten wurden die Fachwerkständer innen durch eine Bohle aufgedoppelt, so daß eine Wandstärke von insgesamt 25–30 cm entsteht.

Eine Leichtlehm-Ausfachung hat im Gegensatz zu einer üblichen Ausmauerung mit porosierten Leichtziegeln oder Gasschaumbetonsteinen den wesentlichen Vorteil, daß sie aufgrund ihrer hohen kapillaren Saugfähigkeit Kondenswasser an der Holzständerkonstruktion *absaugen* kann. Dadurch werden Fäulnisschäden an der Fachwerkkonstruktion weitgehend ausgeschlossen.

Leichtlehmfertigteile

Bei einem Wohnhaus in Ungarn wurde eine wirtschaftliche äußere Wärmedämmung aus Leichtlehm-Fertigteilen erstellt. Die 15 x 25 x 30 cm großen Fertigteile wurden wie Ziegel vor eine tragende Stampflehmwand gemauert *Bild 28.26* und anschließend mit einem mineralischen Außenputz versehen. (Weitere Hinweise siehe *Lit. 3.*)

Leichtlehmputz

Um eine gleichmäßige feinkörnige Oberflächenstruktur bei Wänden zu erreichen, eignet sich ein feinkörniger Blähton- oder Blähglas-Lehmputz, wie in *Bild 28.27* zu sehen ist. Dieser Lehmputz wurde mit 1–4 mm großen Blähtonkugeln angemischt und in einer ca. 8 mm dicken Schicht auf die vorher beschriebenen Leichtlehmwände manuell aufgetragen *(2)*.

Als vorteilhaft hat sich auch ein stark wärmedämmender Lehmputz erwiesen, der mit Zellulosefasern versetzt und maschinell aufgespritzt wurde *(2)*.

Bild 28.26: Vermauern von großformatigen Leichtlehmsteinen als äußere Wärmedämmung

Bild 28.27: Mineralischer Leichtlehmputz

28.4 Hat Lehmbau eine Zukunft? – Versuch einer Prognose

Da bei immer mehr Bauherren ökologische Aspekte bei der Wahl von Baustoffen und Bauweisen eine Rolle spielen, wird der Lehmbau in zunehmendem Maße an Bedeutung gewinnen. Mit dem Baustoff Lehm läßt sich nicht nur das Wohnklima verbessern, sondern auch eine Kostenverringerung erreichen, zumindest wenn er auf der Baustelle vorhanden ist und meist im Selbstbau verarbeitet wird. Wird der Lehm professionell von Unternehmern verarbeitet, so kann er nur dann die Baukosten reduzieren, wenn eine entsprechende auf den Lehmbau abgestellte Planung vorliegt und teilmechanisierte Herstellungsverfahren angewendet werden. Das bedeutet, daß Geräte zum Aufbereiten und Transportieren vorhanden sein müssen.

Einer sehr großen Anzahl von Bauherren, die mit Lehm bauen wollen, stehen zur Zeit nur eine Handvoll Architekten und ebenso wenige Baufirmen, die Erfahrungen mit verschiedenen Lehmbautechniken haben, gegenüber. Es bedarf langjähriger Erfahrung mit unterschiedlichen Lehmsorten und unterschiedlichen Lehmbautechniken, um für die lokalen Bedingungen und die speziellen Bauherrenwünsche die geeignete Lehmbautechnik empfehlen bzw. zu einem festen Preis anbieten zu können.

Lehmsteine

Das Bauen mit ungebrannten Ziegeln *(Grünlingen)* wird in den nächsten Jahren weiterhin die Technik sein, die am häufigsten angewendet wird. Dies liegt daran, daß sie von jedem Maurer ausgeführt und für verschiedenste Bauteile angewendet werden kann. Notwendig ist, daß sich mehr Ziegeleien darauf einstellen, ungebrannte Ziegel anzubieten. Wünschenswert ist, daß die Mischung und die Porosität dieser Lehmsteine gegenüber den üblichen Grünlingen – wie beschrieben – verbessert werden.

Stampflehm

Der Lehmstampfbau mit Schwerlehm wird in der Bundesrepublik in Zukunft nur in sehr geringem Maße ausgeführt werden, da nur dicke Wände ab 24 cm wirtschaftlich ausgeführt werden können, und dies nur, wenn geeignete Schalsysteme und mechanische Stampfgeräte vorhanden sind. Da in unserem Klima einerseits aber dicke Außenwände aus Stampflehm eine zusätzliche Wärmedämmung benötigen, andererseits eine Dicke über 15 cm nicht mehr zur Klimaverbesserung und Wärmespeicherung beiträgt, wird die Anwendung von Stampflehm nur dann sinnvoll sein, wenn die Wände tragend sind. Vorteilhaft sind Stampftechniken nur bei der Verwendung von Leichtlehm.

Bild 28.28: Lehmziegelproduktion von Hand

Bild 28.29: Lehmziegelproduktion mit der mobilen Hochleistungs-Lehmpresse System Baumhaus, [9]

---

9. Baumhaus, Gesellschaft für ökologisch-ökonomisches Bauen GmbH, Neue Steige 108, 7402 Kirchentellinsfurt

Strohleichtlehm

Strohleichtlehm wird weiterhin bei kleineren Maßnahmen, insbesondere bei Ausfachungen von Innenwänden, verwendet werden, da der Strohleichtlehm im Selbstbau einfach zu verarbeiten ist.

Blähtonleichtlehm

Da der Blähtonleichtlehm gegenüber dem Strohleichtlehm erhebliche Vorteile hat (größere Festigkeit, kein Schwinden beim Austrocknen, keine Schimmelpilzbildung) und sich insbesondere für den maschinellen Einsatz bei einer Schütt- oder Pumptechnik eignet, wird dieses Material in Zukunft in steigendem Maße von Firmen angeboten und vor allem bei massiven Außenwandkonstruktionen und Fußböden angewendet werden.

Stranglehm

Da das Stranglehmverfahren noch wenig bekannt ist und die erste leistungsfähige Lehmstrangpresse erst jetzt auf dem Markt ist (10), wird dieses Verfahren vermutlich erst langsam an Bedeutung gewinnen. Aufgrund seiner sehr hohen Produktionsleistung und seiner individuellen und vielseitigen Anwendungsmöglichkeit kann dieses Verfahren dem Lehmbau neue Impulse geben.

Lehmfertigteile

Über den Einsatz von Lehmfertigteilen Prognosen abzugeben ist schwer, da diese bislang nur experimentell in kleinen Serien gefertigt wurden. Für Leichtlehmfertigteile in Form großformatiger Hohlblocksteine ist ein großer Markt vorhanden. Der Geräteaufwand ist im Vergleich zur Herstellung konventioneller gebrannter Ziegel oder kalk- bzw. zementgebundener Leichtbausteine geringer, die Verarbeitungstechnik muß jedoch dem speziellen Verhalten des Lehmmaterials angepaßt werden.

Lehmputze und Lehmmörtel

Für Lehminnenputze, Lehmmörtel und Leichtlehmmörtel besteht ein großer Markt. Die Praxis hat gezeigt, daß das Anmischen von Lehmputzen und Lehmmörtel auf große Schwierigkeiten stößt, da die Ausgangsmaterialien an jeder Baustelle unterschiedlich sind. Es wäre deshalb dringend erforderlich, ein genormtes Lehmgemisch in Pulverform als Sack- oder Siloware beziehen zu können, das vor Ort lediglich mit einer entsprechenden Wassermenge angerührt wird. Solange diese Produkte noch nicht auf dem Markt sind, wird sich die Verwendung von Lehmputzen und Lehmmörtel auf die wenigen in dieser Technik erfahrenen Handwerker oder Laien beschränken.

---

10. Firma A. Heuser, Katharinenstraße 2, 5410 Höhr-Grenzhausen

Literatur

Lit. 1: GÜNTZEL, JOCHEN GEORG, *Zur Geschichte des Lehmbaus*, Öko-Buchverlag, Staufen 1989

Lit. 2: Bürgerinitiative Weilburg (Hrsg.), Postfach 11 34, 6290 Weilburg: *Der Pisé-Bau zu Weilburg an der Lahn*, Weilburg 1987

Lit. 3: MINKE, GERNOT, *Blähton-Leichtlehm, eine Alternative zum Strohleichtlehm*, in: MINKE, GERNOT (Hrsg.): *Bauen mit Lehm*, Heft 6, Seite 10 – 17. Öko-Buchverlag, Staufen 1987

Lit. 4: MINKE, GERNOT (Hrsg.): *Bauen mit Lehm* – Aktueller Bericht aus Praxis und Forschung, Heft 1–6, Öko-Buchverlag, Staufen 1986–1988

---

29 Haus Minke

Bild 29.1: Ansicht von Nordosten

Bild 29.2: Ansicht von Nordwesten

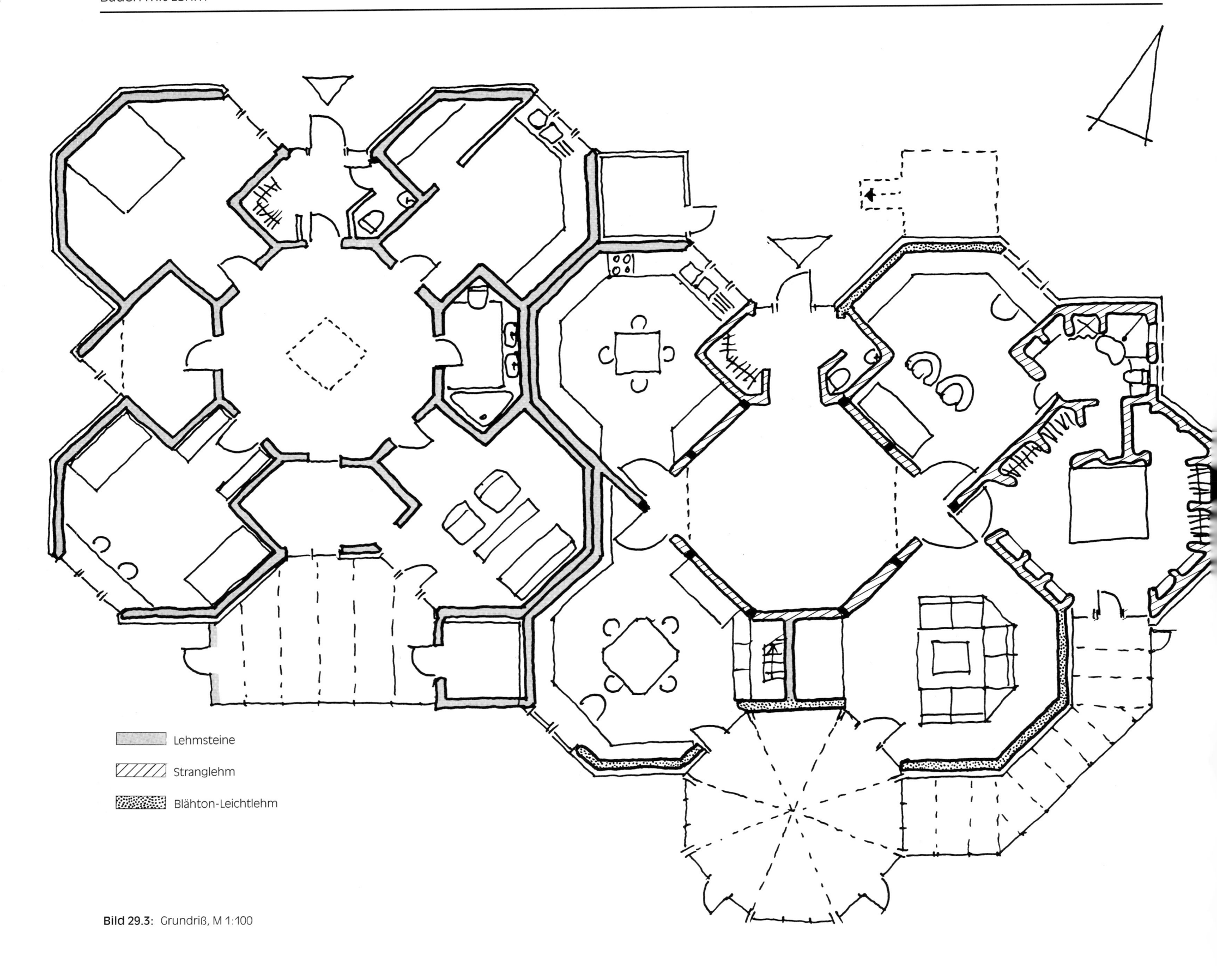

Bauen mit Lehm

146

- ▓ Lehmsteine
- ▨ Stranglehm
- ░ Blähton-Leichtlehm

Bild 29.3: Grundriß, M 1:100

Steckbrief	
Objekt:	Zweifamilien-Wohnhaus
Standort:	Kassel
Architekt:	GERNOT MINKE, Kassel
Ingenieure:	RÜDIGER ALBRECHT,
	KLAUS CHRISTMANN
Baujahr:	1985
Nutzfläche:	280 m²
Baukosten:	DM 430.000

Ökologisches Konzept

Das Haus Minke, ein Zweifamilienhaus, wurde 1985 innerhalb des ersten Bauabschnittes der *Ökologischen Siedlung Kassel* fertiggestellt.
Diese Siedlung ist durch folgende im Bebauungsplan festgeschriebene siedlungsökologische Maßnahmen charakterisiert:

- vollständige Vermeidung von versiegelten Flächen für Zufahrten, Parkplätze und Wege;
- gruppierte Anordnung von Pkw-Abstellplätzen an den vorhandenen Straßen am Siedlungsrand (keine Garagen oder Abstellplätze am oder im Haus);
- Ausbildung aller Dachflächen als Grasdächer (Ausnahme: Wintergärten und Gewächshäuser).

Hinzu kommen zwei weitere wesentliche Aspekte, auf die sich die Bauherrenschaft geeinigt hat:

- Einsparung des Regenwasserkanalanschlusses durch Wasserspeicherung in Vegetationssystemen (Grasdächer), Teichen oder Zisternen. Nutzung des Regenwassers zur Bewässerung der Vegetation und ggf. zur Toilettenspülung.
- Verringerung des Hausmüllanfalls auf mindestens 50 % durch Mülltrennung und -wiederverwendung (Kompostierung des organischen Abfalls, getrennte Verwertung von Papier, Glas, Metall).

Für das Haus Minke wurden zusätzlich folgende bauökologische Aspekte berücksichtigt:

- Schaffung von Erdanschüttungen, Windschutzhecken und Fassadenbegrünungen, um den Wärmeverlust des Hauses zu reduzieren.
- Passive Sonnenenergienutzung durch Orientierung des Gebäudes zur Sonne, durch einen integrierten Wintergarten und durch ein Anlehngewächshaus.

Bild 29.4: Ansicht von Südosten

Bild 29.5: Detailansicht Grasdach

Bild 29.6: Modell 1 : 10 zum Studium der unterschiedlichen Dachlösungen

Bild 29.7: Das tragende Holzskelett

Bild 29.8: Herstellung der Hogan-Dächer

Bild 29.9

- Energieeinsparung durch Nutzen des integrierten Wintergartens als Sonnenkollektor (Wärmefalle) und Wärmespeicher und durch Transport der vorgewärmten Luft in die Wohnräume (Reduktion des Lüftungswärmeverlustes).
- Reduktion des Transmissionswärmeverlustes durch Anordnung von Pufferzonen (Wintergarten und Gewächshaus im Süden, Schuppen, Vorratsräume und Windfang im Norden).
- Energieeinsparung durch gezieltes Lüftungsverhalten (Stoßlüftung); Verzicht auf Kippfenster.
- Energieeinsparung durch Verringerung der Fensterflächen nach Norden, Osten und Westen zugunsten von Öffnungen, die nach Süden, Südwesten oder Südosten weisen.
- Vermeidung eines technischen sommerlichen Wärmeschutzes im Wintergarten durch ausgewählte Kletterpflanzen.
- Sauerstoffanreicherung, Ionisierung und Reinigung der Atemluft durch die üppige Vegetation im integrierten Wintergarten und im Gewächshaus.
- Feuchte- und Temperaturausgleich durch Wandkonstruktionen aus Lehm.
- Verwendung von Baustoffen und Anstrichen ohne gesundheitsgefährdende Ausdünstungen und Strahlungen.

Bild 29.10

Bild 29.11

Bild 29.12

Bild 29.13

- Vermeidung von ungesunder Luftumwälzung durch Verwendung von Fußleisten-Strahlbandheizkörpern und Plattenheizkörpern mit überwiegendem Strahlungsanteil.
- Verbesserung der Behaglichkeit des Wohnklimas durch hohe Innenwandtemperaturen (durch stark gedämmte Leichtlehm-Außenwände) und massive Innenwände aus Lehm, die den Feuchtehaushalt und den Wärmehaushalt regulieren.
- Minimierung der heizungsbedingten Luftverschmutzung durch Verwendung von Gas als Energieträger.
- Vermeidung der üblichen Überdimensionierung der Heizanlage, dadurch Reduktion der Installations- und Verbrauchskosten.
- Kosteneinsparung durch ebenerdige, im Norden vorgelagerte Abstellräume und Feuchtekeller anstelle einer Unterkellerung.

Bild 29.10: Kuppelförmige Dachkonstruktion über dem Schlafzimmer
Optimierte Tragkonstruktion aus unbehandeltem Rundholz: Je größer die Last und die Spannweite der Balken, umso kleiner der Einfluß des Biegemomentes. Die entstehenden windschiefen Flächen haben jeweils gleiche Spannweite und sind mit ungehobelter und unbehandelter Rauhspundschalung überdeckt.

Bild 29.11: Küche mit kuppelförmiger Dachkonstruktion aus Rundholzbalken und Rauhspundschalung (ungehobelt, unbehandelt)

Bild 29.12 und 29.13: Arbeitszimmer, Kuppelförmige Dachkonstruktion aus unbehandelten Rundholzprofilen

Bauen mit Lehm

Bild 29.14

Bild 29.15

Bild 29.16

Bild 29.17

- Einsparung von Wohnfläche durch Vermeidung von Fluren (die zentrale Diele als Erschließungsraum ist multifunktional nutzbar).
- Kosteneinsparung durch überwiegend feststehende Fensterverglasung (nur ein Lüftungsflügel pro Raum) und Vermeidung von beweglichen Fenstern mit Mehrfachfunktionen (keine Dreh-Kipp-Beschläge!).
- Einsparung des Schornsteins durch Außenwandtherme.

Baubeschreibung

Fundamente
Unbewehrte Betonstreifenfundamente.

Fußböden
In der Regel 27 cm Schotter (kapillarkraftbrechend), Lagerhölzer, darauf Dielenfußböden (zwischen den Lagerhölzern 8 cm Steinwolle). Im Schlaf- und Kinderzimmer 27 cm Schotter, 2 cm Dämm-Matte, 14 cm geschütteter Blähton-Leichtlehm.

Bild 29.14: Wintergarten mit Lehmspeicherwänden. Senkrechte Verglasung: Isolierglas, Schrägverglasung: Dreifach-Stegplatte (durchlässig für ultraviolettes Licht!)

Bild 29.15: Wintergarten. Ansicht am Abend.

Bild 29.16: Schlafzimmer. Wände, Einbaumöbel und Bettumrandung aus Lehmsträngen.

Bild 29.17: Diele. Wände aus Lehmsträngen. Konstruktive Hölzer ungehobelt und unbehandelt. Heizung: Fußleisten-Strahlband-Heizkörper.

Bild 29.18: Waschbecken im Gäste WC

Bild 29.19: Blick von der Diele in die darüberliegende Galerie

Bad und Küche: Betonplatte mit schwimmendem Estrich, Korkbelag.

Wandaufbau
Innenwände: 16 cm Massivlehm (Stranglehmtechnik).
Außenwände: 12 bis 16 cm Massivlehm (Lehmziegel oder Stranglehm) bzw. 12 cm Blähton-Leichtlehm, 8 bzw. 10 cm gepreßte Steinwolle, hinterlüftete Lärchenholzschalung (unbehandelt).

Oberflächenbehandlung
Alle konstruktiven Hölzer (Stützen, Balken, Schalung) sind ungehobelt und unbehandelt; nur die Tischlerarbeiten (Fenster und Türen) sind gehobelt und gewachst. Die Fußböden sind mit Leinölfirnis eingelassen und gewachst. Die Lehmoberflächen wurden entweder in natürlicher Farbe belassen und durch einen Kaseinanstrich wischfest gemacht oder mit Kalk-Kasein-Lehm-Anstrich aufgehellt.

Heizung
Niedertemperatur-Strahlband-Heizleisten über der Sockelleiste oder Plattenheizkörper. Außentherme.

Dach
Grasdach mit zusätzlicher Wärmedämmung, Ausführung als Warmdach: 8 cm gepreßte Mineralwolle, wurzelfeste Dachhaut, 15 cm Leichtsubstrat, dürreresistente, frostharte Wildgräservegetation.

Fassadenbegrünung
Efeu im Norden, wilder Wein bzw. immergrünes Geißblatt im Osten, immergrüne Kletterbrombeere im Westen.

Wintergarten
Sonnenschutz durch Kletterpflanzen. Lehmspeicherwand zum Ausgleich von Wärme- und Feuchtigkeitsschwankungen. Manuelle Steuerung der Lüftung.

Anlehngewächshaus
Für Kräuter, Gemüse und zur Anzucht; einfach verglast; Verschattung durch Schattennetze. Verschattung und Lüftung manuell gesteuert.

Energieeinsparung
Durch den Wintergarten wird vorgewärmte, durch Vegetation gereinigte und ionisierte Luft in die Wohnräume geleitet. Das ergibt kostenlose Energie, die sich in den Lehmwänden speichert, so daß die Heizung während der Heizperiode nachts und bei Sonne häufig auch tagsüber ausgeschaltet werden kann. Durch die passive Sonnenenergienutzung, die gute Wärmedämmung (durchschnittlich k = 0,4 W/m²K) und die konsequente Anwendung von Niedertemperatur-Strahlungsheizkörpern ergibt sich gegenüber konventionellen Häusern eine Energieeinsparung von mindestens 40 %. Die jährlichen Heizkosten betrugen im ersten Jahr DM 900,–, im vergangenen Jahr 1987/88 bei dem milden Winter nur DM 800,–.

Ergebnis

Nach dreijährigem Bewohnen des Hauses wurde bestätigt, daß das Ziel dieses Bauvorhabens, ein gesundes Wohnen, bei dem die Umwelt weitestgehend geschont wird, ohne Kostenerhöhung zu erreichen, verwirklicht wurde. Die Kosten lagen sogar niedriger als bei vergleichbaren Häusern: Die reinen Baukosten betrugen nur 1530 DM/m² Wohnfläche, die Heizkosten bei den strengen Wintern in den ersten zwei Jahren für die 160 m² Wohnfläche jeweils 900 DM, im dritten Jahr nur DM 800,–.

30 Stichwortverzeichnis

A
Ausdünstung 148
Ausnützungsziffern 24

B
Bambus 140
Baulandverbrauch 23
Berankung 74
Bienenwachs 9
Biotop 108, 111, 119

D
Dauerlüftung 30
Diffusion 27
Diffusionswiderstand 30

E
Eigenleistung 11, 95, 100
elektromagnetische Einflüsse 39
Elektronik 27
elektrostatisches Wechselfeld 64
Energieeinsparung 8, 25, 30, 48, 148, 151
Energieverbrauch 23, 25

F
Fäulnisschäden 143
Fassadenbegrünung 119, 147, 151
Feuchtehaushalt 149
Feuchtigkeitsregulierung 137, 140
Feuerschutz 9
Feuerwiderstandsklasse 8

G
Gewächshaus 44, 46, 48, 49, 75, 83, 85, 86, 138, 147, 148, 151
Gift 17
Gips 27, 38, 64, 83, 89, 90, 95, 102, 135, 140
Glas 11, 20, 25, 27, 34, 44, 51, 52, 64, 65, 68, 74, 76, 83, 85, 86, 111, 135, 140, 150
Gleichgewichtsfeuchte 138
Grasdach 65, 92, 95, 147, 151
Grünling 138, 144

H
Heizwärmebedarf 31
Holz 6, 8, 9, 25, 27, 28, 30, 34, 38, 44, 51, 52, 60, 65, 68, 76, 86, 88, 89, 90, 95, 100, 102, 104, 105, 111, 118, 132, 135, 136, 143, 150, 151
Hydrophobierung 141
Hygroskopizität 27
Hypokausten-Heizung 8, 9, 60, 64, 115

I
Ionisierung 148

K
k-Wert 25, 48, 64, 143
Kälteabstrahlung 25
Kalk 9, 27, 100, 102, 140, 141, 145, 151
Kalksandstein 27, 28, 44, 65, 88, 90, 104, 134, 135
Kletterpflanzen 19, 74, 148
Klima 33
Klimafaktoren 29
Kokosfaser 9, 38, 100
Kondenswasserbildung 142, 143
Konvektion 39
kooperatives Bauen 74, 75
Kork 27, 38, 52, 64, 88, 89, 90, 95, 102, 151

L
Landverbrauch 119
Lehm 6, 27, 28, 74, 136, 137, 138, 139, 140, 142, 143, 144, 145, 149, 150, 151
Lehmstränge 141
Leinöl 83
Leinölfirn 151
Lüftungsrate 29
Lüftungsverhalten 148
Lüftungswärmeverlust 148
Luftaustausch 30, 64
Luftschallschutz 139

M
Magnetfeld 33
Materialverbrauch 23
Mikrowellendurchlässigkeit 27

N
Naturharz 38, 52
Naturharzöl 9

O
Oberflächentemperatur 30

P
Porosität 144
Primärenergiebedarf 28
Puffer 30, 46, 74, 90, 95, 102, 148

R
Radiaesthet 33
Radioaktivität 27
Raumakustik 27
Raumklima 8, 27, 30, 39, 41, 76, 83, 90, 102, 119, 136
Raumplanung 23
Raumproportionen 25
Regenerierbarkeit 28
Rutengänger 100

S
Sauerstoffanreicherung 148
Schadstoffe 23, 28
Schadstoffemissionen 30
Schalldämmwirkung 143
Schallschutz 9, 139
Schimmelpilzbildung 142, 145
Selbstbau 43, 74, 138, 142, 144
Setzfugen 142
Solararchitektur 73, 85
Solarenergie 18, 20, 46
Solarnutzung 8
Sollschwindfuge 140, 141
Sonneneinstrahlung 48, 49, 64, 74, 112
Sonnenenergie 31, 43, 74, 83, 86, 95, 100
Sonnenenergienutzung 25, 82, 83, 138, 147, 151
Sonnenfalle 48
Sonnenkollektor 102, 148
Speichermasse 31, 40, 41, 46, 64, 87, 90, 92, 95, 112, 119, 138, 139, 140, 143, 148
Speichervermögen 32

spezifisches Gewicht   142
Stein   6
Strahlung   25, 148
Strahlungstemperatur   31
Stroh   141, 142, 143, 145

T
Temperaturverlauf   31
terrestrische Einflüsse   33
Traß-Kalk   9, 34
Trittschallschutz   139
Trockenschwindmaß   137, 140, 142

V
Verdichtung   24

W
Wärmebilanz   32
Wärmefalle   125
Wärmegewinn   31
Wärmerückgewinnung   64, 112
Wärmespeicherfähigkeit   31
Wärmeübergangskoeffizient   31
Wärmeverlust   25
Wasserader   33

Windkraftanlage   72
Wintergarten   18, 20, 25, 64, 74, 76, 79, 82, 83, 90, 100, 102, 111, 112, 118, 119, 125, 135, 140, 147, 148, 150, 151
Wohnklima   100, 137, 138, 139, 144, 149

Z
Zellulosefasern   143
Ziegel   6, 8, 9, 19, 25, 27, 28, 34, 38, 40, 44, 51, 60, 75, 76, 87, 89, 92, 100, 102, 104, 119, 132, 134, 135, 136, 139, 142, 143, 145, 151
Zuschlagstoffe   142

31 Abbildungsverzeichnis

Kapitel	Bild		
	Titelbild: Gernot Minke, Kassel		
2	2.1 Felix Kühnis, CH Bellikon		
3	3.1–3.19 Kai Kuhlmann, Aschaffenburg		
4	4.1, 4.9–4.34 Hans-Jürgen Steuber, Frankfurt		
	4.2–4.8 Peter Rogowsky, Mainaschaff		
5	5.1 Peter Walach, Schmallenberg		
6	6.1 Felix Kühnis, CH Bellikon		
7	7.1 Institut für Baubiologie, Neubeuern		
	7.2 Krusche/Althaus/Gabriel: Ökologisches Bauen, Hrsg. Umweltbundesamt Berlin, 1982		
8	8.1–8.4 Paul Leibundgut, CH Neuhausen		
9	9.1–9.6 Thomas Frank, EMPA CH Dübendorf		
	9.7 IP-Holz 807: Schallschutz im Holzbau, Hrsg. Schweizer Bundesamt für Konjunkturfragen/SIA/LIGNUM, 1988		
10	10.1–10.29 Heinemann + Schreiber, Detmold		
11	11.1–11.33 Peter Hübner, Neckartenzlingen		
12	12.1–12.8, 12.11–12.17 Flender, Heyers, Meier, Aachen		
	12.9, 12.10 Wolfgang Ruske, Mönchengladbach		
13	13.1–13.15 Felix Kühnis, CH Bellikon		
14	14.1–14.9 LOG ID, Tübingen		
15	15.1–15.8 Heiko Keune, Köln		
16	16.1–16.11, 16.21 Janos Merkl, Berlin/Castellina Marittima		
	16.12–16.20 Peter Stürzebecher, Berlin/München		
	16.22 Peter Stürzebecher/Red. Detail		
17	17.1–17.11 Merz + Merz, Aalen		
18	18.1–18.3 Franz Heinrich Busch, Viersen		
	18.4–18.18 Klaus Bröckers, Willich		
19	19.1–19.3 Renate von Förster		
	19.4–19.11 LOG ID, Tübingen		
20	20.1–20.5 Auslöser-Agentur/Serwe, Aachen		
	20.6–20.11 Feldhaus + Berndgen, Aachen		
21	21.1–21.10 Baumhaus/Ludwig + Lerche, Kirchentellinsfurt		
22	22.1–22.17 Eugen Maron, Schnaitsee		
23	23.1–23.3 Auslöser-Agentur/Serwe, Aachen		
	23.4–23.7 Feldhaus + Berndgen, Aachen		
24	24.1–24.3 R. Metzner, Altenberge		
	24.4–24.14 D. Volkmer, Nottuln		
25	25.1–25.16 Felix Kühnis, CH Bellikon		
26	26.1–26.15 Krug + Partner, München		
27	27.1–27.28 Peter Walach, Schmallenberg		
28	28.1–28.27 Gernot Minke, Kassel		
	28.28, 28.29 Baumhaus/Ludwig + Lerche, Kirchentellinsfurt		
29	29.1–29.19 Gernot Minke, Kassel		

32 Planerverzeichnis

Albrecht, Rüdiger   147
Berndgen, Andrea   5, 88, 101
Bracker, Rolf Michael   101
Bröckers, Klaus   5, 82
Christmann, Klaus   147
Feldhaus, Maria   5, 88, 101
Flender, Rüdiger   5, 51
Frank, Thomas   4, 5
Frantz, Jürgen   85
Giesselmann, Hermann   13
Heinemann   5, 33
Hesslinger   85
Heyers, Norbert   5, 51
Hillebrand, Jürgen   88
Huber, Prof. Benedikt   5
Hübner, Prof. Peter   5, 43
Kaiser, Wilfried   51
Keune, Heiko   5, 68

Krug, Prof.   5, 118
Kühnis, Felix   4, 5, 6, 26, 59, 110
Kükelhaus, Hugo   26
Kuhlmann, Kai   5, 7
Leibundgut, Paul   4, 5
Lerche   5, 92
Linsl   118
LOG ID   5, 65, 85
Ludwig   5, 92
Maron, Eugen   5, 100
Meier, Brigitte   5, 51
Merz, Volker   5, 76
Michels   13
Minke, Gernot, Prof. Dr.   4, 5, 95, 138, 145, 147
Möllring, Fred   65, 85
Nebgen, Norbert   92
Riebl, Roland   43

Ruske, Wolfgang   4, 5, 6
Saur, Konrad   76
Scheiwiller, August   5
Schempp, Dieter   65, 85
Schmidt, Johann   124
Schnur, August   33
Schoder, M.   110
Schreiber   5, 33
Serwatzky   85
Steuber, Hans-Jürgen   5, 13
Stürzebecher, Peter, Prof. Dr.   5, 70
Sturm, Manfred   100
Ungers, Prof. Oswald Mathias   74
Völker, A.   5, 101
Volkmer, D.   5, 104
Walach, Peter   5, 124
Zurmühle, Erwin   59, 110

WEKA-Fachbuchreihen für Planung und Ausführung

Bauschäden – beurteilen und beheben durch konkrete Lösungen im Detail

Die neue technische Fachbuchreihe mit dem Schwerpunkt Feuchteschäden zeigt
- die schnelle Analyse schadensanfälliger Schwachpunkte anhand von Schadensfällen,
- konstruktiv gute und dabei wirtschaftliche Lösungen zur Vermeidung bzw. Sanierung.

Band 1: Feuchteschäden – Bauteile im Erdreich
Band 2: Feuchteschäden – Umfassungswände I
Band 3: Feuchteschäden – Umfassungswände II
Band 4: Feuchteschäden – Flachdachkonstruktionen
Band 5: Feuchte- und Wärmeschutz von Gebäuden
Band 6: Außenbauteile Terrassen – Balkone (Wasserschäden – Estrich, Sanierung)
Band 7: Bauwerksfugen und Durchdringungen
Band 8: Naßräume in Wohnbauten

Sollten Sie nicht sicher sein, ob Sie die Folgebände dieser Reihe im Drei-Monats-Rhythmus unverbindlich erhalten, fragen Sie bitte bei Ihrer Buchhandlung oder beim WEKA Fachverlag nach.

Bauschäden – beurteilen und beheben durch konkrete Lösungen im Detail
Die einzelnen Bände kosten 98,– DM (zzgl. Porto- und Verpackungskosten). Etwa alle 3 Monate erscheint ein Folgeband der Fachbuchreihe »Bauschäden – beurteilen und beheben durch konkrete Lösungen im Detail« (jeweils ca. 180 Seiten mit vielen farbigen Abbildungen). Eine Verpflichtung zum Kauf der Bände entsteht hieraus nicht, sie können innerhalb von 10 Tagen zurückgeschickt werden.

Planen und Bauen mit natürlichen Baustoffen

Diese Fachbuchreihe von **Wolfgang Ruske** bringt Expertenerfahrungen in sauber gelösten Projekten mit Steckbriefen, vielen Farbfotos und Details, u.a. zu
- Beurteilung von natürlichen Baustoffen und materialgerechten Konstruktionen,
- praxiserprobten Detailausbildungen.

In dieser Reihe erscheinen
1. Band: **Glas**
   Projektbeispiele, Konstruktionen in Details und Tabellen,
2. Band: **Holz-Glas-Architektur**
   Transparente Holzkonstruktionen,
3. Band: **Holzhäuser in ökologisch-ökonomischer Bauweise**
   Umweltverträgliche Baustoffe und ihre Anwendung,
4. Band: **Natürliche Baustoffe im Detail**
   Materialeigenschaften, Planungshinweise, Wirtschaftlichkeit, Projektbeispiele.

Die Fachbuchreihe können Sie bei Ihrer Buchhandlung oder direkt beim WEKA Fachverlag bestellen:

Planen und Bauen mit natürlichen Baustoffen
Die einzelnen Bände kosten 148,– DM (zzgl. Porto- und Verpackungskosten). Etwa alle 4 Monate erscheint ein Folgeband der Fachbuchreihe „Planen und Bauen mit natürlichen Baustoffen" (jeweils ca. 150 Seiten mit vielen farbigen Abbildungen). Eine Verpflichtung zum Kauf der Bände entsteht hieraus nicht, sie können innerhalb von 10 Tagen zurückgeschickt werden.

Planen und Bauen mit Holz

Wolfgang Ruske bringt in dieser Sammelreihe
- **Anregungen** aus den Gestaltungs- und Konstruktionsmöglichkeiten erfolgreicher Holzbau-Projekte,
- **nachvollziehbare Details**, maßstabsgerechte Zeichnungen, Farbabbildungen.

In dieser Reihe erscheinen
1. Band: **Holzhäuser im Detail**
   Aktuelle Holzhäuser, verdichtete Bauformen, Holzbausysteme,
2. Band: **Ausbau und Innenausbau im Detail** – Fußböden, Wand- und Deckenbekleidungen, Trennwände, Fenster, Türen, Holz in Feuchträumen, Dachgeschoßausbau,
3. Band: **Holz-Glas-Architektur**,
4. Band: **Außenanlagen im Detail**
   Holz bei Dachgärten, Balkonen, Terrassen, Spielplätzen, Pavillons,
5. Band: **Bauten in der Landschaft**
   Türme, Brücken, Holz-Bau-Kunst, Schallschutzanlagen, Wasserbau.

Planen und Bauen mit Holz
Die einzelnen Bände kosten 148,– DM (zzgl. Porto- und Verpackungskosten). Etwa alle 4 Monate erscheint ein Folgeband der Fachbuchreihe „Planen und Bauen mit Holz" (jeweils ca. 150 Seiten mit vielen farbigen Abbildungen). Eine Verpflichtung zum Kauf der Bände entsteht hieraus nicht, sie können innerhalb von 10 Tagen zurückgeschickt werden.

Gebäudeerneuerung

In den Bänden dieser Fachbuchreihe zeigt **Walter Meyer-Bohe** konkrete Lösungen im Detail:

1. Band: **Detaillösungen zur Sanierung der Gebäudekonstruktionen**
   Baustoffe und Bauweisen
2. Band: Wolfgang Ruske: **Sanierung und Modernisierung von Holzbauwerken**
   Substanzerhaltung, Schadensbeseitigung
3. Band: **Altbaumodernisierung und -sanierung**
   Aktuelle Projekte und Details

- **Bestandsaufnahme**
  – mit dem Aufmessen von Gebäuden über
- **Lösungen konstruktiver und gestalterischer Probleme**
  – wie Stützen und Mauern als tragende Elemente, Alt- an Neubau – bis hin zur
- **Vermeidung planungsbedingter Schwachstellen**
  – wie Feuchtigkeitsschäden nach Modernisierungsmaßnahmen

Diese Fachbücher versorgen Sie mit Anregungen und Planungshilfen.

Die Fachbuchreihe können Sie bei Ihrer Buchhandlung oder direkt beim WEKA Fachverlag bestellen:

Gebäudeerneuerung
Die einzelnen Bände kosten 148,– DM (zzgl. Porto- und Verpackungskosten). Etwa alle 4 Monate erscheint ein Folgeband der Fachbuchreihe „Gebäudeerneuerung" (jeweils ca. 150 Seiten mit vielen farbigen Abbildungen). Eine Verpflichtung zum Kauf der Bände entsteht hieraus nicht, sie können innerhalb von 10 Tagen zurückgeschickt werden.